滑坡地质灾害天空地协同监测与预警

柯福阳　主编

内容简介

本书从我国滑坡地质灾害现状和技术发展水平入手，基于 InSAR/机载激光雷达滑坡地质灾害早期识别方法，北斗/GNSS 地表形变监测关键技术和水汽反演方法，从传感器、光纤、直流电法滑坡监测理论和技术，"北斗＋"滑坡监测预警云平台等方面，对滑坡早期识别和实时在线监测预警最新技术做了较为全面的介绍，并给出了滑坡普查与监测的新技术应用的典型案例。

本书可以为从事滑坡监测预警理论研究和技术应用的科研人员及工程技术人员提供参考，也可以作为高等学校测绘、地质、气象等专业本科生和研究生的参考书使用。

图书在版编目(CIP)数据

滑坡地质灾害天空地协同监测与预警／柯福阳主编．— 北京：气象出版社，2020.12
ISBN 978-7-5029-7358-2

Ⅰ.①滑⋯ Ⅱ.①柯⋯ Ⅲ.①卫星导航-全球定位系统-应用-滑坡-地质灾害-监测 ②卫星导航-全球定位系统-应用-滑坡-地质灾害-预警系统 Ⅳ.①P642.22

中国版本图书馆 CIP 数据核字(2020)第 261237 号

滑坡地质灾害天空地协同监测与预警
Huapo Dizhi Zaihai Tian Kong Di Xietong Jiance yu Yujing

出版发行：	气象出版社			
地　　址：	北京市海淀区中关村南大街 46 号		邮政编码：	100081
电　　话：	010-68407112（总编室） 010-68408042（发行部）			
网　　址：	http://www.qxcbs.com		E-mail：	qxcbs@cma.gov.cn
责任编辑：	王　迪		终　　审：	吴晓鹏
责任校对：	张硕杰		责任技编：	赵相宁
封面设计：	博雅锦			
印　　刷：	北京建宏印刷有限公司			
开　　本：	787 mm×1092 mm　1/16		印　　张：	13.75
字　　数：	352 千字		彩　　插：	2
版　　次：	2020 年 12 月第 1 版		印　　次：	2020 年 12 月第 1 次印刷
定　　价：	96.00 元			

本书如存在文字不清、漏印以及缺页、倒页、脱页等，请与本社发行部联系调换

《滑坡地质灾害天空地协同监测与预警》编委会

主　编：柯福阳

副主编：徐成华　吴志城　张志山

成　员：柯福阳　徐成华　吴志城　管海燕　罗海滨　王晓英
　　　　周官群　魏广庆　王新志　张志山　李祖锋　王明明

前　言

我国是世界上受自然灾害影响最严重的国家之一。我国自然灾害防治能力总体还比较弱,提高自然灾害防治能力,是实现"两个一百年"奋斗目标、实现中华民族伟大复兴中国梦的必然要求,是关系人民群众生命财产安全和国家安全的大事。2018年10月10日,习近平总书记主持召开中央财经委员会第三次会议,研究提高我国自然灾害防治能力和川藏铁路规划建设问题。习近平在会上发表重要讲话强调,加强自然灾害防治关系国计民生,要建立高效科学的自然灾害防治体系,提高全社会自然灾害防治能力,为保护人民群众生命财产安全和国家安全提供有力保障。自然资源部地质灾害技术指导中心发布的2018年《全国地质灾害通报》表明,滑坡占到我国地质灾害总数的55%,是我国影响范围最广、造成损失最大的地质灾害。然而,我国滑坡地质灾害监测、预警、防治等能力总体还比较弱,提高滑坡地质灾害早期识别、监测预警水平和防治能力,是关系人民群众生命财产安全和国家安全的头等大事。为此,本书针对滑坡地质灾害早期识别和监测预警方面的技术需求,阐述了InSAR早期识别滑坡地质灾害的基本原理和机载激光雷达滑坡巡查技术,深入研究了北斗高精度监测滑坡表面位移、可降水量的理论方法和高频数据预警技术,面向不同环境场景提出了北斗、传感器、光纤、直流电法等天地协同监测技术和理论方法,详细介绍了自主研发的"北斗+"地质与气象灾害监测预警云平台和系统建设方案,提供了相关新技术和云平台的典型应用案例。

本书共有9章。第1章介绍了当前我国滑坡、地表沉降、地裂等地质灾害的总体情况及灾害早期识别与监测、预测技术发展现状;第2章阐述了InSAR技术早期识别滑坡地质灾害基本原理及其典型工程应用;第3章论述了监测滑坡专用接收机技术、误差分析方法与控制理论、GNSS高频数据处理与预警应用、基准站稳定性分析等北斗/GNSS监测滑坡的关键技术;第4章研究了GNSS反演可降水量基本原理和气象应用;第5章针对不同监测要素介绍了各种传感器基本原理及其应用;第6章阐述了光纤监测滑坡的基本原理及滑坡多参量、深层位移自动化监测技术;第7章介绍了直流电法的特性与监测技术及其滑坡监测应用的典型案例;第8章阐述了机载激光雷达滑坡巡查技术及其应用;第9章介绍了"北斗+"

滑坡地质与气象灾害监测预警云平台及其在我国不同区域的典型应用案例。

柯福阳负责提纲起草、任务分配、工作计划和组织协调等重要工作。本书分别由南京信息工程大学柯福阳、管海燕、罗海滨、王晓英、王新志，江苏省地质矿产局第一地质大队徐成华，西宁市人民政府吴志城，西宁市测绘院张志山，苏州南智传感科技有限公司魏广庆，安徽惠洲地质安全研究院股份有限公司周官群，中国电建集团西北勘测设计研究院有限公司李祖锋，江苏科博空间信息科技有限公司王明明等撰写完成，研究生许九靖、宋宝、于维等承担了资料整理、绘图、文字编辑和排版等大量工作，最后由柯福阳统稿。

本书的研究内容与出版由国家自然科学基金面上项目（编号：41674036）、第十六批江苏省"六大人才高峰"高层次人才项目（编号：XYDXX-045）、2019年西宁市科技计划项目（编号：2019-Y-12）、2020年无锡市科技发展资金项目（编号：N20201011）资助，在此表示感谢。在本书编写过程中参阅了大量文献，引用了合作单位的项目资料，在此一并向有关人员和合作单位表示衷心的感谢。气象出版社的编辑为本书的出版付出了大量精力，在此亦表示感谢。

当前，我国正在全面推进实施自然灾害监测预警信息化工程，提高多灾种和灾害链综合监测、风险早期识别和预报预警能力；实施自然灾害防治技术装备现代化工程，加大关键技术攻关力度，提高我国救援队伍专业化技术装备水平。衷心期望该研究成果能够为我国滑坡地质灾害早期识别、监测预警和信息化工程建设的新技术应用提供一些有益的借鉴和参考，为美丽中国建设和国家安全做出贡献。由于该书技术涉及面广，受限于著者的学识水平，书中错漏难免，敬请广大读者给予批评指正。

柯福阳

南京信息工程大学遥感与测绘工程学院

2020年10月20日

目 录

前言

第1章 滑坡地质灾害早期识别与监测技术发展现状 ············· (1)
  1.1 我国地质灾害概况 ············· (1)
  1.2 滑坡地质灾害早期识别技术发展现状 ············· (2)
  1.3 滑坡地质灾害监测技术发展现状 ············· (5)
  1.4 滑坡地质灾害预测预报研究现状 ············· (8)

第2章 基于 InSAR 的滑坡地质灾害早期识别技术 ············· (12)
  2.1 InSAR 技术发展 ············· (12)
  2.2 InSAR 滑坡灾害监测应用现状和挑战 ············· (14)
  2.3 InSAR 变形监测基本原理 ············· (16)
  2.4 应用实例分析 ············· (22)

第3章 基于北斗/GNSS 滑坡位移监测关键技术 ············· (30)
  3.1 北斗/GNSS 专用接收机设计与开发 ············· (30)
  3.2 北斗/GNSS 测量误差与控制策略 ············· (42)
  3.3 GNSS 高频实时动态高精度解算与临界预警 ············· (51)

第4章 基于 GNSS 可降水量监测与临界天气预报 ············· (59)
  4.1 地基 GNSS 反演水汽的基本原理 ············· (59)
  4.2 GNSS 水汽反演的气象应用 ············· (65)
  4.3 滑坡地质灾害与强对流天气的关系 ············· (73)

第5章 基于多源异构传感器监测技术 ············· (74)
  5.1 裂缝监测技术 ············· (74)
  5.2 深层位移监测技术 ············· (76)
  5.3 孔隙水压力监测技术 ············· (80)
  5.4 土壤湿度监测技术 ············· (84)
  5.5 雨量监测技术 ············· (89)

第6章 基于光纤的滑坡监测技术 ············· (93)
  6.1 光纤传感监测原理 ············· (93)
  6.2 光纤传感器与传感光缆 ············· (98)
  6.3 滑坡体多参量光纤自动化监测 ············· (103)
  6.4 滑坡体光纤深层变形监测技术 ············· (107)

第 7 章 直流电法滑坡监测技术 …………………………………………………………（112）
7.1 滑坡灾害电性特征及监测 …………………………………………………（112）
7.2 直流电法发展及并行电法技术 ……………………………………………（114）
7.3 并行电法监测滑坡灾害技术 ………………………………………………（120）
7.4 并行电法探测九华山滑坡地质灾害案例 …………………………………（121）

第 8 章 基于机载激光雷达滑坡地质灾害巡查与应急服务 ………………………（125）
8.1 激光雷达测距原理 …………………………………………………………（125）
8.2 机载激光雷达技术 …………………………………………………………（129）
8.3 激光雷达数据处理 …………………………………………………………（136）
8.4 滑坡地质灾害巡查与应急应用 ……………………………………………（143）

第 9 章 基于"北斗＋滑坡"实时在线监测预警云平台 …………………………（157）
9.1 系统总体设计 ………………………………………………………………（157）
9.2 数据传输与安全控制 ………………………………………………………（161）
9.3 信息采集终端安装与运维 …………………………………………………（166）
9.4 滑坡地质与气象灾害监测预警云平台 ……………………………………（171）
9.5 典型滑坡应用 ………………………………………………………………（193）

参考文献 ……………………………………………………………………………（204）

第1章　滑坡地质灾害早期识别与监测技术发展现状

滑坡因其多发性和频发性的特点,已成为地质灾害中的一个重要灾种,其严重的破坏性,不仅给灾害易发区人民生命及财产安全带来严重威胁,还对环境、社会、经济造成了诸多不良影响。尤其在过去的几十年,随着人口增长和土地利用扩张,滑坡及其次生灾害(如滑坡涌浪、滑坡坝、堰塞湖等)已造成了大量的人员伤亡和经济损失。滑坡灾害的早期识别、长期的灾害监测以及灾害的预测预报研究是地质灾害研究领域的前沿课题和防灾减灾的重要内容,国内外学者已开展了大量而持续的工作。

1.1 我国地质灾害概况

我国是世界上地质灾害发生最频繁、受威胁人口最多的国家之一。由于我国的地质条件复杂、构造活动频繁以及东太平洋季风导致的降雨充沛,使得各地广泛分布着滑坡、崩塌、地面塌陷、泥石流、地面沉降、地裂缝等自然地质灾害(李烈荣,2003)。截至 2015 年年底,全国共有地质灾害隐患点 28.8 万余处,仅滑坡灾害隐患点就达 14.8 万余处,1800 万人和 4400 亿元财产因此处于威胁之中(自然资源部,2016)。

根据自然资源部地质灾害技术指导中心发布的《全国地形灾害通报》(自然资源部,2020),2019 年全国共发生地质灾害 6181 起,其中滑坡 4220 起,崩塌 1238 起,泥石流 599 起,地面塌陷 121 起,地裂缝 1 起和地面沉降 2 起(图 1.1)。可以看到在我国山体滑坡是影响范围最广、造成损失最大的地质灾害。

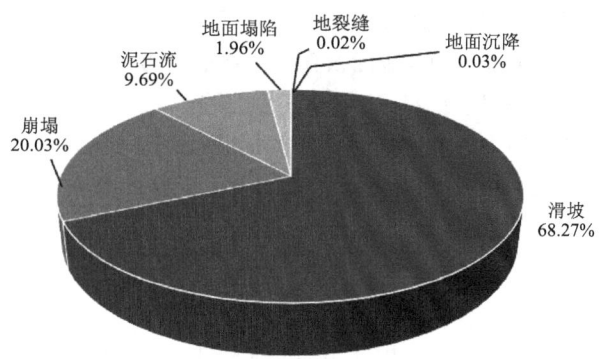

图 1.1　2019 年地质灾害类型构成

根据《全国地质灾害防治"十三五"规划》(国土资源部,2016)不同分类原则,地质灾害分类主要有两种:第一种分类根据灾害形成的可能自然条件(地形地貌、岩土特征、地质构造)和人为因素(地下水开采)将全国分为低、中、高三个等级的地质灾害易发区;第二种分类根据灾害发生的具体特征将全国分为缓变型(地面沉降、地裂缝)和突发型(滑坡、崩塌、泥石流和地面塌陷)地质灾害易发区。

图 1.2 所示为全国崩塌、滑坡、泥石流、地面塌陷易发程度分布,从中可以看出,地质灾害高易发区主要集中于我国中部和西南地区,地质灾害中易发区主要集中于我国东南丘陵地区,高易发区 121 万 km²,中易发区 273 万 km²,低易发区 318.2 万 km²。

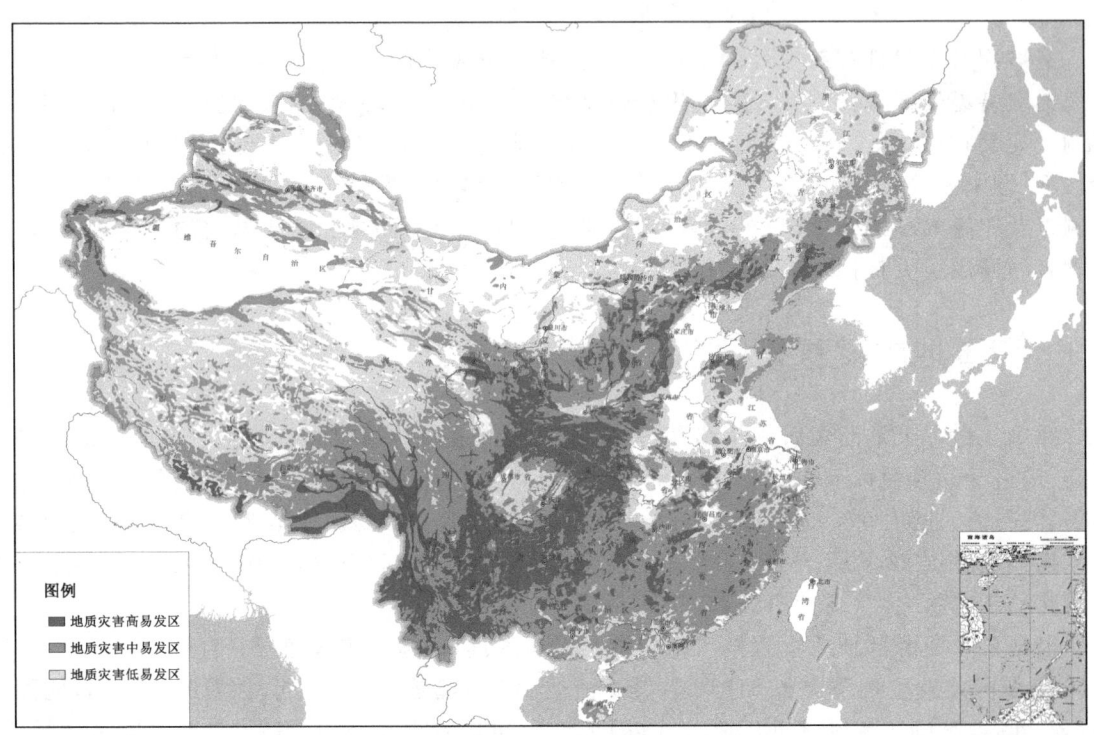

图 1.2　全国地质灾害易发程度分布(国土资源部,2016)

全国地面沉降、地裂隙易发程度分布如图 1.3 所示。由图可见,地面沉降、地裂缝高易发区主要集中于长三角和华北平原地区,地面沉降、地裂缝中易发区主要集中于黄土高原、黄淮平原和两湖平原地区,其中高易发区 21 万 km²,中易发区 9.1 万 km²,低易发区 103 万 km²。

依据以上全国地质灾害易发程度空间分布,同时考虑不同地域社会经济发展程度和国家发展重要战略,总体规划出 17 个地质灾害重点防治区,其具体分布见图 1.4。

1.2　滑坡地质灾害早期识别技术发展现状

滑坡形成的原因复杂且不可预测,并且很难在固定的时间准确地预测。目前,有关滑坡地质灾害早期识别和实时监测的研究正处于从定性到定量,从静态到动态的发展阶段。然而,由于传统观测方法和处理手段的局限性,许多无法解决的技术问题限制了滑坡地质灾害的进一

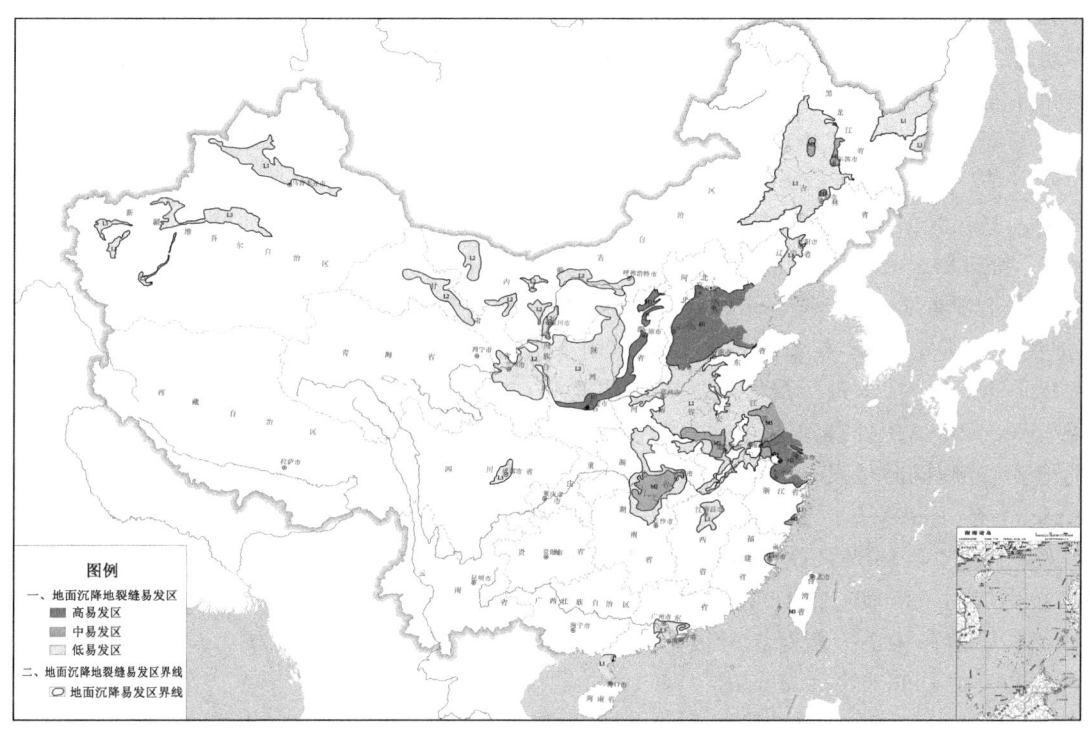

图 1.3 全国地面沉降、地裂缝易发程度分布(国土资源部,2016)

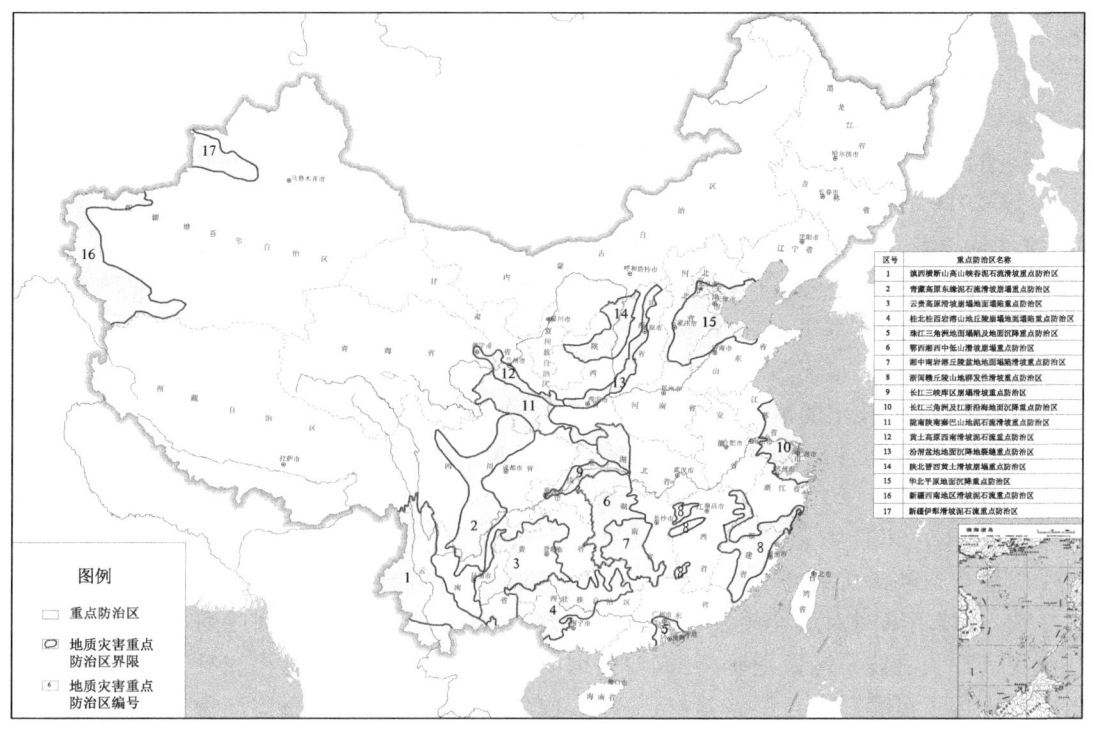

图 1.4 全国地质灾害重点防治区分布(国土资源部,2016)

步研究。1998年1月31日,美国副总统Gore提出"数字地球"的概念,自此,遥感科学和技术发展迅速。遥感,特别是InSAR和其他新的遥感技术为滑坡灾害的早期识别、监测和风险评估提供了新的技术支持(Hong et al.,2007;Zhang et al.,2018)。

近年来,滑坡研究的热点方向是如何有效地利用InSAR技术进行滑坡体的早期识别与灾后影响评估。InSAR技术所使用的微波波长为毫米级,因而具有较强的穿透云雾能力,可以适用于一些在光学遥感成像难以应用的地区(李铁锋 等,2007;童立强 等,2013)。由InSAR技术衍生的D-InSAR技术可以有效地监测地面形变信息,而不受天气条件影响。1986年,美国加州理工学者Zebker和Goldstein(1986)首次证明了D-InSAR技术可以用于地表形变监测,他们利用D-InSAR技术获取了加州东南部灌溉渠的地表形变数据。1996年,法国学者首先利用D-InSAR技术进行滑坡地质灾害的监测,对阿尔卑斯地区的滑坡体进行了观测研究,结果发现D-InSAR处理结果和常规监测结果高度吻合,证明了D-InSAR技术可以用于小范围的形变监测,同时也发现在植被茂密区存在失相干现象(Fruneau et al.,1997)。1999年,Vietmeier等(1999)基于ERS1/2卫星获取的三组雷达影像对法国南部阿尔卑斯山的滑坡进行了观测,通过D-InSAR技术提取的滑坡变形速率与地面常规监测一致,进一步证明了D-InSAR技术应用于滑坡三维变形监测中的准确性。随后,Squarzoni等(2003)应用15景ERS-1和ERS-2雷达影像进一步对该滑坡进行了分析,发现该滑坡的变形模式为牵引式且最大变形速率为出现在1996年的2 cm/d。

尽管D-InSAR技术能对滑坡进行有效的观测,但是仍然具有一定的缺陷,如时、空失相关和大气延迟等。为了克服D-InSAR技术监测存在的这些缺点,米兰理工大学的Ferretti(2001)提出了永久散射体InSAR技术,拉开了时间序列InSAR技术研究的序幕,主要方法包括Squee SAR、Sta MPS(Hooper et al.,2004)、TCP InSAR(Zhang et al.,2012)等。现阶段,利用时间序列InSAR技术开展滑坡相关研究,研究热点主要集中于滑坡灾害的早期识别、滑坡发生的预测预警、灾前灾后的风险评估等。Lu等(2014)应用PS-InSAR技术开展了流域尺度的慢速滑坡定量风险评价研究,得到的风险评价结果具有较高的时效性和可靠性。Tomás等(2016)应用多时相SAR影像提取了黄土坡滑坡的位移变形序列,分析了滑坡变形的时、空特性以及与水库水位波动的关系。欧洲航天局(ESA)资助的SLAM项目基于D-InSAR和PS-InSAR技术进行了毫米级精度的地面沉降三维监测,并以此为依据进行滑坡地质灾害危险性制图,这些基于InSAR技术的联合使用突破了传统观测手段的局限性,取得了比较理想的结果(Farina et al.,2006)。

我国在InSAR技术的滑坡应用研究上起步较晚,但是近些年仍取得了较大的进展。2000年,Xia等(2009)在树坪滑坡和范家坪滑坡安装了角反射器,首先将InSAR技术应用到三峡库区滑坡监测。王腾(2010)利用40景InSAR影像对巴东新城区的变形进行了监测,发现时间序列InSAR技术能有效地对该区域的两个滑坡进行监测。史绪国等(2017)应用时序PTOT方法对三峡库区树坪滑坡进行了变形监测,发现周期性的水库水位变化会对滑坡变形产生影响,水位下降时对滑坡的稳定性危害最大。张毅(2018)应用时间序列InSAR技术对白龙江流域进行了滑坡早期识别研究,成功识别活动斜坡133处。王立伟(2015)对D-InSAR技术的应用进行了精度评定与误差分析,并将其成功地应用于滑坡动态监测中。Zhao等(2018)应用短基线集技术对金坪子滑坡进行了变形监测,发现滑坡的变形具有空间上的差异且降雨和水位波动是影响滑坡的主要诱因。综上,应用时间序列InSAR技术能有效地进行滑坡监测,但是,目前的研究多集中在时间序列 InSAR 技术监测精度的验证上,在滑坡精细化制图和预测、预警中的应用研究有待进一步深入。

1.3 滑坡地质灾害监测技术发展现状

一百多年来,滑坡地质灾害监测一直是防灾和减灾中的重要组成部分,今天能看到的最早的滑坡观测记录是 19 世纪 80 年代以来对瑞士的一个湖岸滑坡进行的监测,这项监测工作一直持续到 1934 年。苏联研究人员 Yemelyanovo(1956)对滑坡地质灾害地表变形监测的原理和方法进行了系统总结,并将其编撰成书。由此可见,滑坡地质灾害监测作为防灾、减灾的重要组成部分,历史悠久。

20 世纪 80 年代以后,全球导航卫星系统(GNSS)、遥感(RS)、测量机器人和基于计算机、网络通信和传感器的实时云端自动化监测等技术得到了迅速发展,并逐渐成为地质灾害监测的重要技术手段,这些现代监测技术具有全天时、全天候、不受时空限制、自动化程度高等特点。随着现代空间技术、传感器技术和计算机技术手段的应用,地质灾害监测领域迎来了一场全新的科技革命(易庆林 等,1996)。

1.3.1 GNSS 滑坡监测技术

GNSS 监测技术具有合理的卫星星座结构、强大的服务能力,在实现全天时、全天候的实时监测定位方面具有独特的优势,定位精度高、功能灵活简单。自美国 GPS 建成并投入使用以来,GNSS 监测技术已在国际上被广泛应用于监测滑坡、火山、泥石流和地面塌陷等地质灾害。自 1987 年以来,美国地质调查局一直在使用 GNSS 技术对北太平洋中部的夏威夷群岛火山进行多期的形变监测。研究人员建设了一个由 58 个观测站组成的全球导航卫星系统监测网络,每年观测一次,每次 6 台双频接收机进行 6 h 的同步观测,结果显示,GNSS 监测的平面精度可达毫米级,且南北方向精度较高,而高程方向精度可达厘米级(Asta et al.,1994);1995 年,西班牙国家地理研究所联合加泰罗尼亚理工大学,同时利用传统测绘技术和 GNSS 动、静态定位技术对 Vallcebre 滑坡体进行观测,相较于传统方法,GNSS 监测精度达到厘米级,其中水平方向在 1.6 cm 以内,垂直方向在 2.4 cm 以内(Gill et al.,2000);1992 年开始,日本气象厅联合九州大学利用 GNSS 技术对云仙岳山脉进行每年多期的地表形变观测,其监测成果显示,8 h 以上的连续观测可得到平面 5 mm 和高程 10 mm 的监测精度(Takeshi et al.,2000);1999 年,奥地利地调局和格拉茨技术大学利用 GNSS 动、静态定位技术对阿尔卑斯山的 Brunnalm 滑坡体进行了长期监测,并研发了基于 GNSS 技术的滑坡灾害监测软硬件系统,其结果显示,GNSS 技术 24 h 的监测精度可以达到毫米级(Brunner et al.,2000);1997 年,印度尼西亚万隆理工学院利用 GNSS 监测技术对首都地区的地面沉降进行长达 8 a 的观测,其研究结论说明 GNSS 监测技术对于地表沉陷监测具有较高的精度和可靠性,GNSS 技术的应用在辅助公共政策决策方面显示出重大意义(Hasanuddin et al.,2008)。2000 年,法国里昂大学地球环境研究所采用成本更加低廉的单频 GNSS 接收机对拉瓦莱特滑坡体进行了长达 2 a 的形变监测,其结果显示,单频 GNSS 监测的东西向精度达 24 mm、南北向精度达 110 mm,高程方向精度达 74 mm(Squarzoni et al.,2005)。2009 年,意大利博洛尼亚大学利用 GNSS 连续运行参考站(CORS)技术对意大利半岛中部和北部进行长期连续的地面沉降监测。所有 CORS

站点的24 h数据,均采用GAMIT/GLOBK软件和精密星历进行事后高精度基线解算和网平差,其水平和垂直方向监测精度均达到5 mm以内(Baldi et al.,2009)。2011年,Rawat等(2011)对巴塘滑坡体进行地表变形观测,结果表明,GNSS快速静态相对定位技术在南北方向和东西方向上具有较高的精度,可达毫米级,但垂直方向精度在厘米级。美国地质调查局基于CORS技术建立了多个火山监测网络,可对169个活火山进行全天时、全天候的高精度连续监测。日本为了对地震海啸进行实时监测和预警,建立了世界上密度最大的CORS监测网络,由1000多个GNSS连续监测站组成。

1990年以来,我国也陆续开展了利用GNSS静态定位技术监测滑坡、坍塌、水利工程等。20世纪90年代,中国科学院测量与地球物理研究所(陆业海 等,1995;李劲峰 等,1995)首次在长江三峡水库地区基于GNSS静态相对定位技术建立了多期监测网络,四期的GNSS监测结果与传统方法对比表明,采用GNSS静态定位技术进行变形监测具有可行性和可靠性,且其精度与GNSS监测网布设是否合理,选点选址是否恰当,实验观测是否严格,数据处理方法是否正确存在相关性。1994年,西安矿业学院(雷方贵 等,1994)、铜川矿务局(贾建华 等,1995)、煤田航测遥感局对铜川的川口滑坡体进行了三维变形监测,监测结果显示GNSS静态定位技术可达到毫米精度,验证了GNSS静态定位技术用于滑坡地质灾害监测的可行性。中国科学院地质与地球物理研究所和清华大学(郑国忠 等,1998)于1997年对金川露天矿边坡进行了多期GNSS静态监测,其结果表明,利用GNSS静态定位技术进行边坡变形监测可以达到相应的精度,且相较于传统变形监测方法具有选址灵活、全天候、自动化程度高等优点。1996年,武汉测绘科技大学(徐绍铨 等,1998)联合湖北清江水电公司,基于GNSS静态定位技术,建立了清江大坝变形自动监测系统,利用GNSS技术,该监测系统6 h解算精度可达亚毫米级,1 h解算精度优于2 mm。1997年起,长江水利勘测局(曾旭平,2004)开始基于GNSS静态定位技术在重庆市的多个滑坡体开展滑坡变形监测研究工作,将多期GNSS静态数据处理后得到的结果与传统的变形监测手段作对比,结果表明:GNSS静态定位技术可达到毫米级的平面精度和厘米级的高程精度。2000年以后,GNSS动、静态定位技术在滑坡地质灾害监测中的应用逐渐深入。在我国的三峡库区(张小红 等,2000;欧阳祖熙 等,2000),黑河水库库岸滑坡(刘万林 等,2001),黄腊石滑坡(张航 等,2002),重庆市巫山县移民新城(韩文心,2003),龙羊峡水电站(王培建,2003),新沂市马陵山(李全宝 等,2007),雅砻江卡拉电站滑坡(薛志宏 等,2007),云阳县滑坡(李远宁 等,2007),三峡库区树坪滑坡(汪发武 等,2007),西攀高速公路滑坡(王化光,2007),万州明镜滩滑坡(熊先才 等,2008),丹巴县甲居滑坡、杨木村滑坡(贺晓平 等,2010),四川丹巴县甲居滑坡(邓国仕 等,2011),湖北罗针田滑坡(杨胜发 等,2014),三峡库区卧沙溪滑坡(陈德乾 等,2014),三峡库区万州区滑坡(刘磊,2016)均采用了GNSS静态相对定位技术,平面方向监测精度可以达到毫米级,垂直方向监测精度在短基线、24 h观测下可以达到毫米级(刘根友 等,2009;张建坤 等,2009;易庆林 等,2010;王利 等,2011)。同时,由于GNSS固定站的价格较高,当需要监测的点过多时,成本自然就居高不下,香港理工大学丁晓利教授和河海大学何秀凤教授提出了GNSS一机多天线监控模式,基于微波通信技术和计算机技术,成功研制了一机多天线控制器,它可以实现一个接收器连接到放置在变形体上的任意数量的天线。接收器以预设的时间间隔扫描此开关,各天线实现卫星跟踪测量(黄丁发 等,2000;丁晓利 等,2003)。利用GNSS一机多天线设备,可以获取每一个天线对应的观测数据,经数据解算后,可获取每个天线处的形变信息,大幅度降低了GNSS实时监测的成本。目前,在我国云南小湾电站的变形监测中,GNSS一机多天线监测技术取得了较好的结果,其12 h解算的平面精度、高程精度分别可以达到2～6 mm和4～10 mm(许斌 等,2005;肖胜昌 等,2006);观测条件较好时,基于高精度的事后数据处理算法,其每小时监测结果的平面精度优于3 mm(王利 等,2005)、垂直方向精度在5～10 mm。

除此以外,GNSS技术还被广泛应用于城市地面沉降和地裂缝等地质灾害监测,我国所有的省市都建立了相应的地面沉降GNSS高精度监测网络。1994年,同济大学开展了基于GNSS静态定位的上海市城区地面沉降观测实验,探讨了利用GNSS静态定位技术建立高精度城市地面沉降监测网络的有关问题,结果显示:在采用仪器墩强制对中和天线指北的硬件基础下,3 h以上观测,短基线监测精度有望达到毫米级(沈云中 等,1995;1996)。1998年,上海市地质调查研究院和长安大学联合利用GNSS静态定位技术对上海城区的地面沉降进行了观测试验,研究结果表明:短基线监测精度可达毫米级,中长基线监测在使用扼流圈天线情况下可以有效改善多路径误差影响,获得毫米级精度的监测结果。之后,该监测网络又扩展为由70多个GNSS监测站组成的地面沉降监测网,并设置了4个CORS基站实施连续监测(宋淑丽 等,2004;熊福文 等,2006;许言 等,2017)。2000年起,江苏省地质调查研究院开始在江苏苏南地区建设GNSS地面沉降监测网,后来又将其扩建到长三角江苏区域,布设了由70多个监测站点组成的地面沉降GNSS监测网,为江苏基于GNSS技术的大规模的地面沉降监测奠定了基础(于军,2009)。2002年,为了更好地控制和监测地面沉降,北京市在地面沉降严重地区布设了GNSS监测网,由1个基准站和13个监测站组成(赵守生 等,2008),并于2005年进行了两期静态观测,每期连续观测72 h,大部分GNSS监测点的结果与精密水准观测符合程度较高,试验取得了较好的结果(段金平 等,2008)。2006年以后,北京市开启了地面沉降监测网二期的建设,2008年基本完成二期监测网建设,建成了由100多个GNSS监测点组成的地面沉降监测网,开始了北京市地面沉降持续监测(刘明坤 等,2012)。长安大学(张勤 等,2007;2008)联合中国地质调查局于2005年开始基于GNSS静态定位技术和CORS技术对西安市地面沉降进行连续地面沉降监测,建立了由30多个带有扼流圈天线的GNSS监测站构成的地面沉降监测网,每期每站连续同步观测72 h以上。结果显示,在良好的观测环境情况下,可以获取5 mm精度的地面监测点的沉降信息(张勤 等,2009)。

1.3.2 多源传感器监测技术

微处理器、无线通讯、微机电系统等技术的快速发展,使得传感器技术迅速得到普及,在各领域的应用也越来越广泛。传感器技术凭借其高精度、自动和连续数据采集、远程在线实时监控以及抗恶劣环境能力强等特点,已被广泛应用到滑坡变形监测领域,主要对结构体及岩土内部的应变、应力、渗压、土压力、孔隙压力以及温度等参数进行监测,常用的监测传感器有位移计、测斜仪、应力计、应变计、渗压计及温度计等。传感器监测系统一般由多类多个传感器组成,其不仅对滑坡变形体进行形变监测(如压力、位移和加速度等),还对变形体周围的环境因素进行监测(如风速、温度)等,这将为后续的变形分析提供充分的数据。

1.3.3 机载激光雷达滑坡监测技术

长期以来,遥感技术一直是地质灾害调查和研究的重要技术手段。近年来,以高分辨率、高精度为特征的新型遥感技术不断涌现,使得地质灾害遥感调查的精度和可靠性也在迅速提高。机载激光雷达就是一种利用激光对地表三维坐标信息进行采集的新型遥感技术,它结合了激光测距、卫星定位和惯性测量(INS)等先进技术,其主要特点如下:(1)采样率高。可以快速完成大区域的地表三维坐标信息采集,可生成1 m或更小格网间隔的数字高程模型(DEM)(杜磊 等,2019);(2)精度高。目前,机载激光雷达数据的高程绝对精度通常可达到15 cm,平面绝对精度随航高不同可达到10 cm到1 m;(3)穿透率高。能部分穿透植被和云层,可对林区、山区或阴云覆盖地区开展调查(林月冠 等,2014)。机载激光雷达技术的上述特点使其具备以下能力:(1)快速而精确地获取滑坡等地质灾害体的微地形、地貌等细节特征信息;(2)可以定量提取精细的地表粗糙度、坡度坡向等参数;(3)多期数据下,可以精确地提取特征地形地貌的细微变化量。从而为滑坡等地质灾害的调查和监测等研究提供有力的技术支持。

1.3.4 光纤监测技术

近年来,光纤传感技术被广泛应用于斜坡体监测。其中,光时域反射(OTDR)技术可以进行实时分布式应变测量。张利勋等(2006)利用OTDR技术进行组网。唐天国等(2007)将OTDR应用于大坝基座裂缝监测,并对四川石棉冶勒大坝进行监测,取得了显著效果。该技术在国外也得到了较多的工程应用,如Kihara等将光纤分布于日本Niyodo河和Sendai河的河堤中,用偏振光时域反射(POTDR)来监测河堤的滑坡位移状况,取得了良好的效果。然而,OTDR监测法存在的主要问题在于空间分辨率、灵敏度和测量精度较低。布里渊时域反射(BOTDR)技术主要用于对大坝、大型建筑物、桥梁的应变进行分布式监测,目前该技术也应用于滑坡、大型工程边坡及洞室监测中。与OTDR相比,BOTDR技术可以实现应变和温度的同时测量,具有灵敏度高、测量精度高等优点,但是其空间分辨率低、响应速度较慢。相对于OTDR和BOTDR,光频域反射(OFDR)技术具有更高的空间分辨率、测量距离精确和灵敏度,近年来受到了国内外研究机构的极大重视,并应用于对应变、应力、振动、温度、3D形状、流速、折射率、磁场、辐射、气体等参量的无线传感。虽然目前OFDR技术在实验室取得了大量的研究成果,但还没有进行工程化应用。

1.4 滑坡地质灾害预测预报研究现状

1.4.1 滑坡的孕育及稳定性评价

(1)滑坡孕育理论

滑坡的孕育主要受滑坡所处的自然和地质环境等影响,包括:地质特质、地形地貌、岸坡结构、水文条件、地层岩组等。许多学者发现滑坡的发生规模和频率遵守幂律规则,滑坡堆积区大小与地形地貌、地质构成等因素存在敏感关系(邱海军 等,2013)。彭令等(2014)通过GIS技术获取三峡库区滑坡的相关数据,利用数理统计分析发现类型不同的滑坡具有空间集聚性和不均匀性。Larsen等(2010)研究了滑坡的发生规模及频率之间的关系,发现滑坡其实是地形地貌演化的主要形式。冯玉涛(2009)等通过地形地貌、地质构成和降雨等因素对滑坡、崩塌等地质灾害的时间和空间分布规律进行了深入研究。Travelletti(2012)认为滑坡地层基岩、内层和滑动面的空间几何形状态势影响着滑坡的孕育及变形机理。Dorafest等(2007)通过大量的监测数据分析、勘测及反演分析,发现大多数滑坡的孕育及失稳是一个渐进式的破坏过程。总体而言,该过程表现为:滑坡的孕育和产生、发展是岩土坡体发生连续渐进式蠕动变形的过程,产生变形－持续变形－加速变形－失稳(滑坡产生)。

(2)稳定性评价

在滑坡研究的早期,它仅仅被看作是一种普通的地貌现象。随着人类生产生活的不断发展推进,滑坡灾害不断出现,且破坏程度越来越重,影响越来越严重。此时,更多的学者才开始将更多的研究精力集中到滑坡的研究当中。

早期的滑坡稳定性分析评价大多仅仅是单因素、定性的研究,包括滑坡发生时的外部环境及机理研究和斜坡极限平衡状态下静力稳定性研究。定性分析也逐渐成为工程实践中经常采用的方法,如表1.1所示。

表1.1 定性分析法

方法名称	要点	适用情况
自然分析法	滑坡地区的地质特质、破坏成因、地貌和滑坡的演变过程。	天然边坡
工程地质类比法	利用已有滑坡成因、影响因素及其稳定性分析经验,推演并给出待研究的边坡稳定性评价状况。	应用广泛
图解法	包括诺模图法和投影法两类,使用简单但缺少普适性,局限于依靠经验和概念。	岩质边坡
专家系统数据库法	应用计算机存储的各种边坡实例信息,如边坡地点、地质特性等快速实现工程的类比,得出分析结论。	无限制

伴随着计算机技术以及现代数值分析方法的飞速发展,滑坡研究开始从具有局限性的定性现象分析向半定量甚至是定量的过程发展。滑坡研究的定量分析方法是基于滑坡孕育的物理学机理,通过特定的算法对滑坡体进行分析和研究,包括确定性分析法和非确定性分析法。极限平衡法是确定性分析法中较为常见的一种,满足静力平衡和摩尔库伦(Mohr-Coulomb)破坏准则是其两点基本准则。然而,极限平衡法需建立在简化的力学理论与假设基础之上,无法考虑更多的边坡变形与其他条件如应力分布等。数值分析法也是确定性分析法的一种,其正好避免了极限平衡法的上述不足,它通过计算机技术使人们更多地考虑外界环境因素的影响,如考虑爆破、地下水和地震等。通常可分为离散元法、有限元法、变分法、加权余量法和数值流形法等(陈炳贵 等,2008)。

由于滑坡随机性和多样性,人们通过非线性的分析方法来研究滑坡相关随机变量,进而分析其稳定性,这种方法称为非确定性方法。包括了可靠性评价法、灰色系统分析法、模糊综合分析法和神经网络方法等(夏元友 等,1997),如表1.2所示。

表1.2 非确定性分析法

方法名称	要点	适用情况
可靠性评价法	统计分析边坡稳定性影响因素的大量样本,使用可靠指标等方法求解边坡的破坏概率,得出稳定性评价结论。	计算复杂
灰色系统分析法	利用灰色系统理论为基础,关联度分析为工具,分析各个影响因素对稳定性的影响作用程度(朱大勇 等,2000)。	样本不限

续表

方法名称	要点	适用情况
模糊综合分析法	利用模糊变换和隶属度最大的原则,生成模糊分析矩阵,判断边坡稳定性(陈立强等,2012)。	大型边坡
神经网络方法	应用ANN的逼近和记忆学习能力,对滑坡样本进行分析学习并存储统计,得出稳定性分析结论。	无限制

1.4.2 降雨和水库水位对滑坡的影响

地质构成、地形地貌等自然因素控制和影响滑坡孕育及变形过程,与此同时,人类活动、水库水位的涨落和降雨量大小等因素同样起到催化和促进作用。因此,部分学者开始研究滑坡的诱发影响因素进而了解滑坡变形及演化的过程(黄润秋 等,2005)。

通常,强降雨是诱发滑坡的主要因素。林孝松等(2001)基于长江上游地区多个滑坡与降雨关系的研究,从降雨的多个角度建立了耦合关系体系。许建聪等(2006)通过建立指数函数的回归分析模型,揭示了滑坡位移与降雨量之间存在相关性的规律。同时,国外学者也在滑坡监测角度、降雨等级强度与滑坡之间位移响应及变形原理方面开展了相关研究。1963年意大利突发的瓦依昂滑坡七分钟造成"2000人死亡和5个城镇消失",使研究水库滑坡逐渐成为热点之一(Herrera et al.,2009)。研究表明,水位的变动对滑坡产生有直接关系。水库水位的上升或下降直接产生了边坡干湿循环作用,也间接影响了岩土体的力学特性和坡体的物理环境,进而导致边坡的平衡稳定性受到破坏(刘新荣 等,2009)。中村浩之等(1990)发现并得出暴雨和水库水位骤增或骤降作用下,水库边坡更容易产生变形失稳的结论。王士天(1997)认为在水库水位快速回落的作用下,坡体的平衡将受到破坏进而引起滑坡。

可见,滑坡不仅受到其内部地理条件的影响,而且水库水位变化和降水增多等外界自然因素也会加剧其形变过程。滑坡在形成过程之中产生了变形和失稳,如果受到季节性、周期性降雨或水库水位升降等因素的作用,其形变曲线将呈现为阶跃型特性。

1.4.3 滑坡预测概况

目前,滑坡预测基本分为变形类和外因诱发类预测模型,综合整理大量的研究成果,可分为三个时期。

(1)自然现象-经验方程预测时期

早在20世纪60、70年代,很多的学者已开始对滑坡灾害的预测进行了研究,但仅仅是依靠滑坡的宏观变形迹象如:地面裂缝和岩土崩塌,甚至是滑坡前动物的异常行为等。直到日本地质学专家斋藤提出了基于三阶蠕变理论的滑坡经验方程曲线,滑坡预测研究工作才真正开始起步。本时期,中国对于滑坡预测研究的代表性案例是宝成铁路段须家河滑坡的成功定性判别及预警。

(2)统计分析预测时期

进入20世纪80、90年代,随着数学现代理论的快速发展,数理统计、模糊理论和灰色系统理论等新方法逐渐被地质学家应用于滑坡预测(易武 等,2011),并取得了重要进展。1985年,日本学者福囿提出了考虑降雨和土层位移加速度因素的滑坡预测方法;晏同珍(1988)利用灰色系统理论结合 Verhulst 模型法,进一步改进了滑坡预测模型;殷坤龙(1996)、陶干强(2002)、苗胜军等(2007)进一步对 Verhulst 模型进行了改进,并取得了相应的研究成果。此外,还有马尔可夫链状预测方法(秦四清 等,1990)、灰色 GM(1,1)模型、黄金分割法(李长冬等,2012)、Verhulst 反函数模型(龙万学 等,2008)、卡尔曼滤波法(高雅萍 等,2007)等也被应用于滑坡预测。

(3)非线性及综合预测时期

20 世纪 90 年代以后,许多专家学者运用非线性、系统科学、人工智能等理论或方法建立与滑坡有关的时间序列预测模型。时间序列分析的基本思想是建立一个数学模型,以根据有限的记录反映时间序列的动态依赖性,然后使用该模型预测未来的行为。滑坡预测预报亟待解决的问题是:准确预测滑坡发生时间,预报可能造成的损失,以达到预警的效果。滑坡时间序列预测参数主要分为五类,如表 1.3 所示。

表 1.3 滑坡时间序列预测参数

参数名称	定义
物理	在滑坡产生的时候,滑坡体的各类物质体现出来的相关物理指标。如地温、电磁以及电阻率等。
变形	能够比较直观反映出滑坡产生动态形变的各类参数,主要是由位移量及矢量角组成。
机理	最有效反映滑坡时间预测数据变化的理由与道理:如孔隙水压力、应变和应力等。
诱发	促使并激发滑坡产生的一系列环境影响因素。如地震、外部降雨和地表地下水等。
间接	通过相关方法与理论分析并提取,最终通过归纳得到相应的定量指标。

第 2 章　基于 InSAR 的滑坡地质灾害早期识别技术

早期识别中"早期"的定义是指新坡体发生整体滑动或古、老堆积层滑动之前。近些年来滑坡带来的严重威胁致使国内外科研工作者对地质灾害隐患早期识别方面的研究逐渐重视，对人而言的"早发现、早治疗"的治病理论，对滑坡地质灾害的防治和预警工作也极具适用性。

滑坡地质灾害早期识别重点是对地表变形迹象进行识别与验证，主要包括两个层次：一是对两岸古、老堆积层滑坡再次发生变形的识别；二是对存在变形的堆积层体的识别。传统勘测识别手段——"点"式识别方法，一方面不能全面完整地反映区域内堆积层滑坡边坡的变形情况，另一方面环境适应性差，如对处于高风险和尚未形成崩滑流灾害的地段，人员难以进入。由于地质灾害易发区地质条件的复杂性，很多地质灾害隐患仍未完全调查排查清楚。资料统计显示70%的新滑坡发生在从未发生过滑坡的地段，因此采用传统的监测方法在空间上不能完全满足广域地质灾害早期辨识及动态监测的需求。

作为近 30 年的新兴雷达遥感技术，合成孔径雷达干涉测量技术（Interferometric Synthetic Aperture Radar，InSAR）具有覆盖范围广、监测精度高、全天时、全天候、空间分辨率高等特点，其原理是利用合成孔径雷达两次观测中雷达波相位差与空间距离的关系提取区域地表三维变形信息。它不仅可弥补传统早期识别技术存在的精度低、辐射范围小和实效性不强等问题，而且可以较大范围地进行滑坡灾害隐患排查工作。

本章首先介绍了基于 InSAR 技术早期识别滑坡灾害的应用现状及其挑战。其次介绍了 InSAR 技术变形监测的基本原理，主要包括 D-InSAR 技术原理、CR-D-InSAR 技术原理、PS-D-InSAR 技术和 DS-D-InSAR 技术原理、SBAS-D-InSAR 技术原理、RSSI 技术原理、MAI 技术原理和 POT 技术原理。最后介绍了 InSAR 技术的应用实例，主要包括基于 RSSI 和 D-InSAR 技术的唐家会煤矿大梯度形变监测和基于 SBAS-InSAR 技术的西宁市滑坡地质灾害调查。

2.1　InSAR 技术发展

InSAR 技术作为一种空间对地观测技术，最早于 1969 年由 Rogers 等学者提出，并且首次将其用于对金星表面的观测（刘一霖，2016）。Graham 等学者于 1974 年，第一次通过机载 SAR 技术成功地获取了 DEM 高程数据（薛东剑 等，2018）。但是，这种技术仅仅考虑了机载 SAR 的幅度信息，具有一定局限性。因此，在将幅度条纹转化为地形信息时存在一定的困难。Zebker 等（1986）对机载 SAR 提供的相位信息进行了干涉处理，得到了圣弗朗西斯科海湾地区分辨率 11 m，覆盖范围 11 km×10 km 的地形图。通过与美国地质勘测等高线图的比较，证明二者具有较高的相关性。Goldstein 等(1988)第一次提出了星载重轨 InSAR 技术,并且利用该技术对 SeaSAT 卫星获得的时间分辨率为 3 d 的 SAR 数据进行处理后获得了死谷 Cottonball 盆地高分辨率地形数据,该数据与美国地质勘测等高线图的结果对比显示,二者具有很高的相似度。

1989 年,通过结合多幅干涉图,Gabriel(1989)首次证实了可以利用干涉图的差分技术(D-InSAR)获取地表形变。D-InSAR 技术的提出成为 InSAR 技术发展史的重要里程碑。D. Massonet(1993)首次提出了两通 D-InSAR 技术。通过将两通 D-InSAR 技术对地震形变场的测量结果与弹性形变模型和实地观测值相比较,证明了两通 D-InSAR 技术能够得到精度优于 3 cm 的视线向形变(王天祥,2015)。1994 年,在两通 D-InSAR 技术的基础上,Zebker(1994)利用自己首次提出的三通 D-InSAR 技术对 Landers 地震形变场进行了测量,最后将其测量结果与 GPS 和电子测距仪测得的结果比较显示,它们的差平均为 0.9 cm,相关系数高达 0.96。不论是两通 D-InSAR 还是三通 D-InSAR 技术,都会受到 SAR 影像去相干的影响,进而很大程度的降低了最终的观测精度。Ferretti(2001a,2001b)提出了另一种测量技术,即永久散射体雷达差分干涉测量技术(PS-D-InSAR),该技术主要通过对长时间序列的 SAR 影像分析来识别稳定反射点(PS 点)。由于 PS 点相对较小,在进行 D-InSAR 数据处理时能够有效地避免由于像对的时空间基线较长而带来的影响。通过对 Ancona 地区时跨 5 年、空间基线长为 1600 m 的 34 幅 ERS-2 SAR 影像的处理(路聚峰 等,2014),Ferretti 获得了优于 1 mm 的年平均变形速率精度的 Ancona 滑坡。但 PS 点分析法也具有很大的局限性,因为 PS 点在不同地区分布差异较大。一方面,在植被覆盖度较低的地区分布较多;另一方面,在地表植被覆盖度较高、地形变化复杂的地区,PS 点较少且分布不均。因此,在这类地区该方法无法有效地开展。解决这一问题的有效途径是在植被茂密的地区布置人工角反射器(CR)。CR 是一种用金属材料(以铝为主)制作的二面或三面角体,由于其较大的电容率和极好的导电、导磁性,它可使经过几次反射后的雷达波束形成很强的回波信号,这样便会在所获得的 SAR 影像中呈现很强的亮度区(程滔 等,2007)。2002 年,德国波茨坦地学研究中心的 Xia 等(2002)在三峡新滩滑坡和链子崖滑坡进行了试验,证明利用 CR-D-InSAR 可以监测到厘米级精度的形变。但是 PS-D-InSAR 或者 CR-D-InSAR 技术也存在一定的局限性,因为该技术只选取了 N 幅影像中的一幅作为主影像,导致部分干涉图的时间基线过长,进而降低了该部分的干涉图相干性。为解决这一问题有学者于 2002 年提出了小基线集雷达差分干涉测量技术(SBAS-D-InSAR),该技术基于多幅主影像,弥补了 PS-D-InSAR、CR-D-InSAR 单一主影像的不足,通过利用较短时空基线的干涉对提取形变信息,提高了干涉图的相干性和数据的利用率。Berardino 利用该技术监测了火山口形变,证明了该方法的有效性。Ferretti 等(2011)发布了第二代永久散射体技术 SqueeSAR。与 PS-D-InSAR 技术相比,SqueeSAR 技术通过对分布式目标(DS)的利用,大幅度提高了观测点的数量。与 SBAS-D-InSAR 技术相比,SqueeSAR 技术不采用多视处理,但能保存形变细节,并且能够有效地避免形变及非形变区域的误读。通过对意大利阿尔平地区 65 幅 RADARSAT 影像的处理,Ferretti 等(2011)证明了 SqueeSAR 技术的优势。在 SqueeSAR 技术的发展过程中,经过不断改进,最终发展成了如今的 DS-D-InSAR 雏形。

由于解缠技术的限制,两通 D-InSAR、三通 D-InSAR、PS-D-InSAR、CR-D-InSAR 和 DS-D-InSAR 技术的共同缺点是不能测量大梯度地面形变。Madsen(1993)首次提出了距离向分频干涉的概念（RSSI），以突破传统解缠技术的限制。但受制于当时 SAR 传感器距离向带宽较小，仅能进行理论分析和模拟试验。Fabio(2013)对 RSSI 技术进行了首次实际数据验证，证明了该方法的有效性。但 RSSI 技术对噪声敏感，测量精度低。通过这些技术所得到的形变信息都只是在雷达视线方向（LOS）上的投影，然而垂直向的投影信息无法得到。为此，Noa 等(2006)于 1996 年提出了另外一种 SAR 技术，即多孔径雷达干涉测量技术（MAI），通过该方法来获取卫星飞行方向的形变信息。两通 D-InSAR、三通 D-InSAR、PS-D-InSAR、DS-D-InSAR、RSSI 和 MAI 技术都是利用 SAR 影像的相位信息，因此都会受到影像去相干的影响，在植被茂密或快速形变区往往得不到好的监测结果。CR-D-InSAR 技术虽受影像去相干影响小，但需要人工布置 CR，适用范围小。Werner(2001)提出像素偏移技术（POT），该技术利用 SAR 影像的灰度信息测量地面沿 SAR LOS 向和方位向形变。与利用相位信息的 D-InSAR 技术相比，POT 技术受影像去相干影响小、观测量多、能测量大梯度地面形变且受大气影响小，但测量精度仅有 1/20 个像素，因此当影像分辨率较低时，测量精度也会相对降低。

不同 SAR 技术各有优点和缺点，但载有 SAR 传感器卫星重访周期的不断变短、影像空间分辨率不断提高、更长波长 SAR 传感器的不断增多，在一定程度上弥补了上述技术的缺点，D-InSAR 技术正由前期的理论研究、方法验证向工程化应用转变。

2.2 InSAR 滑坡灾害监测应用现状和挑战

2.2.1 InSAR 滑坡灾害监测应用现状

2019 年 7 月，以 InSAR 和 Landslide 为主题词，在 SCIE 数据库中对近 5 年发表的有关利用 InSAR 技术监测滑坡灾害的文章进行了检索，共检索到文章 241 篇。这些文章主要涉及到常规 D-InSARS 技术、CR-D-InSAR 技术、PS-D-InSAR 技术、DS-D-InSAR 技术、SBAS-D-InSAR 技术、RSSI 技术、MAI 技术和 POT 技术。涉及相关技术文章的多少（以摘要中出现相应关键词计）在一定程度上反映了该技术的应用状况。

（1）涉及到 PS-D-InSAR 技术和 SBAS-D-InSAR 技术的文章最多。这主要是由于 PS-D-InSAR 技术和 SBAS-D-InSAR 技术较广的适用范围、监测精度高、可用软件多（如 GAMMA、SARScape、SARProz、Stamps、GIAnt 等）。

（2）涉及到常规 D-InSAR 技术的文章数量次之。这主要是由于常规 D-InSAR 技术对数据要求低、技术成熟、可用软件多（如 GAMMA、SARScape、SARProz、DORIS、ISCE、Snap 等）。但由于没有考虑大气延迟和 DEM 误差的影响，监测精度低于 PS-D-InSAR 技术和 SBAS-D-InSAR 技术，这使得利用常规 D-InSAR 技术监测慢速移动滑坡较为困难。这是因为若用于监测的两期 SAR 影像成像时间间隔短，滑坡位移较小，可能会被常规 D-InSAR 的大气延迟等误差所掩盖；但若用于监测的两期 SAR 影像成像时间间隔长，虽滑坡位移变大，但由于地表性质改变，两期 SAR 影像相干性会降低甚至可能会失相干，监测精度又无法保证。另外，常规 D-InSAR 技术也无法给出滑坡的变形过程，不利于滑坡研究和预警。

（3）再次为涉及到 CR-D-InSAR 技术、DS-D-InSAR 技术和 POT 技术的文章。利用 CR-D-InSAR 技术可对植被茂密的滑坡进行监测，但需要人工布置 CR，这在一定程度上限制了其应用。DS-D-InSAR 技术相较于 PS-D-InSAR 技术有更多的观测点（值），能更加详细的了解滑坡形变的空间分布特征。但 DS-D-InSAR 技术较复杂、可利用的软件少。POT 技术对地表植被有一定的适应能力，适用于监测快速移动的滑坡，该技术的监测精度与影像的空间分辨率密切相关。因此，想要提高监测精度，则需要采用高空间分辨率的 SAR 影像，进而增加了监测成本。

（4）涉及到 RSSI 技术和 MAI 技术的文章较少，这主要是由于这两种技术是以牺牲信噪比为代价，因此，将二者应用于信噪比通常本就不高的滑坡监测领域较为困难。

除上述技术外，随着地基 InSAR（GB-InSAR）技术的不断成熟和设备价格的不断降低，GB-InSAR 在滑坡监测中的作用也正在被人们所认可。

2.2.2 InSAR 变形监测应用挑战

2.2.2.1 低相干区测量

低相干区测量受到雷达波透射比、传感器姿态变化等多种因素影响。干涉相位的随机噪声也因雷达回波信号受到时空去相关影响而增加，进而导致相干性减弱，测量精度降低。由于受限因素较多，致使其成为 InSAR 技术应用的最大挑战（朱建军 等，2017）。可采用如下办法加以解决：（1）采用短时间基线和高空间分辨率的 SAR 数据。（2）采用长波长（如 L 和 P 波段）SAR 数据。（3）采用抗去相干能力更强的技术，如 DS-D-InSAR 技术、CR-D-InSAR 技术和 POT 技术。

（1）、（2）两种方法对数据要求较高，往往需要订购计划数据，数据获取成本高。又由于存档数据少，不利于研究被监测区域历史形变。DS-D-InSAR 技术数据处理效率低、CR-D-InSAR 技术需要布置角反射器，因此，二者不适用于大范围地质灾害普查。POT 技术的监测精度主要由影像分辨率决定，为了提高监测精度需要高空间分辨率的 SAR 数据。对于地形特征不明的地区，受配准精度的影响，POT 技术的监测精度会降低甚至会失败。

2.2.2.2 形变不敏感区测量

InSAR 技术对不同方向的形变具有不同的敏感度，对沿着 SAR 视线方向（LOS）的形变最敏感，对垂直 LOS 方向的形变最不敏感。在滑坡灾害多发的山区，坡向和坡度变化复杂，使得利用单一几何结构 SAR 数据进行监测时可能遗漏某些潜在危险滑坡。因此，在分析山区 InSAR 监测结果时，应进行形变敏感性分析，对形变不敏感区域的监测结果要保持审慎的态度，在条件允许的情况下，应采用其他技术（如人工巡查、GPS）或不同几何结构的 SAR 数据加以验证，但这在一定程度上增加了监测成本。

2.2.2.3 大气误差改正

大气延迟是 InSAR 技术监测微小、缓慢地表形变的主要误差来源和重要限制因素。自 Massonnet 等（1994）第一次在 InSAR 干涉影像中发现了大气延迟产生的干涉条纹以来，为了减弱大气延迟的影响，提出了很多方法。这些方法大致可以分为两类：一类是利用干涉图上大气延迟信号的时空分布特性，采用滤波方法估计和消除其影响，通常称这类方法为内部估计法，如线性组合法、堆栈法、PS-D-InSAR 法、SBAS-D-InSAR 法等。内部估计法的优点是只用到 SAR 一种数据，避免了多种数据融合时所必须解决的分辨率不一致和配准问题。但需要大量的 SAR 数据，需要对所研究形变的运动形式和大气的时空特征进行假设，而假设的正确性对改正效果具有较大影响。大气延迟改正的另一类方法是利用其他技术反演的大气延迟对干涉图进行订正。通常称这类方法为外部改正法,如地面气象数据建模法、GPS改正法、空基数据(如MODIS、MERIS)改正法和数值大气模型建模法。外部改正法的优点是不需要大量的SAR数据且不需要假设形变和大气的时空特征。但反演得到的大气延迟往往空间分辨率低,需要进行空间插值,而插值精度在一定程度上限制了改正的精度。另外,由于布设成本或受云雨的影响,外部观测数据时空覆盖度有限,不能满足InSAR技术全球、全天候和全天时的要求。Yu等(2018)发布了通用InSAR大气改正在线服务系统(GACOS)。该系统可以免费为全球InSAR技术用户提供90 m分辨率、近实时大气延迟数据,代表了当前InSAR大气延迟改正领域的最高水平。但由于GACOS建模所用的欧洲中期天气预报中心(ECMWF)数据空间分辨率较低,因此利用GACOS改正InSAR短波大气延迟效果不佳。

2.2.2.4 多维形变测量

InSAR测得的形变是地表三维形变在LOS向的投影,如何通过LOS向的投影重建地面三维形变是目前国内外专家共同面临的问题。当前主要的解决办法有:(1)以地质模型求取的水平形变为约束将LOS向形变分解到三维方向。该方法的优点是适用范围广,但高精度地质模型的建立需要较多的先验信息。(2)假设水平形变为0或假设形变沿最大坡度方向,将LOS向形变分解到垂直方向或最大坡度方向。该方法的优点是简单易行,但假设条件过强(即地面水平形变通常不为0),实际应用中难以完全满足。(3)以GPS三维观测值为约束将LOS向形变分解到三维方向。该方法的优点是精度高,但GPS空间覆盖范围有限,因此,该方法不适用大范围三维地面形变监测。(4)采用POT或MAI技术获取的方位向形变为约束将LOS向形变分解到三维方向。该方法的优点是不要求额外的数据或假设,但POT观测精度低、MAI技术对噪音敏感。(5)结合不同几何构型的SAR数据,如升降轨数据或不同卫星平台的数据。该方法优点是精度高,但对数据要求高。

2.2.2.5 精度评定

对InSAR技术观测精度评价最为可靠的方法是实地测量技术。但实地测量技术与InSAR技术在不同的地区往往存在着不一致的监测对应点。例如,在城区进行形变监测时,InSAR技术所监测的主要是建筑物的形变,而对应的水准或GPS监测点可能位于建筑物周围的马路上。由于监测点位不一致,使得实地测量数据不能精准客观地评价InSAR监测结果。相干性在衡量InSAR干涉图的质量上具有很大优势,但是精确估计相关性大小以及如何将相干性与InSAR形变监测精度相关联,都有待进一步研究(朱建军 等,2017)。

2.3　InSAR变形监测基本原理

2.3.1　D-InSAR技术原理

若假设两次SAR成像时分辨单元的散射性质保持不变,则干涉相位ϕ如下所示。

$$\phi = \frac{4\pi}{\lambda}\Delta\rho = \phi_{flat} + \phi_{topo} + \phi_{defo} + \phi_{atm} + \phi_{noi} \qquad (2.1)$$

式中,$\Delta\rho$为两SAR传感器到同一地面分辨单元距离差。在干涉基线不为0的情况下,ϕ由如下几部分组成。

(1) ϕ_{flat} 表示平地干涉相位。可基于卫星轨道参数和地球椭球参数,采用距离多普勒算法计算出 ϕ_{flat} 并将其去除。

(2) ϕ_{topo} 表示地形干涉相位。两通法是当前地形干涉相位剔除方法中最常用的方法,它是利用两次 SAR 影像成像时的轨道信息和一个高精度的 DEM 求算出 ϕ_{topo} 并将其去除。

(3) ϕ_{defo} 表示两次 SAR 成像期间地表形变导致的干涉相位,为待求量。

(4) ϕ_{atm} 表示大气扰动导致的干涉相位,ϕ_{atm} 的去除仍是 InSAR 领域的难点和研究热点,将在下节详细讨论。

ϕ_{noi} 表示各种噪声导致的干涉相位。可采用滤波的办法将其去除。

去除 ϕ_{flat}、ϕ_{top}、ϕ_{atm} 和 ϕ_{noi} 后,两次 SAR 成像期间地表形变可按下式计算。

$$\Delta r = \frac{\lambda}{4\pi} \phi_{\text{defo}} \tag{2.2}$$

2.3.2 CR-D-InSAR 技术原理

假设有 $M+1$ 幅 SAR 影像和 $N+1$ 个角反射器。以其中一幅 SAR 影像作为主影像,则其余 M 幅 SAR 影像可以形成 M 个干涉图。选择一个角反射器作为参考点(在条件允许的情况下,参考角反射器应布置在稳定区域),求余下的 N 个角反射器与参考角反射器的干涉相位差,则有下式。

$$\boldsymbol{\phi} = \boldsymbol{C}_l \boldsymbol{L}^{\text{T}} + \boldsymbol{C}_p \boldsymbol{P}^{\text{T}} + \boldsymbol{C}_h \boldsymbol{H}^{\text{T}} + \frac{4\pi}{\lambda} \boldsymbol{R} + \boldsymbol{E} \tag{2.3}$$

式中,$\boldsymbol{L}$ 为角反射器方位向坐标矢量,1 行、M 列;$\boldsymbol{\phi}$ 为去除平地相位的干涉相位矩阵,N 行、M 列,即每一列对应一幅干涉图,每一行对应一个角反射器;$\boldsymbol{P}$ 为角反射器距离向坐标矢量,1 行、M 列;$\boldsymbol{H}$ 为相对高程(相对于参考角反射器),1 行、M 列;$\boldsymbol{R}$ 为形变矩阵,N 行、M 列,即每一列对应一幅干涉图,每行对应一个角反射器;$\boldsymbol{C}_l$ 为沿方位向线性相位的坡度矢量,N 行、1 列;$\boldsymbol{C}_p$ 为沿斜距向线性相位的坡度矢量,N 行、1 列;$\boldsymbol{C}_h$ 为高程相位转换矩阵,N 行、M 列;λ 为雷达波长;$\boldsymbol{E}$ 为残余相位,包括大气和噪声两部分,N 行、M 列。式(2.3)中 $\boldsymbol{L}$、$\boldsymbol{P}$、$\boldsymbol{C}_h$、$\boldsymbol{H}$ 已知,则在每个相位上所有角反射器的未知形变量可通过矩阵 $\boldsymbol{E}$ 可得到:

$$\boldsymbol{E} = \min_{(\boldsymbol{C}_l, \boldsymbol{C}_p)} \|\boldsymbol{E}\|_{L^{\infty}} \tag{2.4}$$

2.3.3 PS-D-InSAR 技术和 DS-D-InSAR 技术原理

假设研究区域有 $N+1$ 幅不同时相的 SAR 影像,将其划分为两部分,第一部分是选择在 $N+1$ 幅 SAR 影像中的一幅影像作为主影像,第二部分即为其余 N 幅影像作为副影像。用第二部分影像分别与第一部分主影像进行配准,最终得到 $N+1$ 幅配准的 SAR 影像(孙赫 等,2014)。PS-D-InSAR 技术主要是利用 N 幅干涉图的干涉相位以及 $N+1$ 幅配准 SAR 影像的灰度值,并做一定的分析处理,即可提取出长期稳定永久散射点(PS 点)。通过对 PS 点处干涉相位进行时间序列分析得到该点处毫米级高精度地表形变、大气延迟误差和亚米级的 DEM。令第 k 幅干涉图上第 i 个候选 PS 点的大气延迟、非线性形变和失相关噪声引起的干涉相位之和为 $\phi_{\text{res},i}^k$,则有:

$$\phi_i^k = \boldsymbol{C}_h B_{\perp}^k \Delta h_i + \boldsymbol{C}_v T^k v_i + \phi_{\text{res},i}^k + 2K_i^k \pi \tag{2.5}$$

其中,

$$K_i^k = 1, 2, \cdots$$
$$C_h = 4\pi/(\lambda R \sin\theta)$$
$$C_v = 4\pi/\lambda$$

式(2.5)中,B^k、T^k分别表示第k个干涉像对的垂直空间和时间基线;φ_i^k为第k幅干涉图上第i个候选PS点的差分干涉相位;Δh_i、v_i分别表示第i个候选PS点的高程误差和沿SAR视线向的线性形变速率;K_i^k表示未知整周数。构建PS点集的Delaunay三角网,并利用式(2.5)求每条边两顶点的邻域差分得:

$$\Delta \phi_{ij}^k = C_h B_\perp^k \nabla \Delta h_{ij} + C_v T^k \Delta v_{ij} + \Delta \phi_{\mathrm{res},ij}^k + 2\Delta K_{ij}^k \pi \tag{2.6}$$

式(2.6)中,$\nabla \Delta h_{ij}$、Δv_{ij}和$\Delta \phi_{\mathrm{res},ij}^k$分别表示邻域候选PS点$i$和$j$高程误差之差、线性形变速率之差和残余相位之差;$\Delta K_{ij}^k$表示未知整周数。对于式(2.6)而言:①较小的高程误差之差所导致的差分干涉相位梯度长时间基线情况下也会超过一个周期,因此,不能利用常规解缠算法确定ΔK_{ij}^k值。由于ΔK_{ij}^k值未知,无法采用最小二乘法求$\nabla \Delta h_{ij}$和Δv_{ij}的最优值,因此,Ferretti(1999)提出采用二维频谱分析的方法求解$\nabla \Delta h_{ij}$和Δv_{ij}。②将$\nabla \Delta h_{ij}$和Δv_{ij}导致的干涉相位梯度从$\Delta \phi_{ij}^k$中剔除,并采用常规相位角解缠算法进行解缠,即可得到缠的列余相位$[\Delta \phi_{\mathrm{res},i}^k]$。利用大气延迟不同的时空特性,分别在时间和空间域上采用不同的滤波方法对解缠残余相位进行滤波,即可从解缠残余相位中分离出大气延迟和非线性形变(路聚峰,2014)。主、副SAR影像上总的大气延迟相位为:

$$\phi_i^{\mathrm{atm},k} = \{\{[\phi_{\mathrm{res},i}^k]^u\}_{\mathrm{HP\_Time}}\}_{\mathrm{LP\_Space}} \tag{2.7}$$

式中,$\{\cdot\}_{\mathrm{HP\_Time}}$表示时间域上的高通滤波,$\{\cdot\}_{\mathrm{LP\_Space}}$表示空间域上的低通滤波。全影像大气延迟相位$\phi_{m,i}^{\mathrm{atm}}$可以通过在时间域上对解缠残余相位做均值运算得到,即:

$$\phi_{m,i}^{\mathrm{atm}} = \mathrm{mean}([\phi_{\mathrm{res},i}^k]^u) \tag{2.8}$$

式中,mean(·)为平均算子。从总大气延迟相位中剔除主影像大气延迟相位便可得到副影像上的大气延迟相位,即:

$$\phi_{s,i}^{\mathrm{atm},k} = \phi_i^{\mathrm{atm},k} - \phi_{m,i}^{\mathrm{atm}} \tag{2.9}$$

非线性形变相位的估计值为:

$$\phi_{\mathrm{NL},i}^k = \{[\phi_{\mathrm{res},i}^k]^u - \{[\phi_{\mathrm{res},i}^k]^u\}_{\mathrm{HP\_Time}}\}_{\mathrm{LP\_Space}} \tag{2.10}$$

对于不同时段的非线性形变量可以通过非线性形变相位得到,将得到的不同时段的非线性形变量与前面求得的线性形变速率通过一定运算过后,即可得到各PS点在不同时段内的总形变量(罗海滨 等,2010)。分布式散射体(DS)目标与PS目标有着截然不同的物理属性,DS是指在雷达分辨率单元内没有任何散射体的后向散射占据统治地位的点目标。DS-D-InSAR技术原理是:(1)通过同质点选取算法增强时序InSAR协方差矩阵的估计精度,同时辅助PS与DS目标的分离。该步骤的实施需要一定的前提条件,即对于相同的SAR影像的像素需要有相同的相位中心,在时序统计推断框架下,可以通过选择有着相同的SAR统计分布的像素参与平均,这样,一方面可提升相位信噪比,另一方面还可以保证图像的空间分辨率;(2)通过相位优化算法从协方差矩阵中恢复时序SAR影像的相位。通过相位优化算法将DS优化之后,将其与PS目标一起融入传统PS-InSAR数据处理框架就可以获得质量更高的时序形变产品(朱建军 等,2017)。

2.3.4 SBAS-D-InSAR技术原理

设有按时间序列$t_0,\cdots,t_i,\cdots,t_N$获取的$N+1$幅单视复数SAR影像,并根据设定的垂直基线阈值和时间基线阈值将获取的 $N+1$ 幅单视复数 SAR 影像划分为不同的子集,然后对每个子集内的单视复数 SAR 影像做差分干涉处理,最终得到 M 幅差分干涉图,假设 N 为奇数,则差分干涉图的个数 M 可以表示为如下。

$$\frac{N+1}{2} \leqslant M \leqslant N\left(\frac{N+1}{2}\right) \tag{2.11}$$

以 t_0 时刻为初始时刻,以任意时刻 $t_i(i=1,\cdots,N)$ 相对于初始时刻的相位 $\phi(t_i)$ 为未知参数,以差分干涉相位 $\delta\phi(t_k)(k=1,\cdots,M)$ 为观测量。这里,假定所有的差分干涉图都得到正确解缠,且差分干涉相位被校正到某个稳定或形变信息已知的高相干像元 (x_0,r_0) 上,通常该像元被称为参考像元,则有如下两个时间序列。

$$\phi(t_i):\phi=[\phi(t_1),\cdots,\phi(t_N)]^T \tag{2.12}$$

$$\delta\phi(t_k):\delta\phi=[\delta\phi(t_1),\cdots,\delta\phi(t_M)]^T \tag{2.13}$$

对第 k 幅 $(k=1,\cdots,i,..M)$ 差分干涉相位图中的任意像元 (x,r) 可以组成如下方程。

$$\begin{aligned}\delta\phi_k(x,r) &= \phi(t_B,x,r) - \phi(t_A,x,r) \\ &\approx \frac{4\pi}{\lambda}[d(t_B,x,r) - d(t_A,x,r)]\end{aligned} \tag{2.14}$$

式中,λ 表示雷达波长,$d(t_A,x,r)$ 和 $d(t_B,x,r)$ 分别表示 t_B 和 t_A 时刻像元 (x,r) 相对于初始时刻 t_0 的 LOS 方向上的地表形变 $d(t_0,x,r)$。假设 $\mathrm{IE}=[\mathrm{IE}_1,\cdots,\mathrm{IE}_M]$ 和 $\mathrm{IS}=[\mathrm{IS}_1,\cdots,\mathrm{IS}_M]$ 分别为干涉数据处理时按时间顺序排列的主影像序列和从影像序列,即:

$$\mathrm{IE}_k > \mathrm{IS}_k, \forall k=1,\cdots,M$$

则所有的差分干涉图相位可以组成如下观测方程。

$$\delta\phi_k = \phi(t_{\mathrm{IE}_k}) - \phi(t_{\mathrm{IS}_k}), \forall k=1,\cdots,M \tag{2.15}$$

式(2.15)是含有 N 个未知数的 M 个方程组,可写成如下形式。

$$\delta\phi = A\phi \tag{2.16}$$

式中,A 为 $M\times N$ 维矩阵。在该矩阵中,每一列对应于一幅 SAR 图像,每一行对应于一个干涉图。对于式(2.16),有 N 个未知量,M 个方程。当 $M\geqslant N$,且 A 的秩是 N 时,利用最小二乘法得:

$$\hat{\phi} = (A^T A)^{-1} A^T \delta\phi \tag{2.17}$$

而在实际求解中,矩阵 A 的秩有可能小于 N,原因主要有以下两个方面:一方面,当方程个数 M 和 N 相差很小,但 M 个方程不独立;另一方面,不同基线集之间组合时引起的矩阵秩亏,假设有 L 个不同的基线集,则矩阵的秩为 $N-L+1$。当矩阵 A 的秩小于 N 时,相应的法方程系数阵 $A^T A$ 秩亏,因而根据最小二乘法得到的解不唯一。此时,为解决系数阵关联和不同基线集之间的连接引起的法方程秩亏,可采用奇异值分解法求解式(2.16)(尹宏杰,2011)。

2.3.5 RSSI 技术原理

如图 2.1 所示,对工作频率为 f_1 的 SAR 传感器:

$$d_{\mathrm{LOS}_{\theta_1}} = d_v \cos\theta_1 - d_c \sin\theta_1 \tag{2.18}$$

式中,$d_{\mathrm{LOS}_{\theta_1}}$ 为倾斜角,$\alpha=0$ 时,成像时刻相对某一参考时刻的视线向形变,远离卫星为正;d_v 为垂直向形变;d_c 为垂直轨道形变;θ_1 为入射角。

$$d_{\mathrm{LOS}_{\alpha_1}} = d_{\mathrm{LOS}_{\theta_1}} \cos\alpha_1 - d_a \sin\alpha_1 \tag{2.19}$$

式中,$d_{\mathrm{LOS}_{\alpha_1}}$ 为倾斜角 α_1 时,成像时刻相对某一参考时刻的视线向形变,远离卫星为正;d_a 为顺

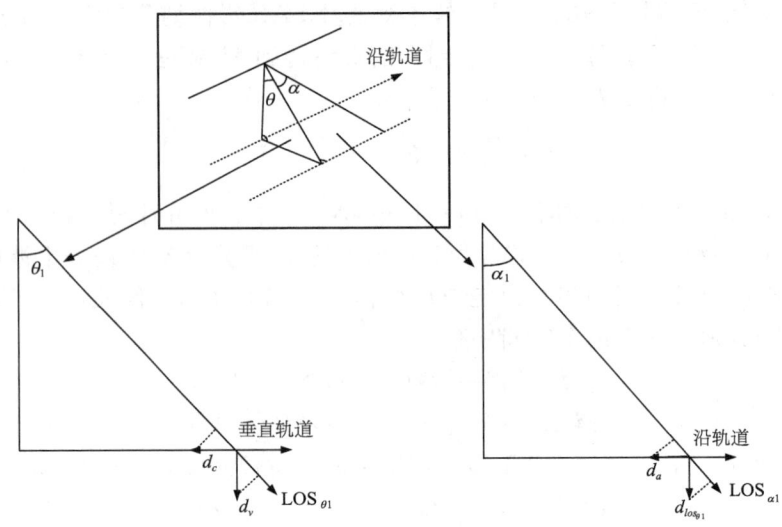

图 2.1 垂直形变、垂直轨道向（地距向）形变、顺轨（方位向）与视线向形变关系示意

轨形变。则成像时刻相对某一参考时刻干涉相位如下。

$$\phi_1 = -\frac{4\pi}{c} f_1 d_{\text{LOS}_{\alpha 1}} \tag{2.20}$$

同理，可以得到工作频率为 f_2 的 SAR 传感器成像时刻相对某一参考时刻干涉相位为 ϕ_2，则差分干涉相位为：

$$\Delta\phi = \phi_1 - \phi_2 = -\frac{4\pi}{c}(f_1 d_{\text{LOS}_{\alpha 1}} - f_2 d_{\text{LOS}_{\alpha 2}})$$

$$= -\frac{4\pi}{c}[(f_1 d_{\text{LOS}_{\theta 1}} \cos\alpha_1 - f_2 d_{\text{LOS}_{\theta 2}} \cos\alpha_2) - d_a(f_1 \sin\alpha_1 - f_2 \sin\alpha_2)] \tag{2.21}$$

式（2.21）中，若 $\alpha_1 = \alpha_2 = 0$，且 $\theta_1 = \theta_2 = \theta$，则式（2.21）变如下。

$$\Delta\phi = -\frac{4\pi}{c}(f_1 - f_2)d_{\text{LOS}_\theta} = -\frac{4\pi}{c}\Delta f d_{\text{LOS}_\theta} \tag{2.22}$$

若 $\Delta f < f_1$ 且 $\Delta f < f_2$，则 $\Delta\phi$ 的干涉条纹密度会小于 ϕ_1 和 ϕ_2。对应 InSAR 技术而言，这有利于相位解缠，对于大梯度地面形变探测是非常有利的。

距离分频干涉测量技术（RSSI）正是利用了式（2.22）的原理。即对 t_1 时刻获取的 SAR 影像进行带通滤波，将其中心频率为 Δ 的全带宽分成中心频率分别为 f_H（高频亚带宽）和 f_L（低频亚带宽）的两个亚带宽。类似式（2.22）有如下。

$$\Delta\phi^{t_1} = -\frac{4\pi}{c}(f_H - f_L)d_{\text{LOS}}^{t_1} = -\frac{4\pi}{c}\Delta f d_{\text{LOS}}^{t_1} \tag{2.23}$$

对 t_2 时刻获取的 SAR 影像进行与 t_1 时刻获取的 SAR 影像相同的带通滤波，则有：

$$\Delta\phi^{t_2} = -\frac{4\pi}{c}\Delta f d_{\text{LOS}}^{t_2} \tag{2.24}$$

则可得双差干涉相位 Ψ：

$$\Psi = \Delta\phi^{t_1} - \Delta\phi^{t_2}$$

$$= -\frac{4\pi}{c}\Delta f(d_{\text{LOS}}^{t_1} - d_{\text{LOS}}^{t_2})$$

$$= -\frac{4\pi}{c}\Delta f \Delta d_{\text{LOS}} \tag{2.25}$$

式中，Δd 为两 SAR 影像成像期间的地面视线向形变。由于 Δf 小于 f_0，因此，较常规 D-InSAR 技术而言，Ψ 条纹密度低，更容易被解缠，这对于探测大梯度地面形变非常有利，这正是 RSSI 技术的核心优势。

2.3.6 MAI 技术原理

式(2.21)中，若 $f_1=f_2=f$，$\theta_1=\theta_2$，$\alpha_1=\alpha_2=\alpha\neq 0$，则式(2.21)变化如下。

$$\Delta\varphi = \frac{8\pi}{c}d_a f \sin\alpha \tag{2.26}$$

由于 α 较小，所以式(2.26)变为

$$\Delta\varphi = \frac{8\pi}{c}f\alpha d_a \tag{2.27}$$

式(2.27)中，若 α 等于四分之一雷达角带宽，即 $\alpha=\frac{\lambda}{4l}$，则式(2.27)变如下。

$$\Delta\phi = \frac{2F}{l}d_a \tag{2.28}$$

式中，l 为雷达孔径长度。多孔径干涉测量技术（MAI）正是利用式(2.28)原理。对 t_1 时刻成像的 SAR 影像进行方位向带通滤波，将其分在方位向（顺轨方向）分为前视影像和后视影像，则根据式(2.28)如下。

$$\Delta\phi^{t_1} = \frac{2\pi}{l}d_a^{t_1} \tag{2.29}$$

对 t_2 时刻成像的 SAR 影像同理可得如下公式。

$$\Delta\phi^{t_2} = \frac{2\pi}{l}d_a^{t_2} \tag{2.30}$$

则可得双差干涉相位 Ψ 如下。

$$\begin{aligned}\Psi &= \Delta\phi^{t_1} - \Delta\phi^{t_2} \\ &= \frac{2\pi}{l}(d_a^{t_1} - d_a^{t_2}) \\ &= \frac{2\pi}{l}\Delta d_a\end{aligned} \tag{2.31}$$

式中，Δd_a 为两 SAR 影像成像期间的地面方位向形变。

2.3.7 POT 技术原理

以距离向为例，SAR 影像配准得到的同名像素的坐标偏移量主要由轨道偏移量、地形起伏引起的偏移分量和两次成像卫星轨道位置与姿态差异引起的像素偏移分量组成（赵延岭，2017）。地表形变偏移分量可由总偏移量与轨道偏移分量、地形偏移分量获得（陈强 等，2015），如下式。

$$\text{offset}_{\text{def}} = \text{offset} - \text{offset}_{\text{orb}} - \text{offset}_{\text{top}} \tag{2.32}$$

式中，$\text{offset}_{\text{def}}$ 为地表形变偏移分量；offset 为主、副影像同名点配准后的坐标偏移分量；$\text{offset}_{\text{orb}}$ 为轨道引起的偏移分量；$\text{offset}_{\text{top}}$ 为地形引起的偏移分量。轨道偏移量及地形起伏偏

移量可用多项式拟合的方式估计,估计多项式如下。(陈强,2015)。

$$\text{offset}_{orb} + \text{offset}_{top} = n_0 + n_1 L + n_2 P + n_3 L^2 + n_4 LP + n_5 P^2 + m_1 h + m_2 h^2 \quad (2.33)$$

式中,$n_0 + n_1 L + n_2 P + n_3 L^2 + n_4 LP + n_5 P^2$ 为轨道偏移量二阶多项式模型,$n_0 \sim n_5$ 为轨道偏移量模型系数,L、P 分别为影像方位向坐标和距离向坐标且均为自变量;$m_1 h + m_2 h^2$ 为地形效应偏移模型,h 为主影像(L,P)像元对应的高程值,m_1,m_2 为地形偏移量模型系数。选取形变为零的若干个点,以这些点的 offset、L、P 和 h 为已知量,求取 $n_0 \sim n_5$ 和 m_1,m_2 建立轨道偏移量及地形起伏偏移量影响模型并利用式(2.32)求得距离向形变偏移量。利用距离向偏移量乘以距离向分辨率即可得到距离向形变。

同理可得方位向形变,但由于地形起伏对方位向像素偏移影响较小,因此,在建立方位向轨道偏移量及地形起伏偏移量模型时可去掉式(2.33)后两项。

2.4 应用实例分析

2.4.1 基于 RSSI 和 D-InSAR 技术的唐家会煤矿大梯度形变监测

2.4.1.1 研究区介绍

如图 2.2 所示,研究区域位于内蒙古自治区唐家会煤矿区。该煤矿区位于鄂尔多斯向斜东北缘,基本结构为近南北走向的波浪形起伏单斜结构,其北部地层走向几乎为东西向,而南部地层走向沿西北方向变化,结构轮廓近似耳状。矿坑边缘处倾角略大,且存在轴向大致平行于矿坑边缘的短后向斜,而矿坑内部的倾角很小,通常小于 10°,存在垂直于地层的次级褶皱,该褶皱一般较小,延伸很少,可导致煤层底面轮廓的相对波动。煤矿的裂隙没有发育,仅存在少量小的拉伸断层。该煤矿的海拔北高南低,最高点位于井场东北部,最低点位于井场南部,最大海拔差为

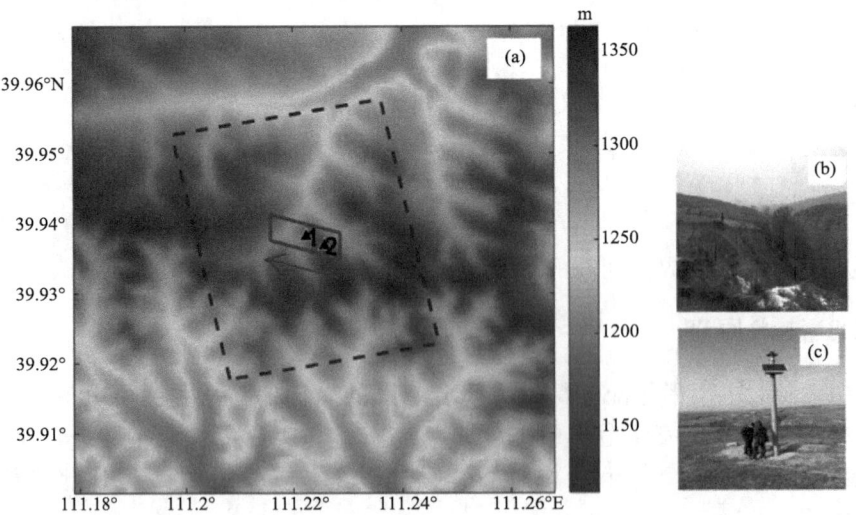

图 2.2 (a)矿面和 GPS 站,底图为 SRTM DEM,其中红色实心矩形表示矿山工作面,
箭头表示采矿方向,虚线框表示 ALOS-2 图像的覆盖范围;
(b)矿区地貌;(c)1 号 GPS 站的照片(见彩图)

195.57 m,平均海拔为1220~1300 m。作为鄂尔多斯高原的一部分,该地区被第四纪黄土覆盖,且伴有沟壑。煤矿开采始于2015年12月,开采方向由东南方向向西北方向延伸(图2.2)。煤矿工作面长962 m,宽230 m,深度约521 m,上覆基岩主要由层状结构的碎屑沉积岩构成,岩石力学强度低,稳定性差。因此,采煤活动容易导致采空区塌陷,进而导致大面积塌陷。

2.4.1.2 数据介绍

研究数据为两幅ALOS-2升轨影像(path:140,frame:790),SM2模式,获取时间分别为2015年12月25日和2016年3月4日,影像对垂直基线为44 m。另有两个位于采矿方向、用于监测地表形变的GPS站所提供的同时期监测数据。2015年12月25日至2016年3月4日,由1号GPS站测得的北向、东向和垂直向形变分别为-0.0279 m、0.0178 m和-0.0150 m,2号站测得的北向、东向和垂直方向形变分别为-0.2029 m、0.3399 m和-0.9941 m。由1号站和2号站三维形变转换得到的LOS向形变分别为-0.0190 m和-1.0115 m。2号GPS站的大形变使得常规InSAR方法难以对其进行有效的监测。

2.4.1.3 数据处理与结果分析

图2.3所示为研究区ALOS-2相干图和缠绕干涉图。由图2.3a、b可见,变形区域外,形变梯度小、相干性高、干涉相位条纹稀疏,可采用最小费用流(MCF)等常规相位解缠算法解缠;变形区域(如2号GPS站所在区域)形变梯度大、相干性低、干涉相位条纹密集,采用MCF等常规相位解缠算法解缠会产生较大误差,结果见图2.4a。

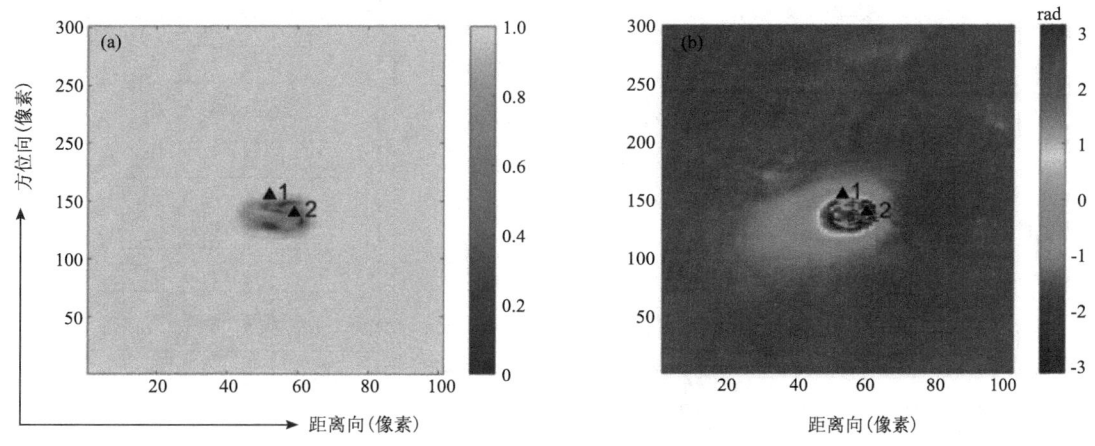

图2.3 (a)ALOS-2相干图,(b)ALOS-2缠绕干涉图(见彩图)

由2.3.5节可知,RSSI技术通过距离向分频组合方法,可以降低干涉相位条纹密度,有利于解缠。但RSSI技术对噪声敏感、监测精度低,结果见图2.4b。为了提高监测精度,可利用RSSI技术得到的低精度形变场为初始值,辅助常规相位解缠方法(如MCF法)进行解缠,该技术(后简称R-SSIaPU技术)在保证监测精度的同时能够对大梯度地面形变进行有效的监测。具体做法为,利用带通滤波器分割距离带宽,将中心频率为f_0、带宽为B的距离向全带宽分为中心频率为$f_0 \pm B/3$、带宽为$B/3$的两个子带。然后,按图2.5所示对滤波后的数据进行处理,结果如图2.4c。

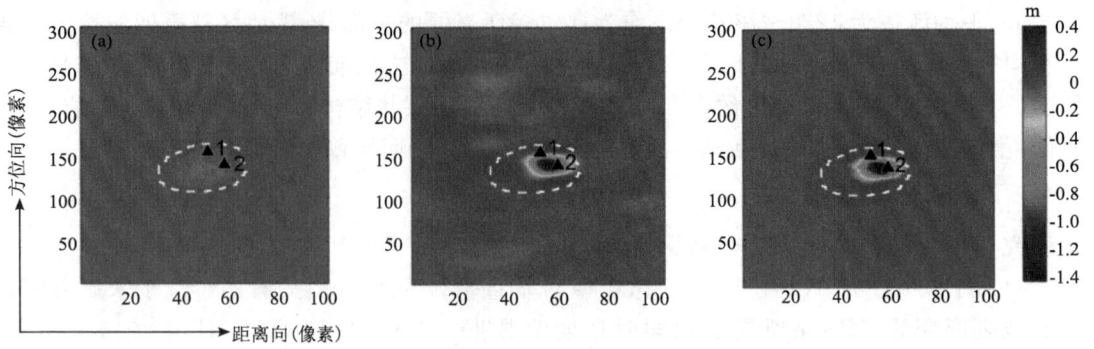

图 2.4 由常规 InSAR(a)、R-SSI(b)和 R-SSIaPU(c)处理的 LOS 向地表形变(见彩图)

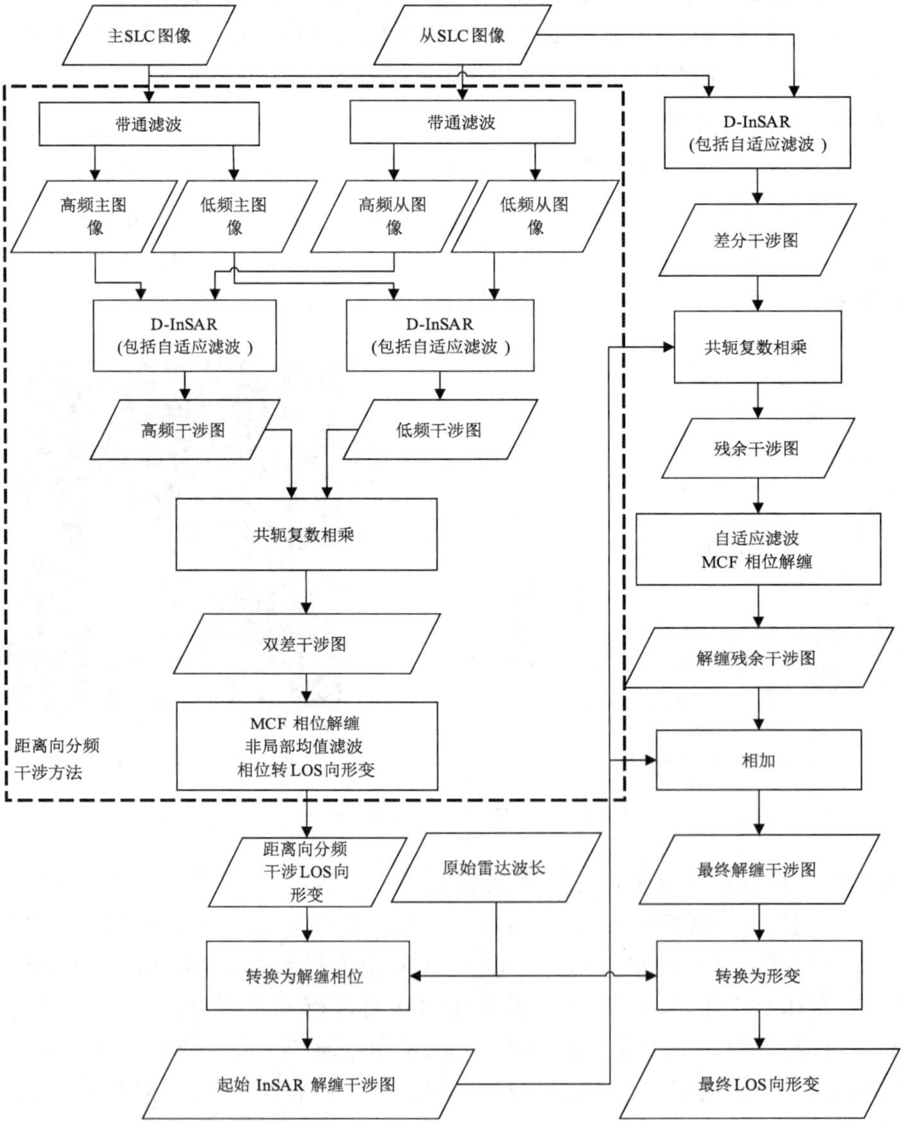

图 2.5 结合 RSSI 技术和常规 D-InSAR 技术监测大梯度形变技术流程图(虚框表示 RSSI 技术流程)

比较图 2.4a 和图 2.4b 可以看出，形变区域外（即白色椭圆之外的区域），图 2.4a 比图 2.4b 更平滑，说明与 RSSI 技术相比，常规 D-InSAR 技术能够以更高精度对地表微小形变进行测量。然而，由于不正确的解缠，常规 D-InSAR 技术测得的沉降中心最大形变仅为 −0.133 m，与 GPS 测得的地表形变量相差较大。R-SSI 测得的沉降中心最大形变为 −1.3749 m，与真实地表形变比较接近。R-SSIaPU 技术（图 2.4c）综合了 R-SSI 技术和常规 D-InSAR 技术的优点，形变区域外监测结果平滑，且形变场空间形态与常规 D-InSAR 技术相似；测得最大形变为 −1.3624 m，与 R-SSI 方法所得形变值大致相等。

表 2.1 列出了三种技术测得形变与 GPS 测得形变（LOS 向）的较差。在形变很小的 1 号 GPS 站，常规 D-InSAR 以其高精度给出了最小较差。R-SSI 技术由于波长长和相位噪声大，较差近乎为 D-InSAR 的一倍。R-SSIaPU 技术改进了 R-SSI 技术的结果，得到了相对较小的较差。在具有较大形变的 2 号 GPS 站，由于相位解缠误差，常规 D-InSAR 较差最大。R-SSI 技术得到较小的较差，R-SSIaPU 技术得到最小较差。

表 2.1　常规 D-InSAR 技术、R-SSI 技术和 R-SSIaPU 技术得到的最大 LOS 向形变、较差和均方根

方法	最大 LOS 向形变(m)	GPS 残差(m)		非变形区形变均方根(m)
		1 号站(-0.0190^a)	2 号站(-1.0115^a)	
InSAR	−0.133	0.019	−0.979	0.002
R-SSI	−1.375	0.047	0.073	0.036
R-SSIaPU	−1.362	0.039	0.042	0.006

注：a 表示 GPS 测得的地表形变。

为了进一步衡量这三种技术的精度，对 D-InSAR 测得的形变小于 0.02 m 的区域进行分离。假设该区域为非形变区域，即地表真实形变为 0，则可求得每种技术在非变形区域测值的均方根，见表 2.1。由表 2.1 可见，D-InSAR 技术给出了最小均方根值，R-SSIaPU 技术将 R-SSI 技术的均方根值从 0.036 m 提高到 0.006 m。实际数据分析充分证明，R-SSIaPU 技术综合了常规 D-InSARS 技术和 R-SSI 技术优势，能以更高精度探测大梯度地表形变。

2.4.2　基于 SBAS 技术的西宁市滑坡地质灾害调查

2.4.2.1　研究区介绍

研究区域位于青海省东北部的西宁市。西宁市地处湟水谷地，山高坡陡，植被稀疏，水土流失严重，周边城乡结合部、市区四周山地丘陵区土壤侵蚀模数超过 5000 t/(km^2 · a)，导致大量的山体滑坡、泥石流等自然灾害。如图 2.6 所示，绿色直线所围成的矩形区域为研究范围，该区域包括西宁三个主城区，在北山和南山脚下分别有 G6 京藏高速和西塔绕城高速经过，在互助北山脚下有西宁火车站。可见，山体滑坡可能对西宁交通产生重大影响，因此对其进行监测十分必要。

2.4.2.2　数据介绍

研究数据为 2018 年 1 月 7 日至 2018 年 11 月 27 日期间 27 期的 Sentinel-1A 降轨数据，数据间隔约为 12 d，数据详细信息见表 2.2。

图 2.6 研究区域示意图

表 2.2 研究数据

图像编号	成像时间	极化方式	轨道信息	入射角	方位向分辨率(m)	距离向分辨率(m)
1	2018-01-07	VV	降轨	33°39′02″.03	13.9616	4.2049
2	2018-01-19	VV	降轨	33°38′39″.42	13.9616	4.2056
3	2018-01-31	VV	降轨	33°38′50″.82	13.9616	4.2052
4	2018-02-12	VV	降轨	33°38′42″.25	13.9616	4.2055
5	2018-02-24	VV	降轨	33°39′13″.60	13.9617	4.2045
6	2018-03-08	VV	降轨	33°39′27″.55	13.9617	4.2041
7	2018-03-20	VV	降轨	33°39′17″.81	13.9618	4.2044
8	2018-04-01	VV	降轨	33°38′54″.71	13.9619	4.2051
9	2018-04-13	VV	降轨	33°38′53″.78	13.9618	4.2051
10	2018-05-07	VV	降轨	33°39′05″.11	13.9618	4.2048
11	2018-05-19	VV	降轨	33°39′07″.31	13.9618	4.2047
12	2018-05-31	VV	降轨	33°39′13″.43	13.9617	4.2045
13	2018-06-12	VV	降轨	33°38′43″.24	13.9618	4.2054
14	2018-06-24	VV	降轨	33°38′51″.15	13.9618	4.2052
15	2018-07-06	VV	降轨	33°39′21″.62	13.9617	4.2043
16	2018-07-18	VV	降轨	33°39′10″.76	13.9618	4.2046
17	2018-07-30	VV	降轨	33°39′15″.35	13.9618	4.2045
18	2018-08-11	VV	降轨	33°38′52″.62	13.9618	4.2052
19	2018-08-23	VV	降轨	33°39′08″.67	13.9618	4.2047

续表

图像编号	成像时间	极化方式	轨道信息	入射角	方位向分辨率(m)	距离向分辨率(m)
20	2018-09-04	VV	降轨	33°38′51″.95	13.9618	4.2052
21	2018-09-16	VV	降轨	33°39′03″.11	13.9618	4.2048
22	2018-09-28	VV	降轨	33°38′59″.20	13.9617	4.2050
23	2018-10-10	VV	降轨	33°38′47″.13	13.9616	4.2053
24	2018-10-22	VV	降轨	33°38′51″.71	13.9616	4.2052
25	2018-11-03	VV	降轨	33°38′54″.48	13.9616	4.2051
26	2018-11-15	VV	降轨	33°38′59″.91	13.9616	4.2049
27	2018-11-27	VV	降轨	33°39′04″.22	13.9616	4.2048

2.4.2.3 数据处理与结果分析

如图2.7所示数据处理流程,采用SBAS-D-InSAR技术对研究区数据进行处理,得到2018年1月7日至2018年11月27日期间西宁市地表形变分布,如图2.8所示。

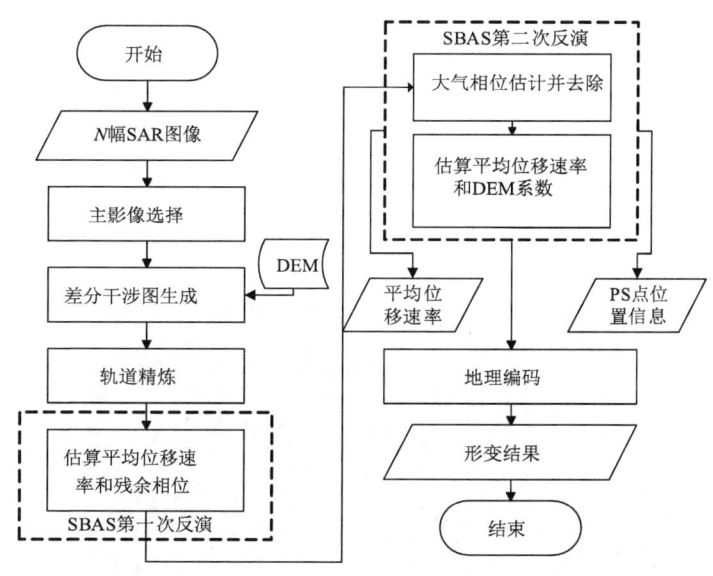

图2.7 SBAS-D-InSAR技术流程图

从图2.8可以看出,2018年1月7日至2018年11月27日期间,西宁市主城区(如F区)地表形变较小,基本稳定。但在市区边缘区山坡地带(如B区、C区、D区、E区)有明显的地表形变,累积最大形变量可达81.606 mm。特别是城东区的G6京藏高速公路沿线表现出不同程度的地表形变。截取图2.8中G6高速公路沿线部分结果叠加到光学影像上进一步分析,如图2.9所示。由图2.9可见,互助北山脚下、沿G6京藏高速公路有多个潜在滑坡体。图2.10为图2.9中a、b、c三点形变时序曲线。由图2.10可见,a、b、c三点呈现持续向下移动趋势,存在较大滑坡可能。其中b点所在区形变量最大,形变速率达到91.933 mm/a,且邻近西宁市火车站,当地相关部门虽已知该处存在滑坡危险,并进行了警示,但由于该处山高坡陡,监测人员和仪器难以到达。因此,本研究首次利用InSAR技术给出了该区域地表形变定量结果,为滑坡灾害治理提供了科学依据。

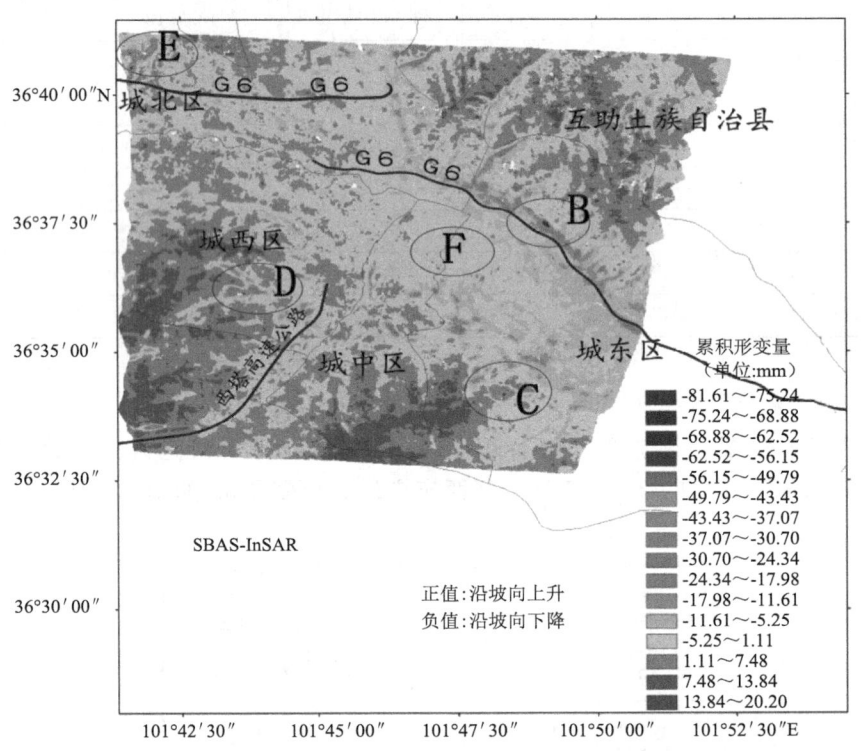

图2.8　2018年1月7日至2018年11月27日西宁市坡度向地表累积形变分布(见彩图)

图2.9　西宁市G6京藏高速公路沿线的带状沉降区(局部)

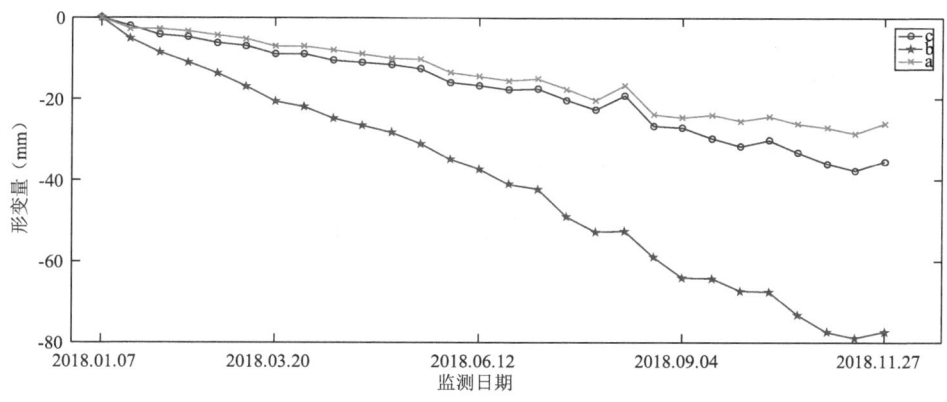

图 2.10　a、b、c 点(位置见图 2.9)坡向形变量的历史变化曲线

目前,在基于 InSAR 技术的滑坡地质灾害的早期识别中,国内外学者先后提出了 MAI 和 PS-D-InSAR 等技术,并且结合 SAR 数据与地质、地貌等辅助数据,旨在提高其变形监测的精度和空间维度。InSAR 技术也能够弥补传统地质勘查在斜坡灾害监测中缺乏全面性和动态性的缺点,能够实时监测正在发生变形的区域,更具时效性和防灾意义。然而目前 InSAR 技术在地灾识别应用中仍存在诸如轨道、大气、地形等方面的误差,监测的精确程度还待进一步提高。因此在未来关于滑坡体的早期识别中,应充分利用 SAR 数据,综合运用 Offset-SAR、D-InSAR、PS-D-InSAR 技术进行监测,确保微小形变到大量级形变的连续覆盖。

第 3 章 基于北斗/GNSS 滑坡位移监测关键技术

2020 年 6 月 23 日北斗三号系统组网成功,推动了北斗系统在行业和区域内的应用快速发展。在当前世界各国频发的地质灾害背景以及北斗系统的安全稳定运行的前提下,对传统的地灾监测手段和方法进行新建设、新改革,充分发挥北斗导航卫星系统的高精度定位、短报文通信等技术优势,在重大地质滑坡区与地面沉降多发区,可以将北斗卫星系统作为技术支撑,建立实时的灾害监测系统,不但可以加速我国地质灾害监测网络的健全,而且提高了国家对地质灾害的监测频率和预警能力,推动北斗产业化的快速发展。本章主要围绕北斗/GNSS 专用接收机设计与开发、GNSS 测量误差分析与控制方法、GNSS 高频数据处理方法与临界预警、GNSS 基准站稳定性分析等方面展开介绍。

3.1 北斗/GNSS 专用接收机设计与开发

根据滑坡监测技术需求和特点,基于嵌入式系统集成网络通讯模块研发了北斗/GNSS 实时监测专用接收机,可实现北斗/GNSS 数据接收、远程控制管理等功能,为滑坡体实时监控提供高精度的监测数据。

3.1.1 关键技术

(1)网络通信模块

网络通信模块为无线宽带(Wireless Fidelity,WIFI)模块。作为应用最广泛的无线局域网组建方式,具有信号覆盖范围广、传输速度快、通用性高等优点。WIFI 是符合 IEEE802.11 标准的完全兼容性子集,它的研究与应用都建立在 802.11 标准上。1999 年,电子和电气工程师协会(IEEE)在 802.11 的基础上批准了 802.11b 系列,带宽最高可达 11 Mbps,比原来的 802.11 标准快 5 倍,扩展了无线局域网的应用领域。目前,通常将 802.11b 统称为 WIFI。由于 802.11b 技术优势明显,被迅速应用于各个领域,用户可以获得与以太网相当的网络性能、网络速率、可用性,同时网络管理员也可以将多种 LAN 技术集成。到目前为止,IEEE 已经发布了一系列后续版本的 802.11x 协议,其中 802.11a、802.11b、802.11g、802.11n 使用最为广泛(IEEE P802.11n,2007)。

如表 3.1 所示,IEEE 协议的标准 IEEE802.11b 以及后续标准协议的基本结构、特点和服务均是由 IEEE802.11 标准定义。IEEE802.11 系列规范的修改更新仅作用在物理层,以保证兼容性的同时提供更快速的数据传输速率和更牢固的连接关系(IEEE P802.11n,2007)。802.11 协议体系结构如表 3.2 所示。

表 3.1 IEEE 协议(张鹏,2014)

协议标准	射频频段(GHz)	最高传输率(物理层)
IEEE802.11	红外或2.4	2 Mbps
IEEE802.11a	5	54 Mbps
IEEE802.11b	2.4~2.485	11 Mbps
IEEE802.11g	2.4~2.485	54 Mbps
IEEE802.11n	2.4 或 5	300 Mbps

表 3.2 IEEE802.11 协议体系结构(张鹏,2014)

站管理	LLC 管理	LLC						
	MAC 管理	MAC						
	PHY 管理	802.11FSSS	802.11DSSS	802.11IR	802.11a	802.11b	802.11g	802.11d

表中,LLC 表示逻辑链路控制(Logical Link Control);MAC(Media Access Conrol Address)媒体存取控制信址,PHY(端口物理层)

(2)北斗/GNSS 实时监测专用接收机

当前,GPS 技术广泛应用于国民经济发展和国家安全的各个方面,但其受限于美国技术控制,对我国的战略安全构成极大的威胁。因此,建设具有自主知识产权的卫星导航技术是我国目前维护国家安全的重要任务。北斗/GNSS 技术旨在将北斗、GPS 两个卫星导航系统进行组合,同步接收北斗、GPS 两个导航系统的数据,实现定位、授时功能,改变单一利用 GPS 进行滑坡监测技术的潜在威胁,保障监测数据的安全。同时,北斗/GNSS 技术的发展,将极大地提高 GNSS 观测卫星的数量,提高卫星导航定位技术在滑坡监测中的可用性和可靠性。

(3)远程控制管理

用户可以通过计算机网络在不同地点拨号上网,连接滑坡变形监测接收机,使用本地计算机对滑坡变形监测接收机进行配置、软件安装、程序修改等工作。

3.1.2 北斗/GNSS 滑坡形变监测接收机功能

北斗/GNSS 滑坡变形监测专用接收机功能如下。

(1)通过串口或者网页远程访问接收机,并具有配置接收机功能;

(2)实时查看接收机状态功能,包括查看位置状态、各个端口输入输出情况、接收机版本信息、接收机固件情况等功能;

(3)实时查看卫星信息功能,包括查看卫星数量、卫星跟踪信息、卫星数据功能、启用或者禁用卫星种类功能、下载卫星星历功能;

(4)接收机配置功能,包括查看接收机状态功能、配置接收机模式功能、配置基准站坐标信息功能、接收机重置功能、网页交互语音设置功能;

(5)端口配置功能,包括 TCP/IP 端口、NTRIP Client 端口、NTRIP Server 端口、NTRIP Caster 端口和串口配置功能、数据输出格式及频率配置功能;

(6)网络设置功能,主要包括以太网属性配置功能;

(7)接收机安全设置功能,包括查看接收机网页登陆用户名信息功能、配置登陆用户名及相关权限功能、修改用户名密码功能;

（8）固件升级功能，包括查看固件信息功能、安装升级固件功能；
（9）数据传输功能，包括将数据实时传输至数据中心功能；
（10）自检功能，包括判断是否死机功能和重启接收机功能。

3.1.3 网络通信模块设计与开发

（1）无线网络（WIFI）

WIFI 是建立在无线模式下实现通讯的网络资源，它通常要具备以下的基本配置：无线网卡、无线访问接入点（Access Point，AP）。其中，无线网卡是一种终端无线网络设备；AP 是 WIFI 模块的核心，主要作为 WIFI 的无线交换机。与有线网络中 Hub 功能类似，实现无线工作站与有线网络连接。尤其在与宽带连接使用时，将有线宽带（ADSL、LAN 等）连接到一个 AP，可将该有线网络转换为无线网络，然后在多个设备上分别接入一块安置有无线网卡的网络模块，即能实现多个设备共用一个网络资源的功能。目前，多数无线路由器都能将有线网络资源转变成无线网络（WIFI），结构如图 3.1 所示。

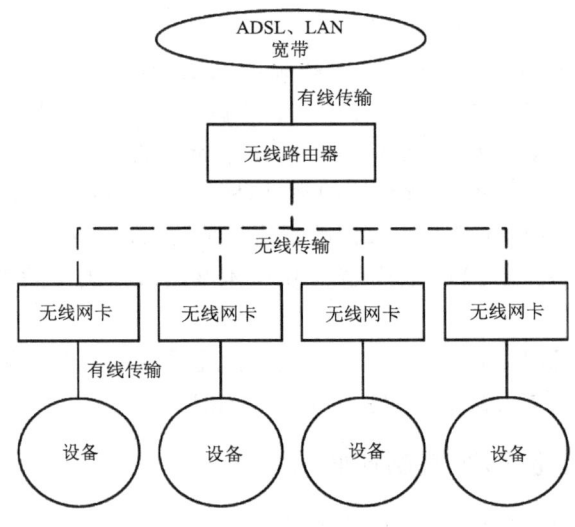

图 3.1 WIFI 网络结构

（2）系统局域网 WIFI 结构

采用功率增益分别为 9 dBi、12 dBi 的全向天线和功率增益为 18 dBi 的定向天线的 WIFI 技术，室外传输距离可达几千米，覆盖范围的有效面积可达数十平方千米，实现对监测区域内监测点数据传输的无线覆盖。图 3.2 为具体实现方法：将 WIFI 设备放置在监测点上，并将其接入到客户端，使用通信光纤（或局域网、公网）与无线网络设备配置连接，即可实现在监测站数据与数据控制中心之间进行无线通信以及远程监控（闵从军 等，2018）。同时，如果采用无线公网实现监测数据传输的模式，只需要一个无线公网的接入点，就可以对所有监测站数据进行实时传输及远程监控，从而减少无线公网设备，降低建设、维护成本。

以新安江某电厂混凝土大坝监测项目为例，通过现场考察，GNSS 网络传输采用基于 NTRIP 协议的北斗/GNSS 观测数据网络传输技术与局域网 WIFI 相组合的方法，即数据采集设

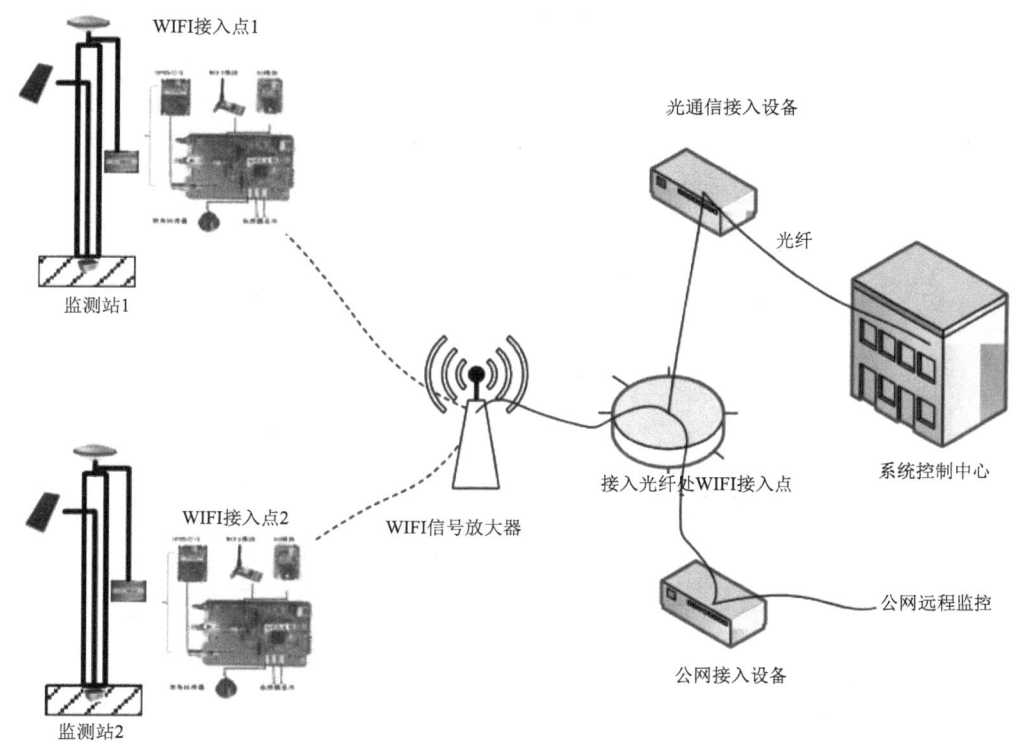

图 3.2 基于 WIFI 数据的传输网络

备利用 NTRIP 协议北斗/GNSS 观测数据网络传输技术将观测数据输出并将其转换为 WIFI 信号,通过局域无线网实现基准站、监测站和数据中心系统之间的数据传输,具体的网络布设示意如图 3.3 所示。

图 3.3 现场数据传输网络示意图

(3) 低成本 WIFI 网络通信集成电路设计开发

低成本 WIFI 传输硬件不仅可以提供标准无线数据和串口数据的交互,而且可提供 GPIO、UART 通信接口。同时低成本 WIFI 传输硬件模块支持 802.11b/g/n 无线标准和 TCP/IP 协议,可实现与云平台的通信;支持 Station、AP 模式等。图 3.4 为低成本 WIFI 传输硬件的电路原理图,图 3.5 为低成本 WIFI 网络传输集成电路板。

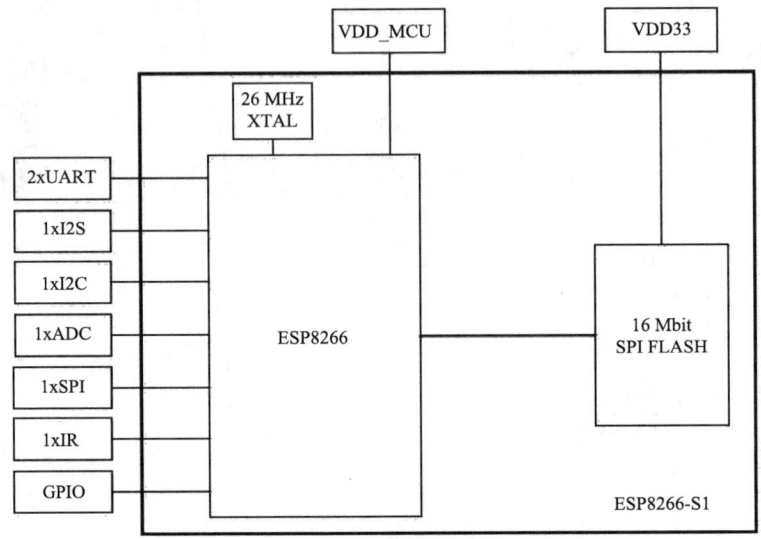

图 3.4　低成本 WIFI 传输硬件的电路原理

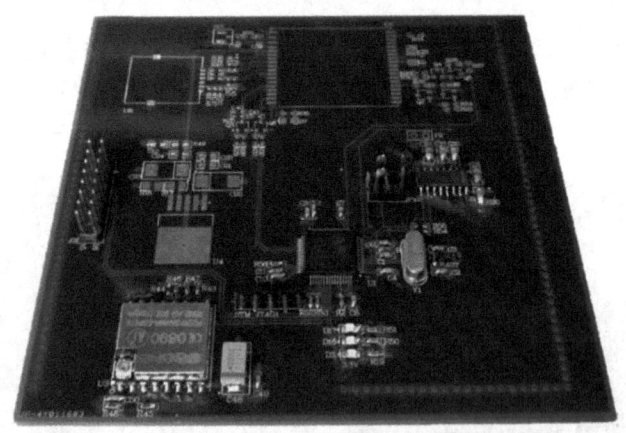

图 3.5　低成本 WIFI 网络传输集成电路板

3.1.4　北斗/GNSS 实时监测专用接收机集成

3.1.4.1　核心集成模块

(1) 北斗/GNSS 模块

选取 Trimble-BD982 导航定位模块作为专用接收机的定位模块,如图 3.6 所示。Trimble-BD982 模块是具有高精度定位、定向功能的 GNSS 板卡,比起 Hemisphere 公司的 VECTOR 板卡和 NovAtel 公司的(OEMV 系列或 OEM615、OEM628)产品 Align 技术具有更大的优势。与 VECTOR 板卡相比,Trimble-BD982 板卡具有双频双系统且定位精度更高;而对于 NovAtel 公司的(OEMV 系列或 OEM615、OEM628)产品 Align 技术,其内置需要板卡数是 Trimble-BD982 的一倍(闵从军 等,2018)。增大的硬件成本,综合考虑 BD982 可靠性与性价比更具优势。

Trimble-BD982 导航定位模块的主要性能特点如下。

①单板双天线,输出定位、定向数据

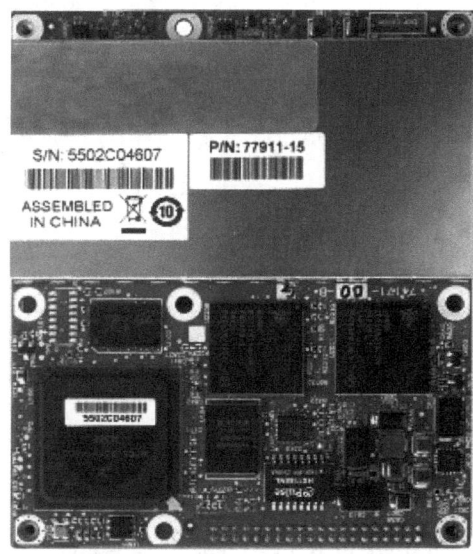

图 3.6　Trimble-BD982

②电源转换电路

模块的供电方式分为室外和室内两种。其中,室外采用可充电的 12 V 的直流电池组;室内采用含有储能装置的不间断电源。对于 Trimble-BD982 模块,供电模块使用电源转化率较高的 LMZ14203 SIMPLE SWITCHER 电源模块。该供电模块可驱动 0~3 A 的负载,可承载 6~42 V 的输入电压和 0.8~6 V 范围内的输出电压。此外,由于选用的电源模块集成了屏蔽电感器,不但可以避免由于外接而引起的大电容和高电感,而且可以简化 PCB 布线,缩小 PCB 体积。LMZ14203 SIMPLE SWITCHER 电源模块可将外部 42 V 的电压转换后输出 5 V 的电压和 3 A 电流,硬件电路如图 3.7 所示。同时,为了保障核心电源的稳定运行,Trimble-

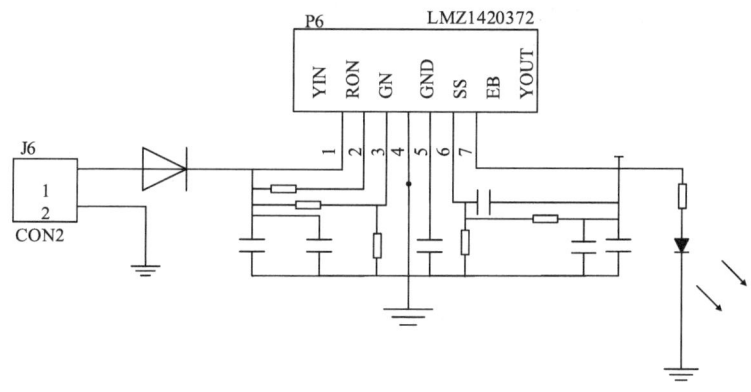

图 3.7　电源硬件电路

BD982 模块还使用 TP73733 低压差稳压器,可将 5 V 电压转换为 3.3 V 的输出电压和 1 A 电流(李晶,2014;闵从军 等,2018)。

LMZ14203 SIMPLE SWITCHER 电源模块正常运行需要提供 0~6.25 V 的输入电压至 LN 使用端。因此,需使用 R17、R20 的电阻。而 5 V 的输出电压是由位于 VCC5 与地面之间的 R18、R21 电阻决定(李晶,2014),其具体电路如图 3.8 所示。可变输出电压得出外部分压公式如下。

$$V_o = 0.8V \times (1 + R_{FBT}/R_{FBB}) \tag{3.1}$$

使用 7.62 kΩ 的 R18 和 1.07 kΩ 的 R21a S310 整流二极管主要用于保证 3 A 电流供电的稳定(李晶,2014)。

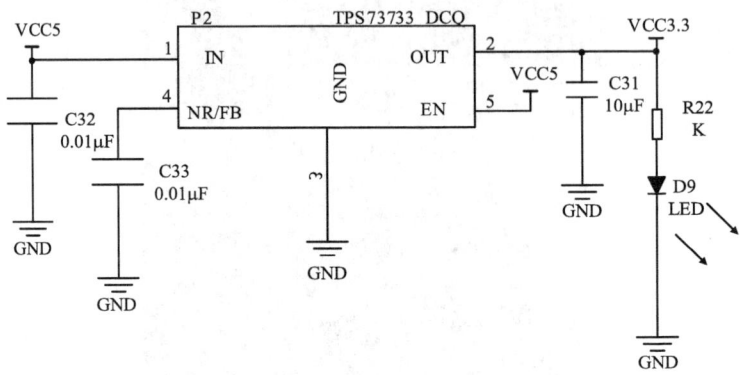

图 3.8 LED 灯电路

(2)以太网模块

接收机的选择取决于应用的以太网接口。通常使用 STM32F407VGT6 以太网接口,比如交换机和网卡等。它符合 IEEE802.3－2002 标准的网络 MAC 协议,与 AHB 主/从端口的 AMBA2.0 标准和 RMII 标准相匹配。以太网模块主要作用是借助 MII 接口和 RMII 接口这两种工业级的标准接口与外部物理层相连(李晶,2014)。

以太网外部设备中有一个媒体介入控制。它不但符合 IEEE 802.3 协议,且含有 DMA 控制器,图 3.9 为其结构框图。其中,DMA 控制器主要作用是借助 AHB 主/从接口分别访问 MAC 层,ABB 主接口实现数据信息传递,AHB 从接口读写各种寄存器(李晶,2014)。

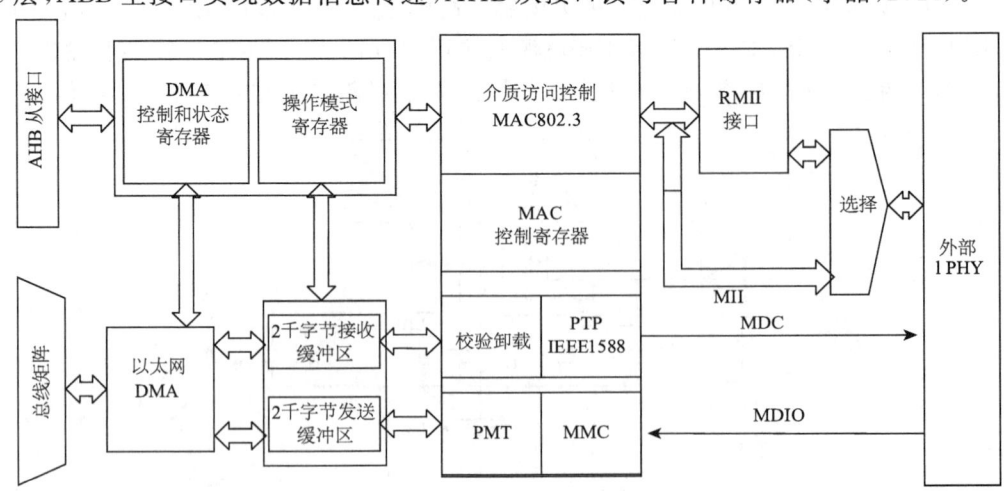

图 3.9 以太网模块结构框图

以太网模块中还包含了一个 SMI 接口,可借助时钟信号线和数据信号线应用程序与任意一个 PHY 芯片通讯。图 3.10 为 SMI 接口信号示意图(李晶,2014)。

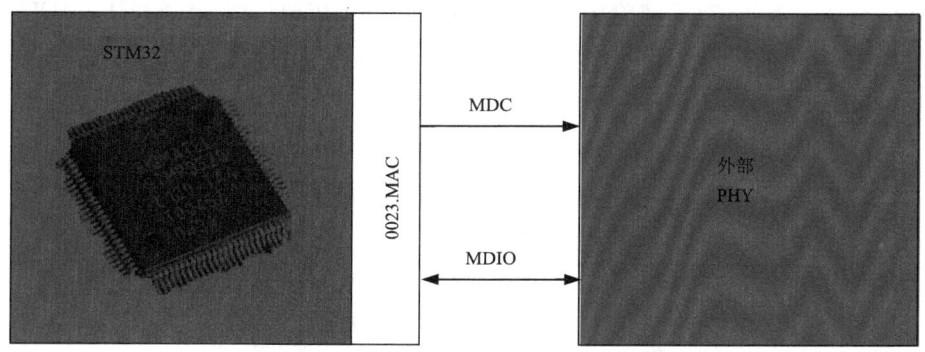

图 3.10　SIM 接口信号示意

为了保障以太网模块以工业级标准温度运行,模块中不能使用 RJM5 接口而选择了控制带有 LED 的 RJ45 接口。以太网收发器信号分别经过模块中 HX1188NL 以太网变压器和 RJ45 接头,再与网络连接(李晶,2014),具体电路原理图如图 3.11。

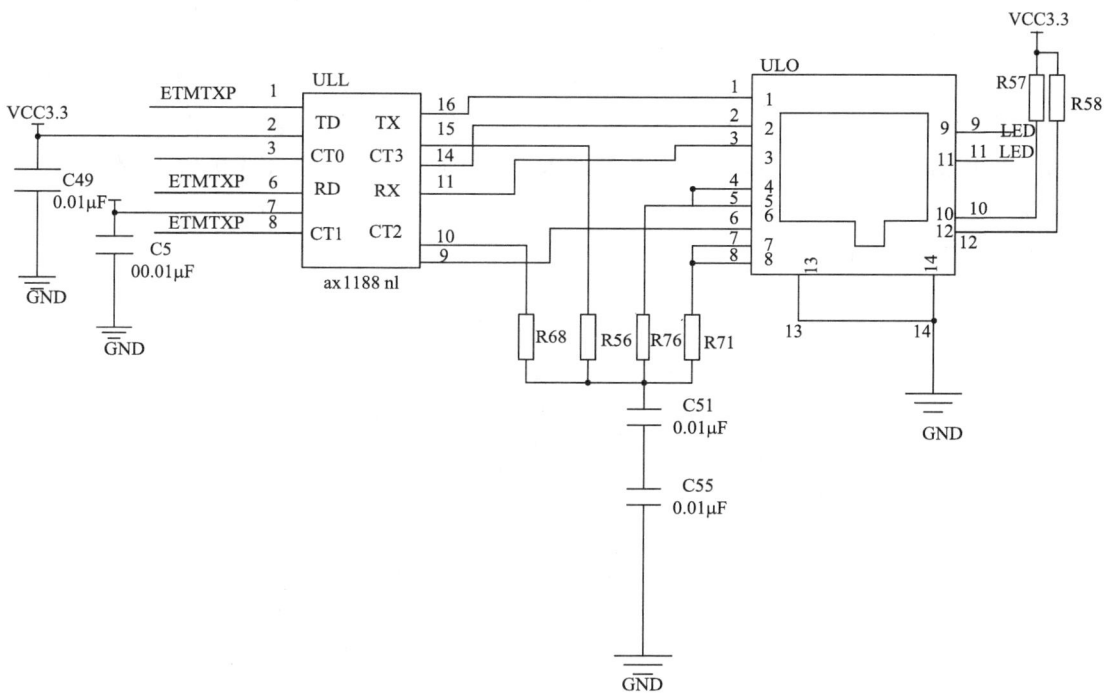

图 3.11　以太网电路

(3) 串口模块

常用的串口通讯标准有 RS 系列串口(RS 系列有 RS-232、RS-422、RS-485 等几种类别)和 USB 串口。其中,最为普遍和易操作的串口为 RS-232。单片机使用的就是 RS-232 标准串口,可作为软件开发的重要调试方法,也可实现与外部设备的全双工异步串行通信(李晶,2014)。

RS-232采用负逻辑电平,可根据引脚的直流电压的大小分为高电平和低电平。其中,高电平的引脚直流电压为－3～－15 V;低电平的直流电压在3～15 V。而单片机的引脚输入和输出为TTL电平。因此,为了消除由于电平差异而带来的问题,在RS-232与MCU的串行接口间增加一个电平转换电路。在Trimble-BD982模块的串口电路中采用SP3232EEN,其硬件转换电路如图3.12所示(李晶,2014)。

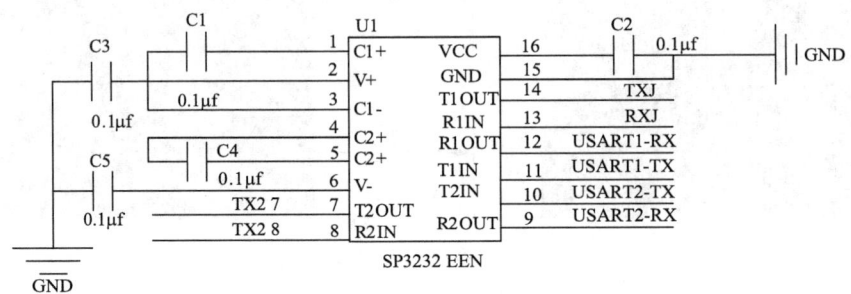

图3.12　硬件转换电路

(4)调试模块

在Trimble-BD982模块中,采用STM32F4的微控制器,无需借助其他硬件调试验证程序即可进行简单代码运行,然而当代码运行量大时,处理复杂性增大,就需要借助调试器硬件。对于调试器而言,它使用计算机的USB接口与目标板上的调试端口连接以实现嵌入式程序的在线编辑和调试。调试器可支持JTAG和SWD两种接口,JTAG接口占用5个引脚,SWD只占用2个引脚。目前,调试器中常用标准的20引脚的JTAG模拟调试接口,但在该模块中需考虑硬件尺寸规模,故实际上采用了10个引脚的JTAG模拟调试接口(李晶,2014)。其中,JTAG硬件电路如图3.13所示。

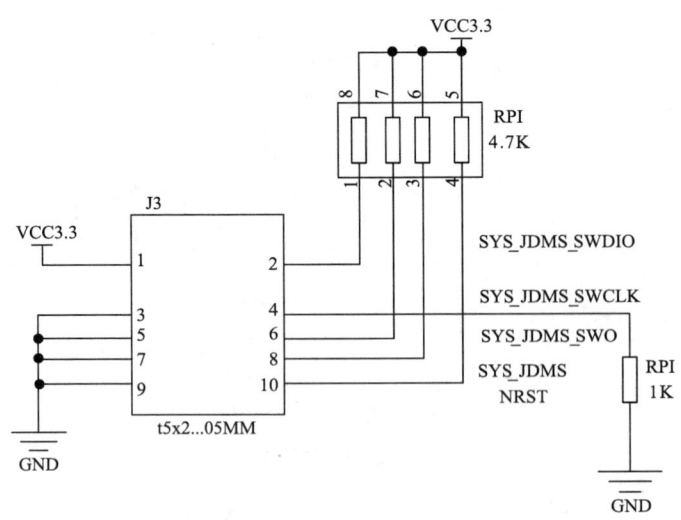

图3.13　JTAG硬件电路图

3.1.4.2　北斗/GNSS实时监测专用接收机

自主研制的北斗/GNSS实时监测专用接收机如图3.14所示,内部结构分为三层,从上到下分别为北斗/GNSS板卡、外围电路板和WIFI通信模块,如图3.15所示。

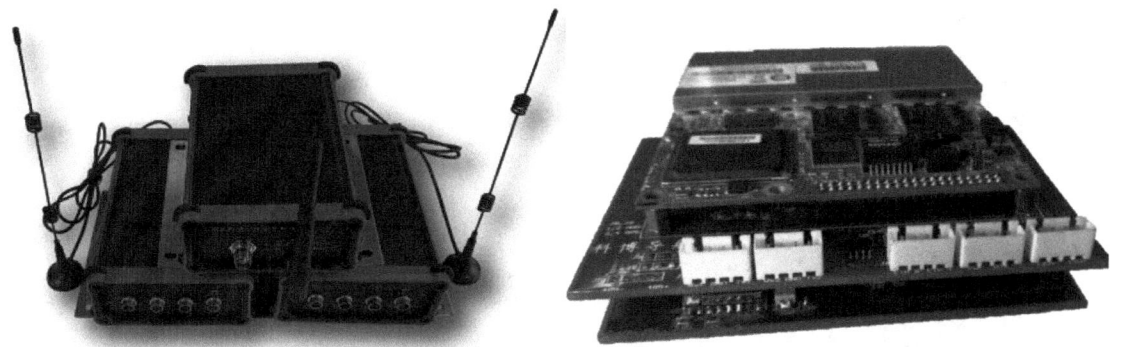

图3.14 自主研发的北斗/GNSS监测接收机　　图3.15 北斗/GNSS接收机内部结构

滑坡形变监测接收机具有北斗、GPS数据接收功能,接收的数据如图3.16所示。接收机不仅可以输出北斗、GPS等相关卫星系统的星空图数据、卫星定位数据、卫星的信噪比数据等,还可以接收北斗、GPS数据,且实时进行数据处理分析,以可视化的方式呈现出来。

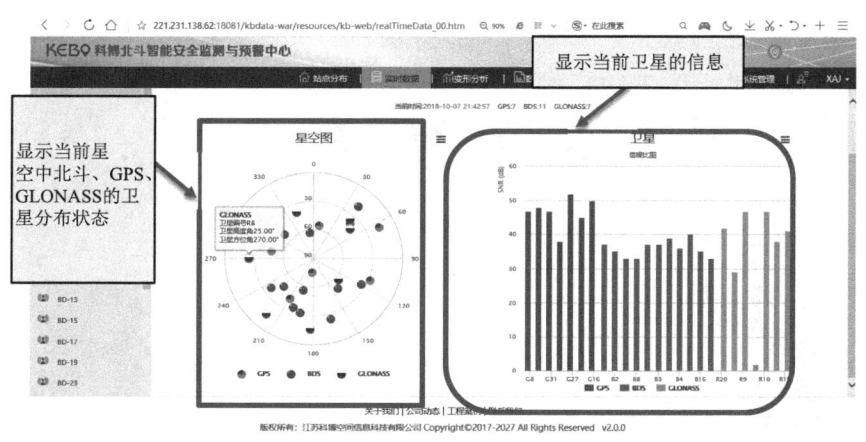

图3.16 北斗/GNSS星空图数据

3.1.5 远程控制管理

基于Linux操作系统开发的北斗/GNSS接收机远程控制管理系统功能主要包括接收机状态、卫星状态、接收机配置、IO配置和自检功能模块。

(1)接收机状态模块

接收机状态模块包括三个子模块:跟踪卫星模块、输入/输出模块和运行状态模块,如图3.17所示。

跟踪卫星模块包括:所跟踪的卫星类型、跟踪数量和具体卫星名称;输入输出包括接收机输出的数据类型以及接收到的数据类型;运行状态包括接收机的温度以及接收机运行时间。

(2)卫星状态模块

卫星状态模块包括三个子模块:常规模块、星空图模块和卫星历书模块。状态页面如图

3.18 所示。

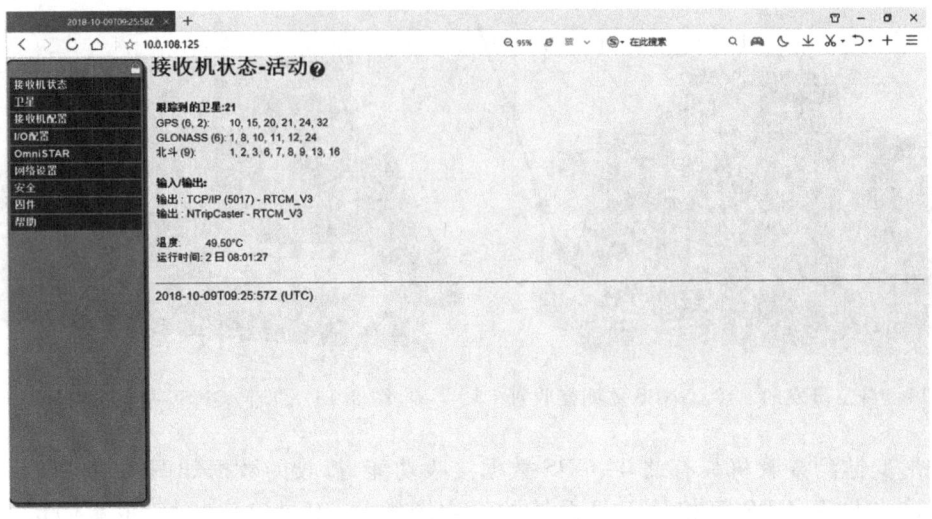

图 3.17　接收机状态管理页面

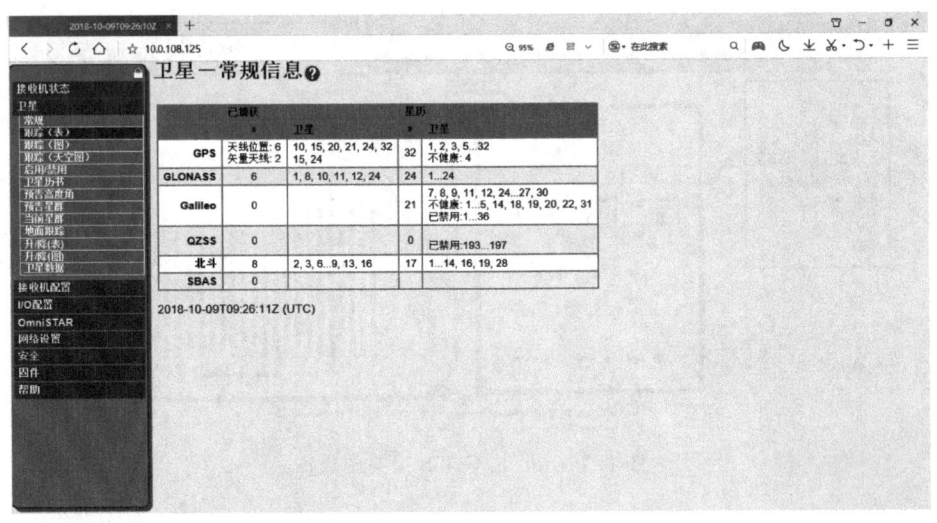

图 3.18　卫星状态页面

常规模块包括:捕获卫星数量以及卫星信号质量;星空图模块是指天空卫星的分布二维图;卫星历书模块是指卫星星历书的下载。

(3)接收机配置模块

在测量之前需要对接收机进行配置,接收机配置模块包括三个子模块:天线、参考站和重置。配置的内容包括:接收机的类型和基准站或者监测站坐标等信息(图 3.19)。

天线模块包括天线类型设置、RINEX 名设置、天线测量方法、天线高设置;参考站设置包括测站名设置、参考站大地坐标设置以及自动获取概略坐标的功能、当前的笛卡尔坐标显示;重置包括:接收机重启、清除卫星数据、清除应用文件以及清除接收机所有配置。

图 3.19　接收机配置页面

(4)IO 配置模块

IO 配置模块包括五个配置子模块：TCP/IP、NTRIP Client、NTRIP Caster、NTRIP Server 以及串口(图 3.20)。

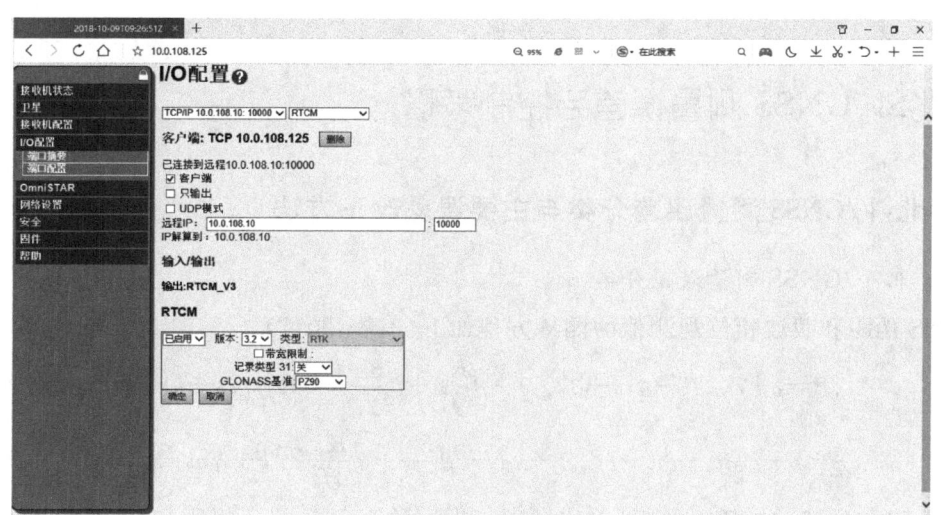

图 3.20　IO 配置页面

TCP/IP 配置包括 IP 地址的配置、输入输出数据的类型和输入输出数据内容的设定；NTRIP Client 配置包括 NTRIP Caster 地址设置、用户名和密码设置以及资源列表的选取；NTRIP Caster 配置包括端口号设置、CMR 设置以及 BINEX 数据设置；NTRIP Server 配置包括 NTRIP Caster 地址设置、NTRIP 版本设置、用户名和密码设置；串口配置包括串口选择、输出数据的类型、串口的波特率设置以及输出的数据类型延迟和带宽设置。

(5)自检功能模块

接收机在连续不间断的运行过程当中，数据冗余会不断的增大，当数据冗余增大到一定程度时接收机可能会出现死机或者运行不正常的状态,这个时候数据中心软件平台要能发现并及时处理这个问题。解决接收机死机或者运行不正常的最快速有效的办法就是进行重启,软件平台能够对接收机远程发出命令,使接收机能够迅速重启,并且开始正常工作(图 3.21)。

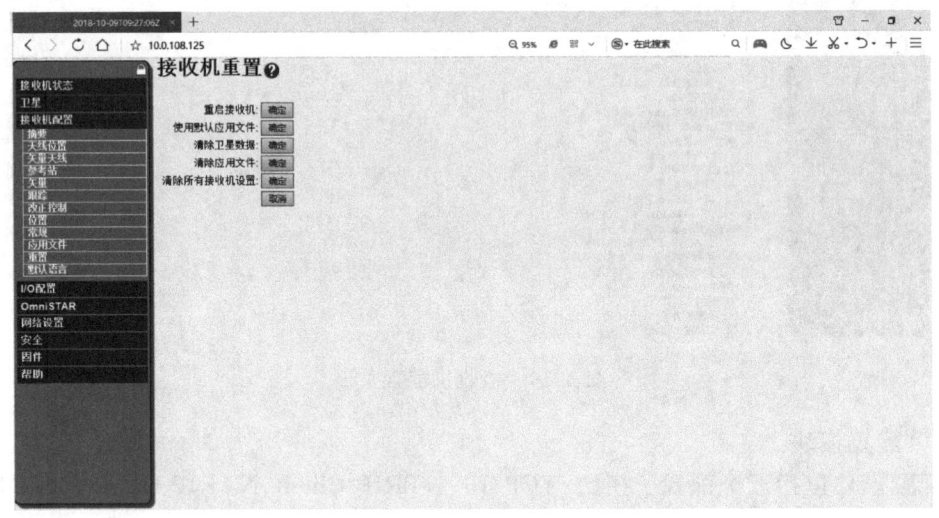

图 3.21　自检功能页面

3.2　北斗/GNSS 测量误差与控制策略

3.2.1　北斗/GNSS 测量误差分类与主要误差改正方法

3.2.1.1　北斗/GNSS 测量误差分类

GNSS 伪距和载波相位观测值的测量方程如下(王静,2017)。

$$P=\rho+c(\delta t^s-\delta t_r-\delta t_{\text{sys}})+\beta\frac{K_1}{f_i^2}+\theta\frac{K_2}{f_i^3}+T+\delta m_P+O+\varepsilon_P \tag{3.2}$$

$$\lambda_i\varphi=\rho+c(\delta t^s-\delta t_r-\delta t_{\text{sys}})+\lambda_i N-\beta\frac{K_1}{f_i^2}-\theta\frac{K_2}{2f_i^3}+T+\delta m_\varphi+O+\varepsilon_\varphi \tag{3.3}$$

式(3.2)与(3.3)中,P 为伪距(单位:m);ρ 为测站至卫星的几何距离(单位:m);c 为光速(通常取 3×10^8 m/s);s 为卫星编号;r 为接收机编号;f_i 为载波对应频率;δt^s、δt_r、δt_{sys} 分别为卫星钟差、接收机钟差和导航系统时间差(单位:s);T 为对流层延迟;β、θ 分别为一、二阶电离层延迟比例因子;K_1、K_2 为常数,由总电子含量决定;ε 为综合误差项(包括观测噪声、相对论效应、地球自转与潮汐改正项,单位:m);δm 为多路径效应;O 为星历误差(单位:m);λ 为载波波长(单位:m);φ 为载波相位观测值;N 为整周模糊度(单位:周)。

GNSS 测量中误差源分类及对应的改正方法如表 3.3 所示。

表 3.3 GNSS 观测误差及其解决方法

类型	误差源	处理方法
接收机相关误差	接收机钟差	通常对星间观测值进行单次作差
	天线相位偏差	参数改正
	固体潮	与基线长度有关,通常基线长度大于 100 km 时需要模型改正,反之则可忽略
	大洋负荷	与离海岸线距离有关,通常距离在 1000 km 范围内需要模型改正,反之则可忽略
	地球自转	模型改正
卫星相关误差	卫星钟差	构建参数改正或估计模型进行消除或在基站间作差
	卫星轨道误差	构建参数估计模型,线性化处理以消除,直接利用精密星历获取
	天线相位偏差	发射前测定,直接改正
	相对论效应	发射前人为调整
信号传播相关误差	对流层延迟	Hopfield 模型、Saataminen 模型和改进的 Hopfield 模型
	电离层延迟	模型改正,差分改正,消电离层组合改正
	多路径效应	选择较好的观测环境;增加抑径圈等设备

从表 3.4 中可以看出,在短基线的解算中,通常利用双差方法以消除接收机钟差、卫星钟差和削弱大气折射误差。在中长基线解算中,利用单频观测值差分的方法并不能很好削弱电离层延迟、对流层延迟、卫星星历及观测噪声等误差项影响,尤其对电离层延迟和对流层延迟误差对削弱力度最小。从表 3.4 中得出,提高双差载波解算精度关键在于获取准确的电离层延迟和对流层延迟信息。

表 3.4 双差载波中常见误差对不同长度基线解算的影响

双差载波中误差因子	短基线(cm) (0~20 km)	中长基线(cm) (20~100 km)	长基线(cm) (100~500 km)
载波噪声	≈1	≈1	≈1
一阶电离层	<10	<40	<100
二阶电离层	<0.5	<1	<2
对流层	<1	≈2.5	<20
精密轨道	<0.5	<1	<10

3.2.1.2 电离层延迟误差及其处理方法

电离层误差是指在 GNSS 卫星信号通过地球大气层的电离层时会出现信号干扰而引起的误差,其大小与电离层中电子总量和信号频率有关。其中,在天顶方向上的电离层误差最大可达 50 m。可见,电离层严重影响 GNSS 测量精度,在解算过程必须加以改正。目前,电离层误差改正方法主要如下。

(1) 模型改正

模型改正方法分为两类:经典模型改正和现代模型改正。其中,经典模型有 IRI 模型、Klobuchar 模型、Bent 模型、VTEC 模型等;现代模型有层析模型、神经网络模型、小波变换法及电离层格网模型(王静,2017)。

(2) 差分改正

差分改正是利用求差方法削弱电离层对GNSS测量的影响。对于短基线,差分法可有效削弱电离层延迟的影响。基线两端的大气误差与基线长度呈负相关,对于长基线,差分法的电离层改正效果并不理想(王静,2017)。

(3) 无电离层组合改正

电离层延迟与信号频率、传播速度有关,且与信号频率的平方成反比。无电离层组合改正通常是将两个频率的观测值组成线性方程组以解算相应的无电离度组合观测值,进而消除一阶电离层延迟误差对定位结果的影响(王静,2017)。

$$\begin{cases} P_c = \dfrac{f_1^2}{f_1^2-f_2^2}P_1 - \dfrac{f_2^2}{f_1^2-f_2^2}P_2 \\ \phi_c = \dfrac{f_1^2}{f_1^2-f_2^2}\phi_1 - \dfrac{f_1 f_2}{f_1^2-f_2^2}\phi_2 \end{cases} \tag{3.4}$$

式中,P_1、P_2为载波L_1、L_2的伪距;ϕ_1、ϕ_2是载波L_1、L_2的载波相位观测值,f_1、f_2为载波L_1、L_2的频率;P_c、ϕ_c为载波L_1、L_2的消电离层LC组合观测值。

由于二阶电离层延迟误差对定位结果的影响程度远不及一阶电离层延迟误差影响大,在处理组合观测量的电离层延迟误差影响时,主要针对一阶电离层延迟误差影响因子。

无电离层组合观测值的模糊度如下。

$$N_c = \frac{f_1^2}{f_1^2-f_2^2}N_1 - \frac{f_1 f_2}{f_1^2-f_2^2}N_2 \tag{3.5}$$

将式(3.5)进行如下变换:

$$\begin{aligned} N_c &= \frac{f_1^2}{f_1^2-f_2^2}N_1 - \frac{f_1 f_2}{f_1^2-f_2^2}N_2 = \frac{f_1^2-f_1 f_2}{f_1^2-f_2^2}N_1 - \frac{f_1 f_2}{f_1^2-f_2^2}(N_1-N_2) \\ &= \frac{f_1^2-f_1 f_2}{f_1^2-f_2^2}N_1 - \frac{f_1 f_2}{f_1^2-f_2^2}N_w \end{aligned} \tag{3.6}$$

式中,N_1、N_2为载波相位ϕ_1、ϕ_2的整周模糊度,N_w为宽巷观测值ϕ_w的整周模糊度,N_c为消电离层LC组合观测值ϕ_c的整周模糊度。

3.2.1.3 对流层延迟误差及其改正方法

对流层延迟误差是GNSS信号在通过中性大气层时会出现时间延迟和路径曲折,引起GNSS接收机测距误差。通常,对流层延迟误差是天顶方向的对流层延迟(Zenith Tropospheric Delay,ZTD)和投影函数(Mapping Function,MF)的乘积。其中,天顶方向上对流层延迟又分为天顶静力学延迟(Zenith Hydrostatic Delay,ZHD)和天顶湿延迟(Zenith Wet Delay),约各占90%和10%(姚宜斌 等,2015)。

不同于电离层延迟误差,对流层误差项对信号频率不敏感。因此,对流层延迟误差改正主要采用模型或者参数估计的方法(王静,2017)。

通常,在建立对流层延迟模型时,以大气各向均质这一假设为前提,天顶方向上的延迟与相应的映射函数可表示如下。

$$\Delta D_{\text{trop}} = \Delta D_{z,\text{dry}} M_{\text{dry}}(E) + \Delta D_{z,\text{wet}} M_{\text{wet}}(E) \tag{3.7}$$

式中,E为卫星高度角,$\Delta D_{z,\text{dry}}$、$M_{\text{dry}}(E)$分别为对流层天顶干延迟和干延迟投影函数,$\Delta D_{z,\text{wet}}$、$M_{\text{wet}}(E)$分别为对流层天顶湿延迟和湿延迟投影函数。

目前,常用的对流层改正模型有 Hopfield 模型、Saatamoinen 模型和改进的 Hopfield 模型等,这些模型均是基于理想气体状态方程和假设参数为前提建立的。如果在监测点处能够获得比较精准的气象参数,则使用干延迟模型改正的精度可达亚毫米级(姚宜斌 等,2015;王静,2017)。然而,在很多情况下难以获得实测的气象参数。为此,在无实测气象参数情况下,Collins 等以 Saastamoinen 模型为主体模型,引入一系列气象参数(压强、温度、水汽压(UNB3m 为相对湿度)、温度垂直递减率、水汽垂直递减率)建立了一种 UNB 系列模型,可估计天顶对流层延迟。J. Boehm 提出了 GPT 模型,可以反映不同区域在不同时间气象信息的时空变化特征。姚宜斌等(2015)以 UNB3m 和 GPT 提供不同的气象参数为观测值,通过 Saastamoinen 模型和 GMF 投影函数可求取对流层干延迟和湿延迟,改正后的残余误差采用对流层去相关处理(姚宜斌 等,2015)。

(1)Saastamoinen 模型

$$\begin{cases} \Delta S = \Delta S_d + \Delta S_w \\ \Delta S_d = 0.0002277 \times \dfrac{P}{f(\varphi,h)} \\ \Delta S_w = 0.00277 \times \left(0.05 + \dfrac{1255}{T}\right)\dfrac{e}{f(\varphi,h)} \\ f(\varphi,h) = 1 - 0.00266\cos(2\varphi) - 0.00028h \end{cases} \quad (3.8)$$

式中,ΔS 为对流层天顶方向总延迟,ΔS_d 为对流层天顶方向干延迟分量延迟,ΔS_w 为对流层天顶方向湿延迟分量延迟,P 为大地压强,T 为温度,e 为水汽压,$f(\varphi,h)$ 为地球自转引起的重力加速度变化改正,φ 为测站地心纬度,h 为测站高程。

(2)GMF 投影函数

$$MF(E) = \dfrac{1 + \dfrac{a}{1 + \dfrac{b}{1+c}}}{\sin E + \dfrac{a}{\sin E + \dfrac{b}{\sin E + c}}} \quad (3.9)$$

a_{dry} 和 a_{wet} 计算方法相同,如式(3.9)所示。

$$a = a_0 + A\cos\left[\dfrac{\text{doy} - 28}{365}2\pi\right] \quad (3.10)$$

$$a_0 = \sum_{n=0}^{9}\sum_{m=0}^{n} P_{nm}(\sin\varphi)[A_{nm}\cos(m\lambda) + A_{nm}\sin(m\lambda)] \quad (3.11)$$

式中,A 为振幅,λ 为水汽随高度变化率,φ 表示纬度。而 b_{dry} 采用 VMF1 模型中的系数,b_{wet}、c_{wet} 采用 NMF 在纬度为 45°时的值,其中 $b_{dry} = 0.0029$,$b_{wet} = 0.00146$,$c_{wet} = 0.04391$,c_{dry} 由内插得到。

$$c_{dry} = c_0 + [(\cos(2\pi(\text{doy}-28)/365 + \psi) + 1)c_{11}/2 + c_{10}](1 - \cos\varphi) \quad (3.12)$$

式中,φ 表示纬度,doy 表示年积日,ψ、c_0、c_{11}、c_{10} 为内插系数或常量,具体选择如表 3.5 所示。

表 3.5 内插系数表

	c_0	c_{11}	c_{10}	ψ
北半球	0.062	0.005	0.001	0
南半球	0.062	0.007	0.002	π

3.2.2 多路径误差及其处理方法

3.2.2.1 基于恒星日滤波法多路径误差改正

(1)滤波原理

北斗/GNSS 接收机天线接收到的卫星信号中,不但包含有来源于卫星本身的,还含有来自接收机周边建筑物、水面等反射或散射的卫星信号,由此对伪距和载波相位测量引起的误差为多路径误差。对于静止状态的接收机来说,由于北斗/GNSS 卫星的运动具有周期性,所以由卫星和接收机周围固定反射物的反射或散射回的卫星信号也是周期性的,多次试验得到这一周期约为 23 h 56 min 4 s,也记为一个恒星日周期。基于恒星日周期可以在同一时段连续观测几天的方法来消除重复性噪声,这种思路方法称为恒星日滤波法。

由于多路径误差模型的复杂性,在观测模型中通常将多路径误差作为测量噪声来处理。然而多路径误差具有时间相关性,其模型并非为高斯白噪声。在对北斗/GNSS 数据处理中,预处理后的残差中还可能包含码、相位的多路径误差和其他噪声。通过对预处理获得的残差进行低通滤波,滤除高频测量噪声以得到多径误差序列。

(2)滤波周期的确定

通常以北斗/GNSS 卫星轨道周期为半个恒星日,则地球自转周期便为一个恒星日,由此,在一个恒星日后地球(地面)与卫星有重复性的几何关系。然而,在卫星实际运动过程中,卫星受到周围星体的引力和地面的干预控制,会使得实际的重复周期不是完整恒星日。

目前常用的计算滤波周期有两种方法。

①根据广播星历的轨道参数计算重复周期。

$$\begin{cases} T_0 = 4\pi/n \\ n = \sqrt{GM \times a_s^{-3}} + d_n \end{cases} \quad (3.13)$$

式中,$GM = 3.986005 \times 10^{14} \, m^3/s^2$ 为地球引力常数,a_s 为卫星椭圆轨道长半轴的平方根,d_n 为平均运动角速度的改正量。

②通过精密星历计算轨道重复周期

利用广播星历可以高效地获取卫星的轨道重复周期,但是使用精密星历演算出的轨道重复周期更为精准,同时避免了使用广播星历时因未考虑测站位置信息等因素而带来的问题。在处理长期静止的观测站的数据时,通常的研究重点是计算相邻 2 d 在测站上卫星在时、空同一位置的时间差。

(3)滤波方法

恒星日滤波法应用于北斗/GNSS 数据处理的具体流程如图 3.22 所示。

①处理北斗/GNSS 卫星连续观测多天的数据,以得到各历元的码和载波相位残差序列;

②采用移动平均法对步骤①中得到的各历元的码和载波相位残差序列进行滤波以消除高频噪声;

③在对应偏移时刻上对低采样率的数据拉格朗日(Lagrange)插值,即可得到多路径误差改正值;

④对多天的多路径误差序列计算平均值,以获得码和载波相位的多径误差改正模型;

⑤根据步骤④中得到的多路径误差改正模型,对下一天的观测数据进行修正,即可得到更

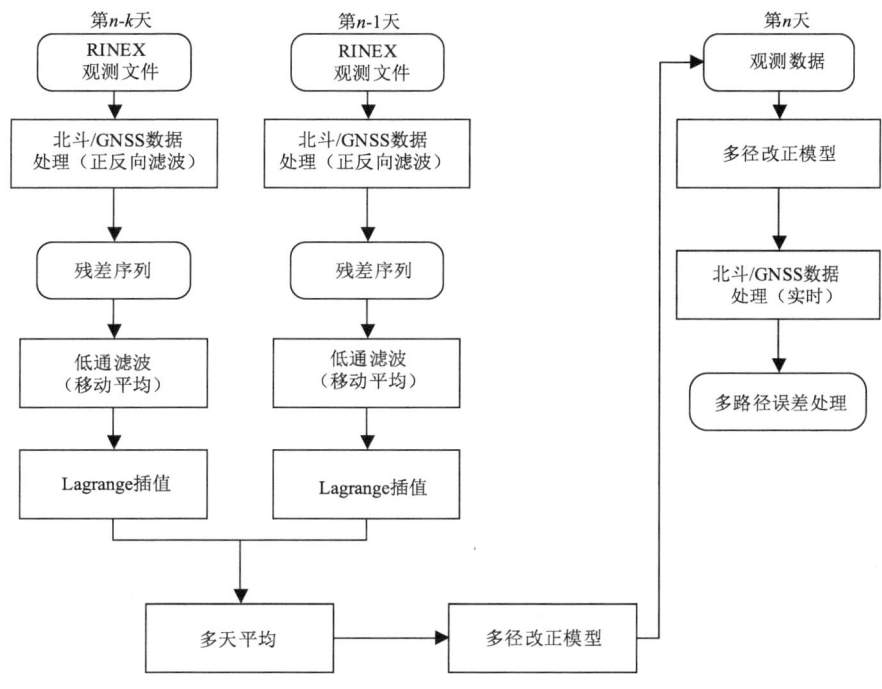

图 3.22 恒星日滤波数据处理流程

正后的处理结果。

通常,在处理高采样率的北斗/GNSS 观测值时,由于平移时间为 246 s,可以直接采取平移的方式。但是,高采样率的观测数据会存在以下两方面的问题。

①数据占用空间巨大,处理效率低。例:12 h 的 1 Hz 采样率的观测数据大小可达 50 MB。

②需要高采样率的观测数据的卫星钟差。钟差插值误差会影响定位精度,因此需知道对应高采样率数据的卫星钟差。目前,通常使用 CODE 和 IGS 提供的卫星钟差。其中,CODE 可提供 5 s 间隔精密钟差,IGS 最高可提供 30 s 间隔的事后精密钟差。由此,处理高采样率的观测数据时,需要在指定时刻对定位偏差进行 Lagrange 插值,以得到改正序列。Lagrange 插值方法如下。

$$\begin{cases} P(x) = \sum_{j=1}^{n} P_j \\ P_j(x) = y_j \prod_n \dfrac{x - x_k}{x_j - x_k} \end{cases} \quad (3.14)$$

式中,n 为插值阶数,x 为观测时刻序列,y 为偏差序列。

3.2.2.2 基于抑径圈的多路径抑制措施

目前,常用多路径抑制的措施主要是增大卫星截止高度角、配用扼流圈、减速器和其他设备。然而,增大卫星截止高度角的方法将屏蔽低高度角的卫星信号,不利于在实际工程中应用。因此,在多路径抑制中多使用抑径圈的方法。

为了验证抑径圈对多路径的抑制效果,选择天气晴朗、风速较小、能见度 5 km 的天气,监测时段为北京时间 08 时至次日 08 时,一台由江苏科博空间信息科技有限公司研发的 GNSS 接收机采用信号功分器同时连接普通大地测量型天线、带有抑径圈的普通大地测量型天线、扼流圈天线进行对比测试,具体如图 3.23 所示。其中,所有的普通大地测量型天线均为同一型号。

(1)普通大地测量型天线技术参数(表 3.6)

表 3.6 普通大地测量型天线技术参数表

名称	参数
跟踪频段	1575±10 MHz/1227±10 MHz,1559.052~1591.788 MHz,1166.22~1217.37 MHz
增益	50±2 dB
噪声	≤1.5 dB
极化	右旋圆极化
工作电压	12 V
功耗	0.6 W
接头形式	TNC 阴头
工作温度	−45~+70 ℃
储存温度	−55~+80 ℃
湿度	100%防潮,完全密封
尺寸	16.1 cm(直径)×5.8 cm(高)
安装	5/8-11 螺纹安装

(2)扼流圈天线技术参数(表 3.7)

表 3.7 扼流圈天线技术参数表

名称	参数
频带	频率范围:1559~1605 MHz,1160~1300 MHz
极化	右旋圆极化
驻波比	≤1.5
天线增益	仰角 90°≥7、仰角 20°≥0、仰角 10°≥−3
工作电流	<45 mA
轴比	仰角 90°≤3 dB、仰角 15°≤5 dB
直流供电	3.3~18 V
前后比	±60°≥25 dB
输入阻抗	50 Ω
相位中心误差	<1 mm
接头形式	TNC-K
工作相对湿度	90%
天线尺寸	∅322×256 mm
工作温度	−45~+85 ℃
重量	9.5 kg
储存温度	−55~+85 ℃

图 3.23 不同天线对比测试

由表 3.8 对比测试分析结果可见：扼流圈天线的定位误差和多路径误差最小，抑经圈＋普通大地测量型天线模式的定位精度优于普通大地测量型天线模式的定位结果，其多路径误差也较小，抑径板可有效降低多路径效应的影响，提高定位精度。在满足精度要求的前提下，抑径板＋普通大地测量型天线具有显著的成本优势。

表 3.8 不同天线模式测量分析结果 单位：m

天线模式	WGS84-H 中误差	WGS84-X 中误差	WGS84-Y 中误差	MP1	MP2
扼流圈	0.008	0.001	0.003	0.22	0.24
抑径板＋普通大地测量型天线	0.010	0.002	0.003	0.35	0.39
普通大地测量型天线	0.012	0.002	0.003	0.77	0.61

3.2.3 北斗/GNSS多模高频数据周跳探测方法的研究

北斗/GNSS多模高频数据周跳探测与修复主要采用载波相位和伪距观测数据。其中，伪距观测值不需要计算整周模糊度，但是伪距观测噪声较大且观测精度较低；载波相位观测值精度相对较高，但是存在模糊度的计算问题。由此，可将周跳的探测与修复方法分为基于载波相位组合探测两种和基于伪距相位组合探测。

3.2.3.1 基于载波相位组合的周跳探测方法

基于载波相位组合的周跳探测方法最为常用的是电离层残差法，由 Goad 提出。周跳探测与修复的过程为：(1)构造载波相位 GF 组合；(2)利用大气延迟的空间相关，对组合载波相位观测值在历元间作差获取电离层延迟残差的变化量。电离层残差组合模型如下：

$$\begin{cases} \varphi_1 = \dfrac{f_1}{c}\rho_\gamma^s + f_1[dt_\gamma - dt^s] - \dfrac{f_1}{c}I_1 + \dfrac{f_1}{c}T_\gamma^s - N_1 + \varepsilon_1 \\ \varphi_2 = \dfrac{f_1}{c}\rho_\gamma^s + f_2[dt_\gamma - dt^s] - \dfrac{f_1^2}{Cf_2}I_1 + \dfrac{f_2}{C}T_\gamma^s - N_2 + \varepsilon_2 \end{cases} \quad (3.15)$$

$$\Delta\varphi = \varphi_1 - f_1/f_2 \times \varphi_2 = \dfrac{f_1}{f_2}N_2 - N_1 - \dfrac{f_2^2 - f_1^2}{f_2^2} \times \dfrac{f_1}{c}I_1 + \Delta\varepsilon_\varphi \quad (3.16)$$

式中,I_1 表示频率 f_1 上的以周为单位的电离层延迟,φ_1 和 φ_2 分别表示频率 f_1 和 f_2 上的载波相位观测值,N_1 和 N_2 分别表示频率 f_1 和 f_2 上的整周模糊度值;ε_1 和 ε_2 分别表示频率 f_1 和 f_2 上的残余误差,$\Delta\varepsilon_\varphi$ 表示组合残余误差,$(f_2^2 - f_1^2)/f_2^2$ 表示电离层米级放大系数,其值约为 0.65。

由式(3.16)进行历元间求差,则电离层残差法的周跳检验量 D 可表示如下。

$$D = \Delta\varphi(t+1) - \Delta\varphi(t) = \dfrac{f_1}{f_2}\Delta N_2 - \Delta N_1 - \dfrac{f_2^2 - f_1^2}{f_2^2} \times \dfrac{f_1}{c}\Delta I + \Delta\varepsilon \quad (3.17)$$

式中,Δ 表示历元间差分。

由式(3.17)分析表明,在观测数据采样率较小时,即使不存在周跳,周跳检验量也会随时间变化而变化。当观测采样率较高时,电离层残差与多径效应历元间的相关增强,经历元间差分后电离层残差变化量较小。为了使电离层干扰降到最小,通常会对电离层残差的两次历元间作差,以其残差的变化量来检验周跳情况。但是,当 $\Delta N_1 = f_1/f_2 \times \Delta N_2 \approx 1.28 \Delta N_2$ 时,无法探测周跳。因此,一般需将电离层残差法和其他方法组合探测周跳(张胜利,2017)。

3.2.3.2 基于伪距相位组合的周跳探测方法

TurboEdit 方法是基于伪距相位组合探测周跳的经典方法(张胜利,2017)。探测过程为:(1)采用 MW 组合观测值确定宽巷周跳值,(2)采用 GF 相位组合观测数据确定窄巷周跳值,(3)联立方程组计算两个载波的周跳。

以 L_1、L_2 观测值为例,则 MW 组合的表达式如下。

$$L_{MW} = \dfrac{f_1 L_1 - f_2 L_2}{f_1 - f_2} - \dfrac{f_1 P_1 + f_2 P_2}{f_1 + f_2} \quad (3.18)$$

式中,L_1 和 L_2 分别表示频率 f_1 和 f_2 上以 m 为单位的载波相位观测值,L_{MW} 表示组合载波相位观测值。假定 P 码伪距精度为 $\sigma_P = 0.3$ m,则 MW 组合模糊度值及其中误差公式如下。

$$N_{MW} = N_2 - N_1 + \Delta\varepsilon = \varphi_1 - \varphi_2 - \dfrac{f_1 - f_2}{f' + f_2} \times \dfrac{P_1 f_1 + P_2 f_2}{c} \quad (3.19)$$

$$\sigma_{N_W} \approx \dfrac{\sigma_\rho}{c} \times \dfrac{f_1 - f_2}{f_1 + f_2} \times \sqrt{f_1^2 + f_2^2} \approx 0.248 \quad (3.20)$$

对式(3.19)分析可知,如果没有周跳,理想状况下 N_{MW} 应为恒定值,但由于观测噪声等误差的影响,N_{MW} 随时间的变化而变化。

由式(3.20)可知,由于残余误差的影响,精度会略低。由于四倍中误差约为一周,所以该方法只能检测出两周及以上的周跳。通过上式在历元间作差分可得 MW 组合法的周跳检验量表达式如下。

$$D_{MW} = N_{MW}(t+1) - N_{MW}(t) = (\Delta N_2 - \Delta N_1) \times \dfrac{f_1}{f_1 - f_2} + \Delta\varepsilon \quad (3.21)$$

由式(3.21)可知,如果没有周跳,周跳检验量会在 0 附近有较小的浮动。然而,当 $\Delta N_1 = \Delta N_2$ 时,则不能探测周跳。

为检验 MW 组合法的周跳探测效果，采用 30 s 采样率无周跳的北斗卫星数据进行周跳探测。图 3.24 为无周跳数据的 MW 组合残差。

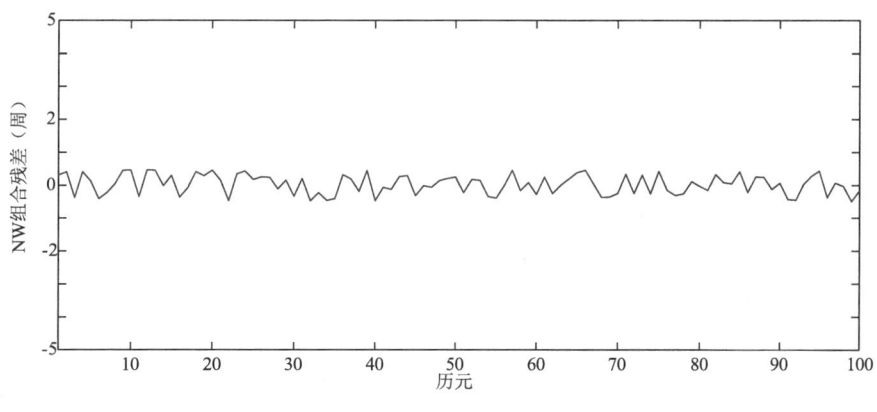

图 3.24　MW 组合残差序列

由图 3.24 可以看出，MW 组合法本身误差范围在两周内变化，因此 MW 组合法无法检验两周之内的周跳。MW 组合周跳探测法的优点为：(1)波长较长，观测噪声较低；(2)可剔除大气延迟误差和钟差等误差的影响，且与距离无关；(3)保持了模糊度的整周特性。然而 MW 组合存在应用的缺点：(1)不能探测出周跳值相同的周跳，(2)不能探测一周的小周跳。

由图 3.24 可知，MW 组合法检测的是组合相位的周跳，如果要获取单频周跳值，需要联合其他周跳探测方法。

3.3　GNSS 高频实时动态高精度解算与临界预警

3.3.1　基本原理

动态 GNSS 测量是指对每个观测历元进行解算得到一个位置坐标，这种方法对获取短周期、瞬时的运动形变过程具有重大的意义。目前，连续观测的高频 GNSS 接收机硬件性能的不断提高，实时动态高精度解算高频 GNSS 数据监测滑坡的瞬时状态，对于滑坡临界预警具有重要意义。

GNSS 高频实时动态高精度解算与临界预警方法原理如下：将观测数据按每四个历元划分为一个观测窗口，观测窗口中相邻两历元之间求差，可得到三个差值，将这三个差值同接收机 RTK 标称精度的 2 倍中误差进行比较，如果三个差值都大于或小于 2 倍中误差，且符号相同，此时系统便进行预警。具体计算过程如下。

(1) 历元划分

将观测数据可以划为：(x_i, y_i, z_i)、$(x_{i+1}, y_{i+1}, z_{i+1})$、$(x_{i+2}, y_{i+2}, z_{i+2})$、$(x_{i+3}, y_{i+3}, z_{i+3})$。

(2) 作差

$$\Delta x_i = (x_{i+1} - x_i), \Delta x_{i+1} = (x_{i+2} - x_{i+1}), \Delta x_{i+2} = (x_{i+3} - x_{i+2})$$
$$\Delta y_i = (y_{i+1} - y_i), \Delta y_{i+1} = (y_{i+2} - y_{i+1}), \Delta y_{i+2} = (y_{i+3} - y_{i+2})$$
$$\Delta z_i = (z_{i+1} - z_i), \Delta z_{i+1} = (z_{i+2} - z_{i+1}), \Delta z_{i+2} = (z_{i+3} - z_{i+2})$$

(3) 判断

如果，Δx_i、Δx_{i+1}、Δx_{i+2}符号相同，且$|\Delta x_i, \Delta x_{i+1}, \Delta x_{i+2}| \geqslant 2 \times m_{\Delta p}$或$|\Delta x_i, \Delta x_{i+1}, \Delta x_{i+2}| \leqslant 2 \times m_{\Delta p}$，则$x$方向预警。同理，$\Delta y_i$、$\Delta y_{i+1}$、$\Delta y_{i+2}$符号相同，且$|\Delta y_i, \Delta y_{i+1}, \Delta y_{i+2}| \geqslant 2 \times m_{\Delta p}$或$|\Delta y_i, \Delta y_{i+1}, \Delta y_{i+2}| \leqslant 2 \times m_{\Delta p}$，则$y$方向预警；$\Delta z_i$、$\Delta z_{i+1}$、$\Delta z_{i+2}$符号相同，且$|\Delta z_i, \Delta z_{i+1}, \Delta z_{i+2}| \geqslant 2 \times m_{\Delta h}$或$|\Delta z_i, \Delta z_{i+1}, \Delta z_{i+2}| \leqslant 2 \times m_{\Delta h}$，则$z$方向预警。式中，$m_{\Delta p}$、$m_{\Delta h}$分别表示接收机RTK平面和竖直方向的标称精度。

3.3.2 实例分析

猪头山位于南京市江北新区老山风景区，是江北新区内唯一的大型地质灾害隐患点，是典型的大型土质滑坡群。猪头山滑坡体每次滑坡土石量大，目前仍处于缓慢蠕动状态，尤其在雨季猪头山变形速率会加大，严重威胁着坡脚46户住户及2家生产企业，威胁人员约300人，威胁财产约8000万元。2017年初以来，在猪头山架设了北斗/GNSS接收机、气象传感器、深部力学传感器，构建了集北斗、传感器、网络通讯、预警预报等技术为一体的滑坡监测平台，可对猪头山滑坡内部的位移、孔隙水压力、降雨量等环境因子进行连续、实时、精确观测及预警，其实时监测精度已达毫米级。此外，监测平台可实现远程监控，在出现异常时，第一时间发出预警信息，帮助相关部门提前做好应急响应工作，最大限度地减少和防止滑坡所造成的损失。

根据设计要求和实地踏勘，该项目共设有1个北斗位移基准站、8个北斗位移监测站、6个测斜监测点、4个水位监测点、3个孔隙水压力监测点、1个雨量监测点、1个土壤墒情监测点和2个视频监控点，站点分布如图3.25所示。

图3.25 具体站点分布示意图

该示范项目采用江苏科博空间信息科技有限公司研发的GNSS接收机，接收机标称精度：平面8 ± 1 ppm，高程15 ± 1 ppm。猪头山基站与监测站距离约为3 km，因此，平面中2倍中误差为$\pm11\times2$ mm$=\pm22$ mm，高程2倍中误差为$\pm18\times2$ mm$=\pm36$ mm。

以2019年9月11日，1号观测站09:30:19—09:30:26BT观测数据为例进行分析，具体如表3.9所示。

表 3.9 猪头山 1 号观测站高频数据分析

解的状态	卫星数	WGS84-H(m)	WGS84-X(m)	WGS84-Y(m)	ΔH(mm)	ΔX(mm)	ΔY(mm)	观测时间
固定	21	34.9970	3560009.298	373522.770	5	7	46	09:30:19
固定	21	35.0020	3560009.298	373522.775	−37	−28	−23	09:30:20
固定	21	34.9650	3560009.296	373522.772	35	39	16	09:30:21
固定	21	35.0000	3560009.299	373522.774	30	18	−12	09:30:22
固定	21	35.0030	3560009.301	373522.773	80	10	28	09:30:23
固定	21	34.9950	3560009.302	373522.775	70	−25	3	09:30:24
固定	21	35.0020	3560009.300	373522.776	0	8	−2	09:30:25
固定	21	35.0020	3560009.301	373522.776				09:30:26

从表中可以看出,第二观测历元和第一观测历元发生了预警。

3.4 GNSS 基准站稳定性分析

3.4.1 基站稳定性分析方法

3.4.1.1 IGS 联测控制网设计

根据传统的滑坡变形监测方案,需要在监测区内建立监测基准网作为滑坡变形监测分析的基准。为了保证基准站的位置精度和可靠性,基准网需要与更高等级和精度的基准点进行周期性联测并进行稳定性分析。考虑到全球 IGS 站的稳定性和精度,滑坡体监测基准站可与 IGS 站网进行联测,并使用 GAMIT 软件进行数据处理,对其稳定性进行分析。IGS 可以为用户提供各种高精度的 GPS 卫星参数,但目前全世界大约有 300 个 IGS 永久跟踪站和数据中心。因此,在进行数据处理之前,必须考虑选择多少个 IGS 站和选择哪个 IGS 站。

一般对 IGS 站的选取原则如下。
(1)测站 3 a(或以上)连续观测;
(2)处于地球最外的岩石圈部分同时需远离变形区域;
(3)速度场精度优于 3 mm/a;
(4)选取站点在中国国内及其周边;
(5)位置解算精度和速度场精度残差不大于方差的 2 倍。

在满足上述标准的情况下,其空间的分布基本是均匀的。根据上述选取原则结合基准站分布,确定以下 16 个 IGS 站作为联测站,其分布如图 3.26 所示。

3.4.1.2 基准点稳定性分析

GNSS 数据采用新安江北斗 GNSS 基准站 2018 年 8 月—2018 年 9 月的北斗/GNSS 观测数据以及中国大陆及周边 16 个 IGS 站的观测数据。基准站均为 24 小时观测,数据采样间隔为 30 s;IGS 站全天 24 小时观测,采样间隔为 30 s。数据处理整体流程如图 3.27 所示。

(1)由于受到环境或部分硬件故障的影响,首先需利用 TEQC 对基准站观测数据进行质量检查和预处理,提高参与解算的数据质量;

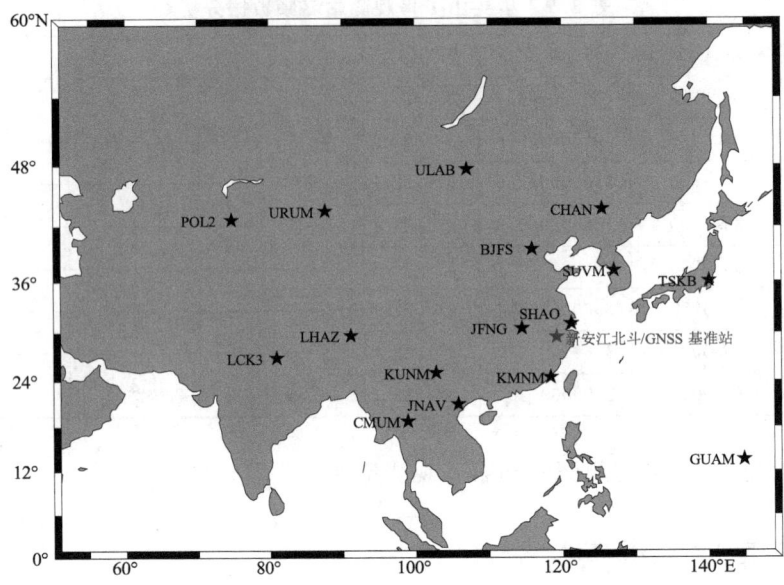

图 3.26 新安江基准站与 IGS 站点的位置

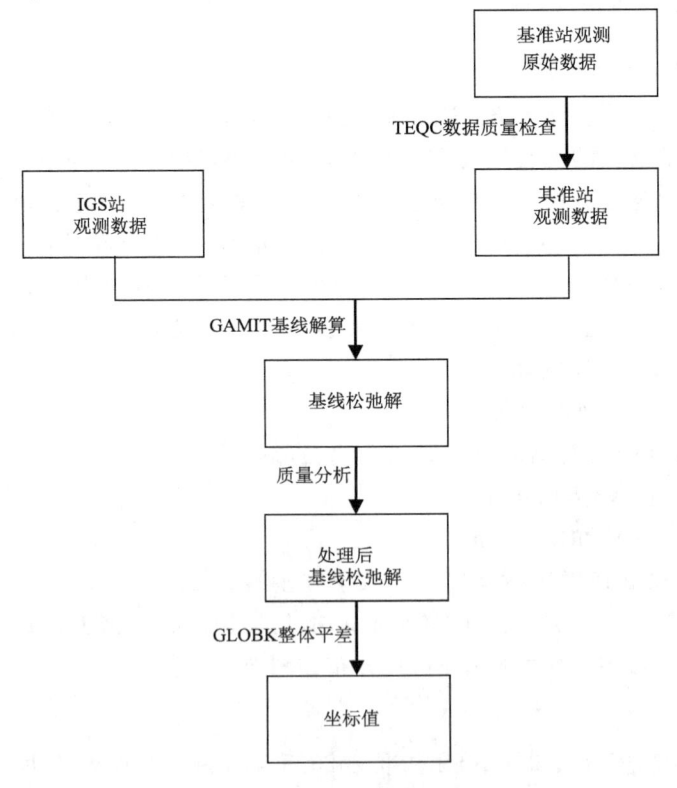

图 3.27 数据处理流程

(2)将 IGS 站观测数据与基准站数据进行联测,利用 GAMIT 软件得到单日基线的松弛解(图 3.28);

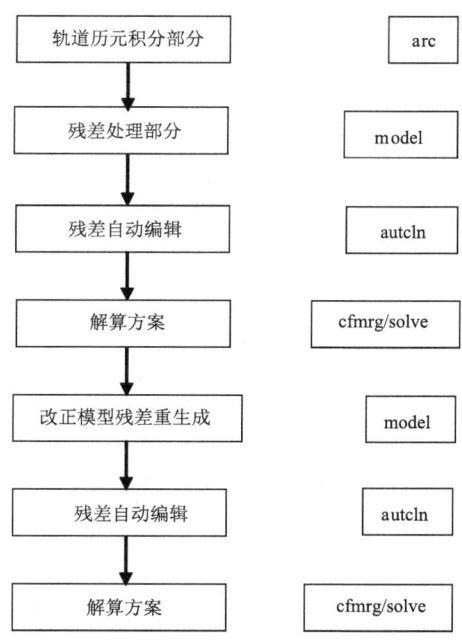

图 3.28 单日基线解步骤及对应模块

(3)在得到单日基线解后,首先根据参与点的数目、观测值的效率和计算结果的标准均方根(NRMS)值来评价单日基线解的质量。如果没有标准指标,则相关的配置参数对 GAMIT 软件进行修改和重新计算,然后利用基线重复性测量基线结果的精度进行评价,在单日数据质量达到标准后,分析基准站坐标的时间序列。如果数据存在较大差异,则直接删除单日解决方案。此外,还需查看是否有遗漏的测站,如果有,需要在 sites.default 中重新设置遗漏测站,重新解算。

单天解归一化均方差(postfitnrms)是基线解算质量重要指标,具体计算公式如下。

$$\mathrm{NRMS} = \sqrt{\frac{1}{N}\sum_{i=1}^{n}\frac{(Y_i - Y)^2}{\sigma_i^2}} \tag{3.22}$$

若 $0<\mathrm{NRMS}<0.5$,则说明基线解算成功。此外,若 $0<\mathrm{NRMS}<0.25$,则表明基线解算质量非常好,满足高精度基线解算技术要求。反之,若 $\mathrm{NRMS}>0.5$,基线解算不合格,需要重新解算。

计算基线重复率如下。

$$R_C = \left(\frac{\dfrac{n}{n-1} \times \sum_{i=1}^{n} \dfrac{(C_i - C_m)^2}{\sigma_{C_i}^2}}{\sum_{i=1}^{n} 1/\sigma_{C_i}^2} \right)^{1/2} \tag{3.23}$$

式中,n 为总时段数,i 为时段号,C_i 为 i 时段基线的某一坐标分量或长度(ΔX、ΔY、ΔZ、ΔS),C_m 为加权平均值,相关指标限差见表 3.10;

计算独立(异步)闭合环闭合差的方差,公式如下。

$$\sigma_{Wi} = \left(\sum_{j=1}^{r} \sigma_{i,j}^2 \right)^{1/2} \tag{3.24}$$

表 3.10　基线重复性较差限差表

分量或长度	限差标准
ΔX	$\leqslant 3\sqrt{2}R_{\Delta X}$
ΔY	$\leqslant 3\sqrt{2}R_{\Delta Y}$
ΔZ	$\leqslant 3\sqrt{2}R_{\Delta Z}$
ΔS	$\leqslant 3\sqrt{2}R_{\Delta S}$

式中，i 为基线分量，R 为基线总数，j 为基线标号，$\sigma_{i,j}^2$ 为方差。其中，i 为第几分量，j 为第几基线。

$$\sigma_{W_s} = \left(\sum_{j=1}^{r} \boldsymbol{W} \boldsymbol{D}_j \boldsymbol{W}^T\right)^{1/2} \tag{3.25}$$

式中，$\boldsymbol{W}=\left[\dfrac{W_x}{W_s}\dfrac{W_y}{W_s}\dfrac{W_z}{W_s}\right]$，其限差见表 3.11；$D_j$ 为方差阵。其中，j 为第几基线。

表 3.11　独立（异步）闭合环或附和线路的坐标闭合差限差表

闭合差	限差标准
W_x	$\leqslant 2\sigma_{W_x}$
W_y	$\leqslant 2\sigma_{W_y}$
W_z	$\leqslant 2\sigma_{W_z}$
W_s	$\leqslant 2\sigma_{W_s}$

(4)利用非基准方法进行整体平差计算，将单日基线解和协方差矩阵作为观测量，IGS 站坐标作为约束基准，通过联测得到基准站的坐标位置。htoglb 将 h 解转换成二进制格式，得出以下四种文件：gcr 为紧约束的模糊度浮点解，Gcx 为紧约束的模糊度固定解，Glr 为松弛约束的模糊度浮点解，Glx 为松弛约束的模糊度固定解。将每一个 h-files 生成单独解。将解算完成结果与已知点坐标比较，得出位置残差、较差，在此基础上计算中误差评定其外符合精度。

3.4.2　GNSS 基准值稳定性分析

(1)TEQC 质量检验结果

对连续 20 d 的基准站静态数据进行 TEQC 质量检验，其多路径效应 MP1 和 MP2 结果如图 3.29 所示，MP1 和 MP2 均小于 0.5 m（IGS 基准站建站标准）。

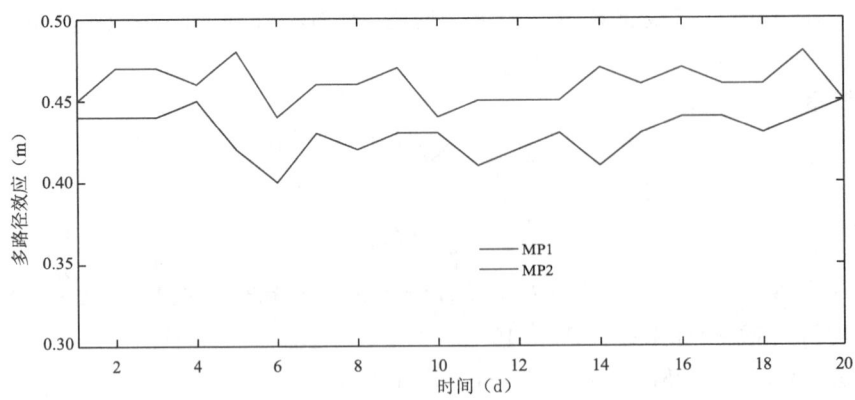

图 3.29　基准站 20 d 的多路径效应（见彩图）

(2)GAMIT 基线解算

①单天解归一化均方差

对基准站连续 20 d 静态数据,联合 IGS 站点进行 GAMIT 基线解算,每天解算的归一化均方差如图 3.30 所示,若日归一化均方根在 0~0.25,则基线解算的质量非常好,并且满足高精度基线解算的技术要求。

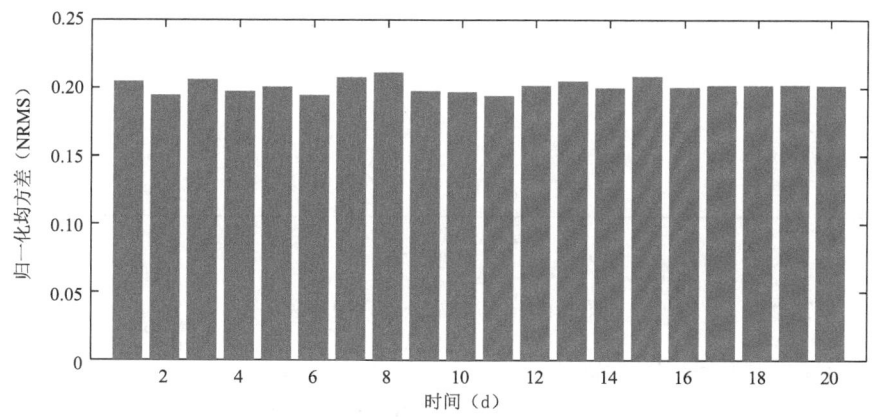

图 3.30 GAMIT 解算的归一化均方差

②基线重复率检验

选取 7 条基线的 20 d 解算结果,计算绝对基线重复率见表 3.12,所有的结果都在 10^{-5} 量级,说明基准站基线的内符合精度非常高。

表 3.12 绝对基线重复率

基线名	$X(10^{-5})$	$Y(10^{-5})$	$Z(10^{-5})$	$L(10^{-5})$
BJFS-XAJ1	2.28	7.25	4.66	0.21
GUAM-XAJ1	4.17	6.77	3.17	2.77
LCK3-XAJ1	1.70	6.42	6.07	1.52
LHAZ-XAJ1	1.53	5.8	4.93	0.68
SHAO-XAJ1	1.48	4.64	2.32	0.25
ULAB-XAJ1	4.08	1.17	7.90	0.72
URUM-XAJ1	2.86	5.66	7.11	1.24

(3)GLOBK 平差

联合 IGS 站观测数据进行解算,得出基准站连续 20 d 坐标值。如图 3.31 所示为,基准站坐标与均值的差值序列。基准站的 x 和 y 方向波动很小,在 $-3\sim 3$ mm 呈正态分布,其均方差为 1.7 mm 和 1.6 mm。h 方向波动稍大,均方差为 7.6 mm。

(4)基准站两期坐标对比

取 2017 年 10 月 27 日与 2018 年 9 月 20 日两期数据做 GAMIT/GLOBK 解算。对比两期数据的基线长度,结果如表 3.13 所示。GUAM 站点在关岛,LCK3 站点在印度,与新安江基准站均不在一个大陆板块,所以变化较大;除此以外,两期数据的变化较小,绝对精度都在 3 mm 级以内,相对精度都能够达到 10^{-9},符合高精度基线解算要求。因此,可以判断新安江

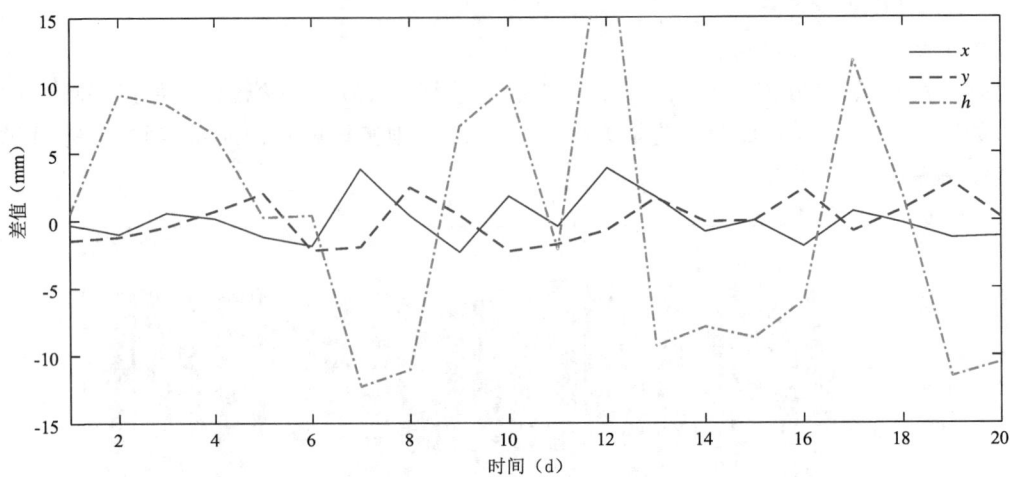

图 3.31 基准站坐标残差序列

基准站一年的时间间隔内十分稳定。

表 3.13 两期数据基线长度对比

基线名	第一期长度(m)	第二期长度(m)	Δ(mm)	相对精度
BJFS-XAJ1	1162469.1216	1162469.1246	3	10^{-9}
GUAM-XAJ1	3141622.4505	3141622.4409	−9.6	10^{-9}
LCK3-XAJ1	3696721.8010	3696721.8310	30	10^{-9}
SHAO-XAJ1	262300.8402	262300.8383	−1.9	10^{-9}
ULAB-XAJ1	2280542.2176	2280542.2194	1.8	10^{-9}
URUM-XAJ1	3181204.5664	3181204.5692	2.8	10^{-9}

基于 TEQC、GAMIT 和 GLOBK 高精度 GNSS 数据处理软件,对基准站两期数据进行稳定性分析,结果显示:该基准站年偏移稳定,且能够提供高质量的静态数据和基准服务。

第4章 基于GNSS可降水量监测与临界天气预报

大气可降水(Precipitable Water Vapor, PWV)是大气中活跃多变的成分,在大气能量传输和天气系统演变中起着非常重要的作用,其含量与时、空变化在暴雨监测预报、气候变化中扮演着重要角色,因此连续、实时(或准实时)、高精度的获取PWV对精确的掌握天气系统的演变,地质防灾、减灾等至关重要。

滑坡是我国乃至全世界面临的重大自然灾害之一,主要分布在高差大的丘陵山区、建筑的边坡降雨多发地区,不仅难以监测而且潜在危害极大。引发坡体发生位移形变的因素较多,降雨是滑坡灾害发生的外因之一,也是主要的诱发因素。据统计,大部分的山体滑坡是直接由持续性降雨或强降雨诱发的。因此,降雨型滑坡的预测、预报具有重要意义。另外,滑坡灾害的小范围区域性预测可类似反映出部分地区降雨诱发的地质灾害的情况,可为减灾目标的确定和滑坡灾害的预警提供重要依据。全球导航卫星系统GNSS技术可用于探测对流层可降水量。GNSS信号从卫星发射到地面被接收机接收,其间经过电离层和对流层,由于大气结构的不同,信号传输路径和传输时延会发生变化,GNSS/MET基本原理就是利用这一效应,反演得到大气的温度、压力、湿度、水汽含量等气象要素。"GNSS气象学"即"GNSS Meteorology",简称为"GNSS/MET",是利用GNSS理论和技术来遥感地球大气和地表气象环境状态,进行气象学的理论和方法研究,如测定大气温度及水汽含量,监测电离层变化,监测气候变化,监测海风、海水盐度、海浪波高等,并开展此项技术的气象应用。

本章主要介绍了地基GNSS反演水汽的基本原理以及GNSS水汽反演的气象应用,并结合北京市2012年7月21日至22日特大暴雨进行实例分析,同时探讨了强对流天气对滑坡地质灾害产生的影响。

4.1 地基GNSS反演水汽的基本原理

全球导航卫星系统卫星信号通过大气层从卫星传送到地面接收器,与真空不同的是,大气会延迟和弯曲GNSS信号。当卫星高度角在15°以上时,电离层折射引起的信号路径弯曲效应可以完全忽略。大气引起的总延迟效应包括电离层延迟和对流层延迟,其中对流层延迟又分为干延迟和湿延迟。利用GNSS双频观测资料,建立电离层延迟模型,消除电离层延迟。对流层干延迟与大气压力成正比,与大气温度成反比;通过对实测数据的分析,可以利用GNSS信号路径上的干延迟与GNSS接收站所在地的气压、纬度和海拔的统计关系,即所谓的静力学干延迟模型来确定对流层干延迟。由于电离层延迟和干延迟可以分别得到,所以将这两项从大气总延迟中减去,最终得到水汽延迟。目前基于地面GNSS水汽延迟的大气水汽探测包括三个方面:接收站上空大气总水汽可降水量 PWV、斜向水汽可降水量 SWV 和对流层水汽层析成像。

(1)地基 GNSS 反演可降水量 PWV

GAMIT 和 Bernese 等主流高精度 GNSS 解算软件都能够解得毫米级精度的天顶湿延迟,他们都是先通过长基线解算,得到精确的天顶总延迟(ZTD,Zenith Total Delay)和各个方向的梯度值,然后根据静力学延迟模型,计算天顶干延迟,最后总延迟减去干延迟即可得到准确的天顶湿延迟。而天顶湿延迟与可降水量的关系如下。

$$PWV = \Pi \times ZWD \tag{4.1}$$

式中,Π 为比例因子(与大气平均温度和大气常数有关),Π 的大气学定义如下。

$$\Pi = 10^6 [\rho_1 R_v (k_3/T_m + k'_2)]^{-1} \tag{4.2}$$

式中,$k'_2 = k_2 - \dfrac{k_1 M_v}{M_d}$,$k_1$、$k_2$ 和 k_3 为大气折射率经验常数,分别取为 77.60 K/hPa、64.79 K/hPa 和 $3.776 \times 10^5 K^2/hPa$),$M_v$、$M_d$ 为水汽和干空气的摩尔质量(18.0152 g/mol,28.964 g/mol);$R_v = R/M_v$,$R = 8.314$ J/(mol·K)为普适气体常数;ρ_1 为液态水的密度(1×10^3 kg/m³);T_m 为大气平均温度(单位:K),定义如下。

$$T_m = \int_{h_0}^{\infty} \dfrac{e}{T} dh / \int_{h_0}^{\infty} \dfrac{e}{T^2} dh \tag{4.3}$$

式中,e 为水汽压(单位,hPa),T 为大气温度(单位:K),h 为高度。

Bevis 等基于多年的探空资料,发现 T_m 和地面温度 T_0(单位:K)的一个线性计算公式。

$$T_m = 70.2 + 0.72 T_0 \tag{4.4}$$

利用它得到的天顶湿延迟到 PWV 的转换误差为 2%。同时发现比例因子 $\Pi \approx 0.15$,随季节、气候变化。诸多学者基于本地历史探空数据拟合出了更适合于当地的加权平均温度模型。

(2)地基 GNSS 探测斜路径水汽含量 SWV

对 GPS 信号方向的大气延迟 atdel 用如下模型描述。

$$\begin{aligned}atdel(e,\alpha) = &\, dryzen \times drymap(e) + wetzen \times wetmap(e) \\ &+ gradns \times azmap(e) \times \cos(\alpha) + gradew \times azmap(e) \times \sin(\alpha)\end{aligned} \tag{4.5}$$

其中,e、α 分别为 GPS 信号的高度角和方位角,dryzen、wetzen 分别为天顶干、湿延迟,drymap、wetmap 分别为干、湿映射函数。gradns、gradew 为大气延迟在南北、东西两方向的梯度,azmap 为梯度的映射函数,用如下模型:

$$azmap = 1/(\sin(e) \times \tan(e) + C) \tag{4.6}$$

C 是常数,按照 Chen 等(1997)的计算,C=0.003。

式(4.5)中,前两项表示各向同性大气对信号的干延迟和湿延迟,后两项表示大气的各向异性特性所带来的影响。提取湿延迟部分,即可得到 GNSS 信号方向的斜路径湿延迟。

(3)地基 GNSS 层析对流层水汽场

一般一个地基 GNSS 测站上空可同时观测 6~8 颗卫星,如果地面上小范围内有多个测站(3 个以上),那么在一段时间之内(可达 30 min 以内),多个站点对多个卫星的倾斜路径观测,将产生相当多的 SWD(斜路径湿延迟)观测数据,形成对观测网上空低层大气的稠密采样,每一条信号路径上的 SWD 观测包含了这条路径上的水汽信息。采用反演方法,有可能把水汽的三维结构信息解算出来。因此利用 GNSS 观测网,基于联网观测资料进行综合分析、以期获得局地上空的水汽三维分布状况,这就是水汽层析技术。

将观测网上空的对流层大气在水平和垂直方向上划分为许多网格或盒子,每个网格中的水汽密度是未知的,但在一定时间内(如 1 h)假定每个盒子中的水汽分布均匀且密度为常数,则每一条倾斜观测路径上的水汽总量为这条射线所穿越网格的水汽量之和。

$$W_s^P = \sum_{ijk} A_{ijk}^P \times X_{ijk}^P \tag{4.7}$$

式(4.7)中,W_s^P 代表第 P 个射线路径上的水汽总量,A_{ijk}^P 为射线所穿越的第 (i,j,k) 个网格的距离,X_{ijk}^P 为水汽密度。这样,在一段时间内,将形成大量的上述观测方程,求解这些方程有可能解得网格中所含的水汽量。这个问题本质上是一个"反问题",即已知观测数据,如何由这些数据来求得模型参数的估计值。

实际上,即使式(4.7)中方程数目大于未知量数目,此方程组也难以解算。这是因为 GNSS 卫星在天空中的分布并不均匀,而且地面 GPS 观测网的几何构建并不能保证地面上每个网格点都有测站,致使某些网格没有观测射线穿过。观测方程组表面上超定,实质上却是欠定的,而且许多单个观测方程的系数为 0,因此观测方程组属于混定方程组。为解决没有射线穿过盒子导致水汽密度不能确定的问题,假定同一水平方向上网格内的水汽分布相互关联,称之为"水平平滑条件",即

$$X_j = w_1 X_1 + \cdots + w_{j-1} X_{j-1} + w_{j+1} X_{j+1} + \cdots \tag{4.8}$$

式(4.8)中,w_j 为第 j 个网格的权重。假设距离越近相关越强。将上式移项整理,并用矩阵形式表达,可写为:$wX=0$。

包括上述平滑条件,从而形成如下层析观测方程组。

$$\begin{bmatrix} w_S \\ 0 \end{bmatrix} = \begin{bmatrix} A \\ w \end{bmatrix} x \tag{4.9}$$

式(4.9)中,w_S 代表倾斜路径水汽总量,A 代表网格路径长度,w 为权重。从上面的论述可以看到,GNSS 水汽层析本质上属于反演问题,即通过最终的观测值,来反求模型的参数值。以 Y 代表方程左侧的量,以 X 代表待求模型的参数值,则可将上述方程简写为以下线性方程形式。

$$Y = CX \tag{4.10}$$

显然,由上述线性系统可以反演求得 X 值。实际解算中,可以依据地面气象站观测值、探空观测值、微波辐射计观测值来增加约束,提高层析方程组的解算精度。

(4)从 GNSS 观测信号到水汽场层析的操作流程

基于 GAMIT 和 Bernese 双差解算方案对 GNSS 原始观测数据处理可以获得 GNSS 站点精密坐标和站点天顶总延迟,根据站点地面气象要素和坐标信息可得到毫米级精度的天顶干延迟,天顶总延迟减去天顶干延迟后得天顶湿延迟,基于天顶湿延迟有以下两种方法可层析出大气对流层水汽场。

方法一为通过前述斜路径湿延迟模型可根据 ZWD 得到 SWD,继而可层析出对流层湿折射率结构,若要推算大气对流层水汽场,可按式(4.11)进行后续计算工作。

$$N_w = Z_w^{-1} \left(k_2 \frac{e}{T} + k_3 \frac{e}{T^2} \right) \tag{4.11}$$

式中,e 为水汽压,以 hPa 为单位;T 为大气温度,以 K 为单位;Z_w 为水汽压缩因子,k_2 和 k_3 为

气体常数,分别取自 Bevis 等中的值 $Z_w=1$, $k_2=70.4$ K/hPa, $k_3=3.739×10^5$ K²/hPa。式(4.11)表示若已知对流层大气的湿折射率场分布,同时有温度场分布信息,则可知对流层大气的水汽压分布,进而可推算出其水汽密度分布。

方法一的流程图如图 4.1 所示。其中,SWD 为斜路径湿延迟,以 mm 为单位,A 为斜路径穿越格网模型距离系数矩阵,以 km 为单位。N_w 为大气对流层格网湿折射率矩阵,单位为 mm/km。

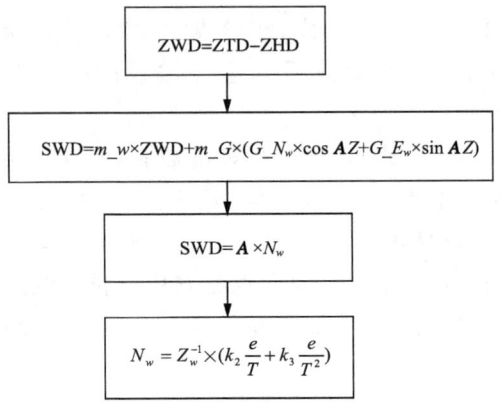

图 4.1 由天顶湿延迟层析对流层水汽场(方法一)

方法二为在斜路径湿延迟基础上,直接通过加权平均温度求得转换系数得到斜路径水汽 SWV,继而层析出大气对流层格网水汽密度场。图 4.2 为方法二的流程图,其中 x 为水汽密度矩阵,以 g/m³ 为单位,A 为斜路径穿越格网模型距离系数矩阵,以 km 为单位;SWV 指斜路径水汽矩阵,以 g/m² 为单位。

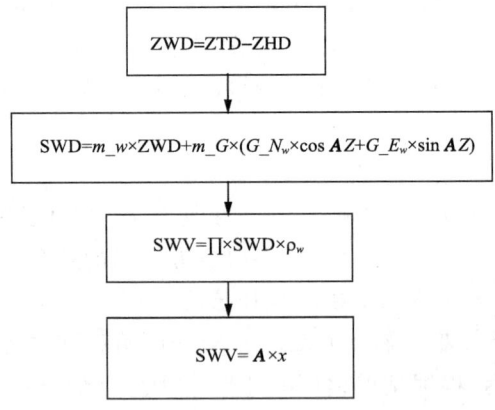

图 4.2 由天顶湿延迟层析对流层水汽场(方法二)

相较于方法二,方法一更为直接,易于理解,但方法一需要温度场已知,而方法二需要加权平均温度求得精度较高的转换参数,当本地化加权平均温度模型缺失时,可利用普适 Bevis 模型计算加权平均温度,因此方法二不需要温度场的已知条件,易于实施。

(5)层析方程的解算方法

①最小二乘法

将加入了约束条件后形成的最终层析模型写成线性方程形式如下。

$$Y = AX \tag{4.12}$$

式(4.12)中,Y 代表层析方程的观测值,即倾斜路径水汽值;X 代表方程未知数,即各网格内待求水汽值;A 代表层析方程组的系数矩阵。根据上文的论述,GPS 层析方程组的求解问题从数学角度看属于求反问题研究,因此需要反转以上线性方程,求出 X 的值,并且根据方程未知数所代表的物理意义,X 必须是正数解,负数解是没有物理意义的。上文中还提到,一段时间内的观测方程数远大于未知数的个数,对于类似问题的研究,可以用最小二乘法解上述线性方程,通过求函数式的最小值得到如下最小二乘解。

$$X^2 = (Y - AX)^{\mathrm{T}} O_Y^{-1} (Y - AX) \tag{4.13}$$

式(4.13)中,O_Y 是观测值的协方差矩阵,即倾斜路径水汽值的协方差矩阵,式中其他各量同式(4.12)。假设 O_Y 是对角矩阵,并且观测等权,观测值的误差符合高斯分布,这时未知数的最小二乘解就等同于最大似然解,解的表达式如下。

$$X = (A^{\mathrm{T}} O_Y^{-1} A)^{-1} O_Y^{-1} A^{\mathrm{T}} Y \tag{4.14}$$

② 奇异值分解法

式(4.14)表明,要想求解 X,涉及到矩阵求逆。由于一定观测时段内形成的层析方程非常多,未知量个数通常也很大,并且由于系数矩阵 A 是欠定矩阵,因此按照常规方法求解上述方程中矩阵的逆矩阵几乎是不可能的。为了解决矩阵求逆的问题,可以采用奇异值分解法(Singular Value Decomposition,SVD)来求矩阵的广义逆矩阵。

矩阵的奇异值分解是分析线性系统解的最有用和最有效的工具之一,在最优化问题、统计分析、系统理论和控制等很多领域被广泛地应用,它是矩阵对角分解的一种类型。SVD 可以计算系统的特征值,并用 0 特征值表示解中 0 的位置。用 SVD 方法分解矩阵 A,得到如下形式。

$$A = U \Lambda V^{\mathrm{T}} \tag{4.15}$$

式中,A 是 $N \times M$ 的矩阵;U 是由特征向量组成的 $N \times N$ 的正交矩阵,N 代表了观测量的个数;Λ 是 $N \times M$ 的对角矩阵,矩阵对角元素由特征值按降序排列组成,M 是模型参数个数;V 是 $M \times M$ 阶矩阵。由非 0 特征值形成的 A 的广义逆矩阵如下式。

$$A^{-1} = V \Lambda^{-1} U^{\mathrm{T}} \tag{4.16}$$

Λ^{-1} 中与 0 特征值对应的地方设为 0 而不是无穷,0 特征值对应的模型参数将无法确定,应用在层析解算中,出现 0 特征值位置的水汽值无法确定。因此,要想得到较好的层析解,就要尽可能减少 0 特征值的出现。

③ 卡尔曼滤波层析方法

层析前首先划分层析网格,解算地基 GPS 数据得到对流层总延迟,并进一步转化为倾斜路径水汽。其观测方程组如式(4.17)所示。

$$\mathrm{SWV} = AX + e \tag{4.17}$$

式中,SWV 为倾斜路径水汽值组成的列矩阵;A 为穿过网格长度组成的系数矩阵;X 为未知参数湿折射率的列矩阵;e 为 SWV 的观测误差。

以式(4.17)作为卡尔曼滤波的观测方程,然后由层析模型未知参数向量的时空变化建立状态方程,再利用卡尔曼滤波求解层析模型的状态参数。假定在短时间内,网格内湿折射率符合高斯-马尔可夫的随机游走过程(状态转移矩阵 $\Phi_k = 1$),则有状态方程如下。

$$X_k = X_{k-1} + w_k \tag{4.18}$$

式中,X_k 为 k 时刻的湿折射率状态向量;w_k 为状态噪声。假设状态噪声 w_k 和观测噪声 e_k 的统计特性是均值为 0、方差分别为 σ_k 和 ε_k 的高斯白噪声序列,根据滤波基本方程(4.17)和(4.18),只要给出状态参数 X 的初值 X_0^- 和初始方差 D_0^-,根据递推滤波算法就可以解出网格模型中的状态参数,得出水汽三维信息。

④代数重构技术

传统的最小二乘法解算层析方程因受到测站和卫星的几何分布、时空分辨率的影响。观测方程系数矩阵稀疏且秩亏,法方程求逆困难。代数重构技术是一种线性反演方法,算法采用迭代的形式,避免了法方程的求逆,直接将观测方程进行迭代。该方法稳定且迭代次数较少,可以进行快速求解,对于区域范围大站点多的情况时间优势明显。代数重构技术包括一般代数重构算法 ART(Algebraic Reconstruction Technique),乘法代数重构算法 MART(Multiplicative Algebraic Reconstruction Technique)和联合迭代重构算法 SIRT(Simultaneous Iterative Reconstruction Technique)等。近些年来,代数重构技术不断被应用于电离层的反演与图像重构。

层析线性方程组如式(4.19)所示,ART、MART 和 SIRT 公式分别如式(4.20)—式(4.22)所示。

$$\begin{pmatrix} m_{\text{GNSS}} \\ m_{\text{ZWD}} \\ m_{\text{surface}} \\ m_{\text{top}} \\ c \end{pmatrix} = \begin{pmatrix} A_{\text{GNSS}} \\ A_{\text{ZWD}} \\ A_{\text{surface}} \\ A_{\text{top}} \\ A_c \end{pmatrix} \times x \tag{4.19}$$

式(4.19)中,x 指格网湿折射率矩阵,m_{GNSS} 指基于 GNSS 信号的斜路径湿延迟 SWD 矩阵,m_{ZWD} 指除 SWD 外施加的天顶方向总湿延迟矩阵,m_{surface} 指地面层湿折射率矩阵,如地面层某格网内有气象台站实测的温湿压参数,可将该台站所在格网湿折射率值约束为实测温湿压参数计算出的湿折射率。m_{top} 指顶层格点湿折射率根据大气实况约束为 0。c 指微波辐射计和雷达等观测资料引入的矩阵。A_{GNSS}、A_{ZWD}、A_{surface}、A_{top}、A_c 分别指 GNSS 斜路径湿延迟、天顶方向湿延迟、地面气象站、顶层格点 0 约束和微波辐射计及雷达等观测资料与格点矩阵 x 之间的系数矩阵。

$$x^{k+1} = x^k + \lambda \times \frac{m_i - \langle A^i, x^k \rangle}{\langle A^i, A^i \rangle} A^i \tag{4.20}$$

$$x_j^{k+1} = x_j^k \times \left(\frac{m_i}{\langle A^i, A^i \rangle} \right)^{\frac{\lambda A_j^i}{\sqrt{\langle A^i, A^i \rangle}}} \tag{4.21}$$

$$x_j^{k+1} = x_j^k + \sum_i (\lambda \times a_{ij} \frac{m_i - \langle A^i, x^k \rangle}{\langle A^i, A^i \rangle}) \tag{4.22}$$

式(4.20)—式(4.22)中,i 定位观测数据,j 定位格点在格网中顺序,k 指迭代次数,a_{ij} 表示观测方程系数阵 A 第 i 行第 j 列个元素,λ 指松弛因子。

一般代数重构技术假设每个网格单元的待重构值与投影值之间为线性关系,迭代时逐网格参数依次进行改正。乘法代数重构技术采用指数迭代,加快了迭代的速度。联合迭代算法不再逐条斜路径迭代修正,而是一次性对所有观测斜路径进行迭代,根据每一次迭代的修正量再对对流层水汽密度分布做整体修正。ART 和 MART 方法中层析结果与斜路径观测量矩阵顺序有关,而 SIRT 方法层析结果与斜路径观测量矩阵顺序无关。

松弛因子 λ 的选择至关重要,若 λ 太小则 SWD 观测值的权阵太小,基于 SWD 对格点湿折射率的迭代改进效果不明显,格点湿折射率结果几乎保持初值不变;若 λ 太大,基于 SWD 对格点湿折射率的迭代改进效果显著,可能会引入较多人为因素导致方差增大,每次改正时改正量较大,则迭代容易发散。

4.2 GNSS 水汽反演的气象应用

中国气象局规定,24 h 降水量为 50 mm 及以上的强降雨称为"暴雨"。洪水一般是指河流泛滥淹没田地和城乡所引起的灾害。洪涝灾害是指长期大雨或暴雨产生的积水和径流淹没低洼土地所造成的灾害。洪水和涝灾往往同时发生难以区分,因此,人们通称为洪涝灾害。据联合国救灾协作局统计,全球洪涝灾害造成的损失和人员伤亡在 15 种自然灾害中居于首位,发生频率高、范围广。中国是世界上自然灾害最严重的国家之一,其中水旱灾害造成的损失和影响位居各类自然灾害之首。

随着全球变暖趋势加剧,近年来中国暴雨洪水、超强台风、高温干旱和局部强降雨等极端天气事件频发,降雨时、空分布不均问题更加突出,水旱灾害对经济、社会发展和生态系统的影响增大,防御难度加大。暴雨往往造成洪涝灾害和严重的水土流失,导致滑坡地质灾害、工程失事、堤坝溃决和农作物被淹等,造成人员伤亡和重大经济损失。不断提高对暴雨灾害的短时临近预报和监测、预警能力将是气象工作者的长期任务,以达到防灾、减灾的根本目标。

做到定点、定时、定量的准确暴雨预报目前还是一个世界性的难题。暴雨的形成条件需要大量的水汽供应和强烈的上升运动。大暴雨或特大暴雨更需要有外界水汽向暴雨区迅速地集中和不断地供应,且需有强烈的上升运动导致空气温度下降、大量水汽凝结,形成暴雨。暴雨灾害的短时临近预报难,其根本原因在于当前基于现有气象观测手段对水汽的时、空变化掌握不够。

以往的 GPS 观测试验表明,GPS 测量的大气可降水量与局地降水存在密切的关系,每次降水过程都和大气可降水量的迅速增加联系在一起。Manabu 分析了日本 GEON ET 关东地区的大气可降水量资料发现,降水和 1 h 的大气可降水量增量关系密切,降水峰值位于大气可降水量变化峰值之后的 1~2 h。用大气可降水量作为指标预报降水,准确率可达 60%。

4.2.1 地基 GNSS 技术在水汽监测中的应用

2012 年 7 月 21 日至 22 日,北京、天津、河北北部和山西北部等地出现了大范围的强降水天气过程,其中,北京、天津和河北出现了区域性的大暴雨和特大暴雨,北京还出现了自 1951 年有气象观测记录以来的最强暴雨。这次降水主要有两条水汽通道,一条自南向北而来,源头可追溯到孟加拉湾一带,另一条来自东部海区,两条水汽通道在华北地区交汇,带来充沛的水汽条件,北方南下的冷空气和强盛的西南暖湿气流剧烈交汇,导致对流系统的发展,形成了西南—东北向的雨带,特别是在华北地区,由于系统相对稳定,移动速度较慢,不断生成发展的多个中尺度对流系统反复途经同一地区,这种"列车效应"造成了部分地区持续的强降水。所谓"列车效应",即类似于一列火车多节车厢相继途经同一站点。

本次降雨特点如下：一是降雨总量之多历史罕见。全北京市平均降雨量170 mm，城区平均降雨量215 mm，为新中国成立以来最大一次降雨过程。房山、近城郊区、平谷和顺义平均雨量均在200 mm以上，降雨量在100 mm以上的面积占北京市总面积的86%以上；二是强降雨历时之长历史罕见。强降雨一直持续近16 h；三是局部雨强之大历史罕见。全市最大降水点房山区河北镇为460 mm，接近五百年一遇，城区最大降水点石景山模式口328 mm，达到百年一遇；山区降雨量达到514 mm；小时降雨量超70 mm的站数多达20个；四是局部洪水之巨历史罕见。拒马河最大洪峰流量达2500 m^3/s，北运河最大流量达1700 m^3/s。

"7.21"特大暴雨截至22日02时，全市平均降雨量164 mm，为61年以来最大。暴雨引发房山地区山洪暴发，拒马河上游洪峰下泄。截至22日17时，暴雨洪涝灾害造成房山、通州、石景山等11区（县）12.4万人受灾，4.3万人紧急转移安置。全市受灾人口190万，其中房山区80万人。此次特大暴雨造成重大经济损失和人员伤亡，全市经济损失近百亿元，79人遇难身亡。

北京市气象局对这次的预报起报较早，20日曾两次发布专题预报，指出21日傍晚到夜间有暴雨，部分地区可能为大暴雨。21日，市气象台一天连发五个预警，18时30分暴雨预警级别上升到橙色，并先后启动四级至二级应急响应，加强值守，靠前指挥，滚动服务。期间，市气象台向市委、市政府、市防汛办及交管局等有关部门发布重要天气报告5期，发布全市部分气象观测站雨量表及全市雨量分布图18次，并与市地质研究所联合发布了地质灾害三级预警。针对灾情最重的房山区，房山区气象局采取每小时电话汇报一次、每3 h更新一次的方式向区委区政府汇报情况。

中央气象台从20日下午就开始发布暴雨蓝色预警，21日中午升级为黄色，加强加密与各省（区、市）会商，提醒发布预警。总的来说气象部门对这次过程预警发布是比较早的，预警级别也是比较高的。但预报量级与实际降雨量有较大差异，加之公民侥幸心理和麻痹大意，自我防范意识弱，城市排涝应急能力有待提高，造成了此次重大经济损失和人员伤亡。

暴雨预报是世界级难题，难在无法定时、定点、定量。即使是在美国等发达国家，对暴雨预报的准确率也只有22%~23%，而在我国，平均准确率只有15%~20%。究其原因，首先是对暴雨的形成机理认识还不够。大气运动的每一个环节都存在某些不确定性，暴雨的内部结构和形成机理极其复杂，虽然暴雨的形成必须具备充足的水汽、强烈的上升运动和大气不稳定层结等必要条件，但不可能每一次暴雨过程的大气运动都是一成不变的，特别是特大暴雨。它由大到几千千米、小到几千米的多尺度天气系统相互作用产生，且具有突发性和持续性特点，其发生、发展规律目前还不能完全掌握。其次，现有的暴雨预报模式还不够完善，数值预报产品解释应用和各类新型气象资料应用能力不够，在一定程度上制约了大气要素预报的精细化和准确率。第三，暴雨的中尺度系统与现有的大尺度气象观测网不相匹配，虽然近年来布设的大量自动气象观测站可作中尺度分析，但也只限于地面。对于暴雨的三维空间结构系统，高空观测站相对较少，一些局地性灾害性天气由于监测站网的密度不够，往往捕捉不到，即使卫星云图可作补充，但范围过大，不足以反映高空暴雨结构。此外，天气预报属于诊断预测科学，对天气情况进行诊断预测，其准确性随着科技发展和人类认识的进步呈逐步精确趋势，准确率虽不断提高但难以做到完全准确。

地基GNSS技术为对流层水汽的探测提供了新的更具优势的手段。其对对流层水汽发生、发展的细节追踪较传统探空、微波辐射计和卫星更具效果。收集了北京55个GPS站点

2012年7月20—22日共3d的GPS观测数据,基于Bernese5.0软件进行了精密GPS数据处理,得到每个站点天顶总延迟ZTD。另收集了每个站点地面温、湿、压气象数据,基于Saastamoinen模型计算得到天顶干延迟ZHD,天顶湿延迟ZWD可由天顶总延迟减去天顶干延迟得到。后续经过水汽层析数据处理过程可得到2012年7月20—22日北京地区对流层水汽场,与北京探空站(站号54511)观测数据进行对比,且和同期降雨量情况进行对比,揭示出了对流层水汽对暴雨灾害的预报意义。

(1)数据与方法

北京市共有55个GPS站点,7月20日收集到除TZQX、NLSH、DXWS、QLHD外的51个站点GPS原始观测数据,7月21日收集到除NLSH、DXWS、QLHD外共52个站点GPS原始观测数据,7月22日收集到除TZQX、CHAO、FSXY、NKYU、NLSH、DXWS、QLHD外共48个站点GPS原始观测数据。经Bernese5.0双差数据处理方案进行原始数据质量检查后,剩40个有效GPS站点数据,分布如图4.3所示,图中观象台GUBE站为并址探空站,站号54511。图4.3同样给出了层析格网模型设置,总体格网经度范围115.6°—117.3°E,纬度范围39.5°—40.8°N,分别选取两个层析小网进行水汽解算,如图4.3两黑色加粗方框所示。第①个方框仅有4个有效GPS站数据,覆盖"7.21"特大暴雨灾害中降雨量最大的房山地区(以下简称房山区),设置东西向0.2°一格,南北向0.15°一格,东西南北向各二格,高度方向上500 m一层,对流层顶设置10 km高度,共20层,总格网模型大小为2×2×20。第②个方框有9个有效GPS站数据,包含设有并址探空站的GUBE站(以下简称探空区),层析结果可与探空数据进行比较,设置东西向0.1°一格,共4格,南北向0.1°一格,共3格,高度方向设置同格网①,总格网模型大小为4×3×20。

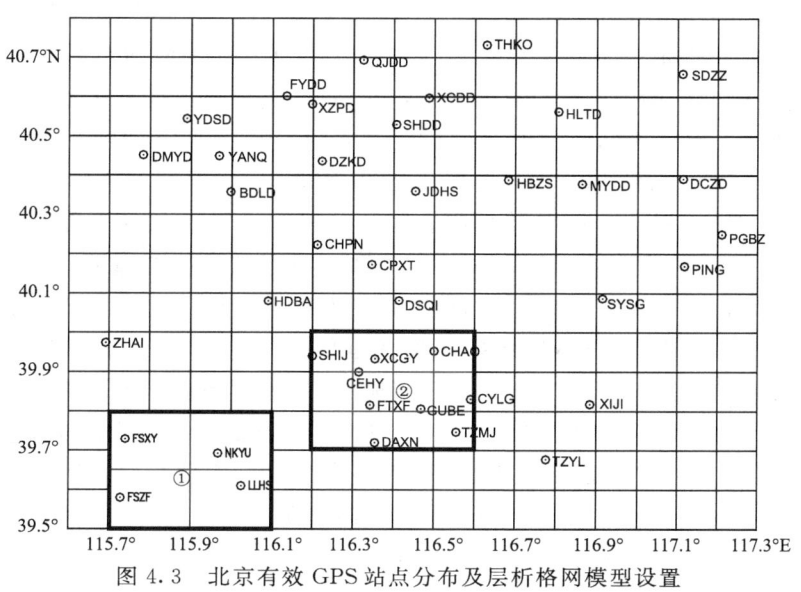

图4.3 北京有效GPS站点分布及层析格网模型设置

收集到北京站区域自动站共137个站点的气象数据,小部分存在漏报、缺报情况。区域自动站气象数据用于以下三个方面:一是提取地面温度,根据北京地区加权平均温度经验模型 $T_m = 0.83T_s + 40.53$ 计算加权平均温度用于天顶湿延迟ZWD到可降水量PWV的换算;二是提取地面气压,利用SAAS模型计算天顶干延迟ZHD,以便从天顶总延迟中剥离出天顶湿延迟 ZWD；三是提取自动站实际降水量与 GPS 测量的可降水量进行比对，以期发现 PWV 对降水的积极预报意义。对于缺报、漏报站点，采取反距离加权法（IDW）进行了空间插值。

利用 Bernese5.0 软件对收集到的 2012 年 7 月 20—22 日北京市 GPS 观测数据进行精密数据处理得到有效站点的天顶总延迟。首先使用精密单点定位技术（PPP）处理获得所有站点厘米精度级坐标，其次以厘米级坐标为基础使用双差数据处理技术获得站点精密坐标、天顶总延迟和梯度参数，ZTD 时间分辨率 0.5 h 一次，梯度参数 2 h 一次。后期使用上述方法二实现北京地区对流层水汽场层析，并与探空站（站号 54511）进行精度对比。

(2)结果分析

①PWV 分析

基于 Bernese5.0 对北京 40 个有效 GPS 站点 2012 年 7 月 20 日 00 时至 2012 年 7 月 22 日 23 时原始观测数据进行精密处理后，得到各站点天顶总延迟；根据北京市国家自动站和区域气象站地面气象数据结合站点位置信息利用 SAAS 模型计算得到干延迟，从而剥离出天顶湿延迟。利用前面建模的中的北京本地化加权平均温度模型计算转换系数，由天顶湿延迟得到各站点的总可降水量。

选取数据充分的 FSZF、GUBE、SHIJ、YANQ 和 MYDD 等 5 个站点进行了 PWV 和实际降雨量的比较如图 4.4 所示。图 4.4 中五个站点的 PWV 和实际降水量比较图均反映在实际降水之前，PWV 有持续增加的过程，如 FSZF 站，从 7 月 21 日 06 时开始，PWV 开始增加，从 50 mm 迅速增加到 15 时的 73 mm，进而基本保持在 70 mm 直到 22 日 00 时开始迅速下降到 22 日 07 时的 30 mm 左右后保持稳定；而 FSZF 站从 2012 年 21 日 10 时开始降水，持续到 21 日 23 时后渐止。GUBE 站 PWV 从 7 月 20 日 23 时的 47 mm 迅速增加到 21 日 08 时的 73 mm，PWV 持续保持在 70 mm 以上一直到 21 日 18 时，之后迅速下降到 21 日 22 时的 40 mm；而 GUBE 站从 21 日 13 时开始降雨，至 21 日 20 时达到小时累计雨量最大 51 mm，在经历 19—21 时的特大暴雨后，因 PWV 没有了持续输送条件，实际降水也迅速降到 21 日 23 时—22 日 00 时的 3.4 mm。SHIJ 站 PWV 从 21 日 00 时的 50 mm 迅速增加到 05 时的 70 mm，之后持续到 21 日 16 时开始下降，到 21 日 20 时即下降为 53 mm；SHIJ 站实际降水从 21 日 11 时开始，到 21 日 18—19 时达到小时累计雨量最大为 56.9 mm，之后迅速下降为 21 日 20—21 时的累计雨量 7.9 mm。另外两站 YANQ 和 MYDD 也出现上述相似过程。可以看出，在降水之前 PWV 持续增加，当 PWV 增加到一定值，空气水汽达到饱和，遇到合适的天气过程即开始降雨，在降雨过程中，该地区 PWV 的持续输送是保持降水的必要条件，当 PWV 迅速下降之时也是降雨渐止之时。以上分析显示 GPS 探测的 PWV 对暴雨灾害具有监测和预警意义。

在 2012 年 7 月 20 日 00 时至 22 日 23 时 3 d 时间内共收集到 5 个时次的探空数据，基于探空数据计算的 PWV 和基于 GPS 解算的 PWV 比较如图 4.5 所示。可以看出探空在此时段仅探测到了 21 日 12 时的 57.5 mmPWV，而 GPS 却探测到该站从 21 日 08 时一直到 21 日 18 时 PWV 持续充分保持在 70 mm 以上，显示出 GPS 技术较探空方法探测水汽在时间分辨率上的优越性。

依据 40 个 GPS 站点 PWV 值利用 ArcGIS9.3 反距离加权法进行空间插值得到"7.21"特大暴雨期间的 PWV 等值面图如图 4.6 所示。另收集到北京市国家自动气象站和区域自动气象站共 140 个该时段内的降雨量数据，利用与制作 PWV 等值面图同样方法得到"7.21"特大暴雨期间的降水量等值面图。

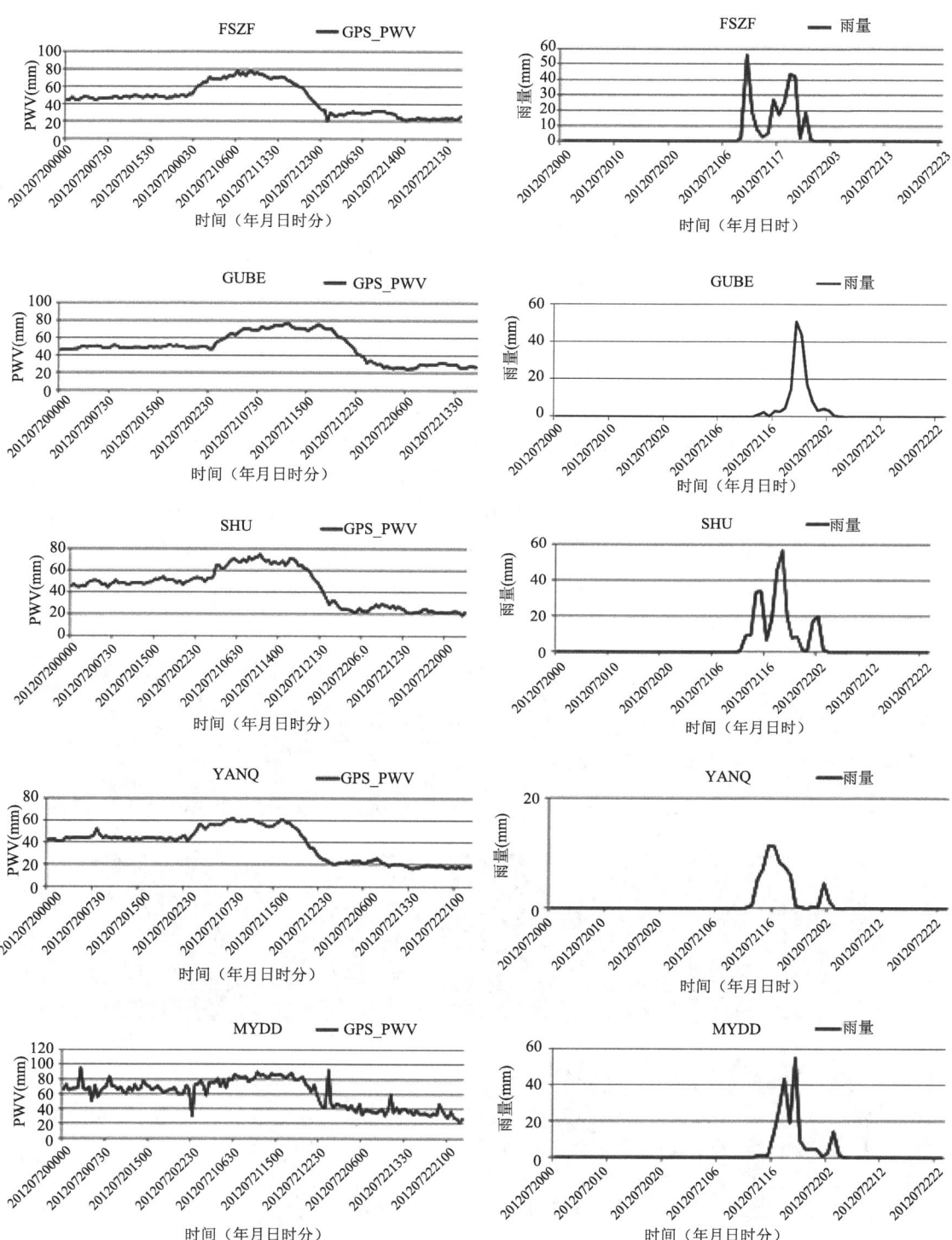

图 4.4 站点 PWV 和实际降雨量对照图(以 FSZF、GUBE、SHIJ、YANQ 和 MYDD 站为例)

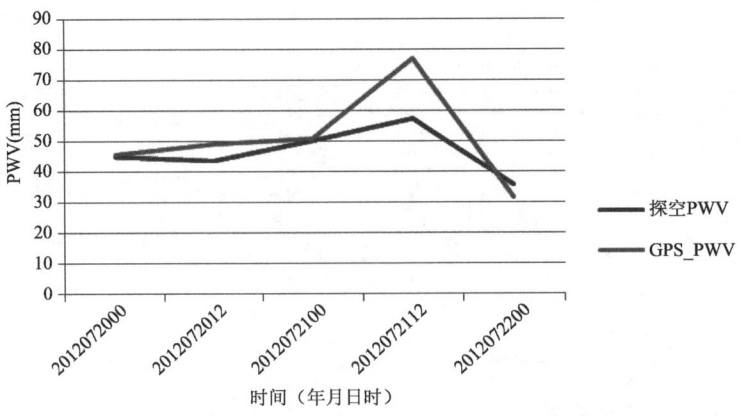

图 4.5 基于探空和 GPS 计算的 PWV 比较图(探空站号 54511)(见彩图)

图 4.6 和图 4.7 显示自 21 日 08 时开始出现零星降雨,而在此之前北京市上空 PWV 已从 21 日 02 时开始持续补充,自西南方向山西、河北水汽通道而来,自 21 日 18 时开始北京市房山区出现特大暴雨,随后暴雨东移。随着 PWV 的不断持续补充,降水持续,当 PWV 自 21 日 18 时西南方向未继续补充水汽后,也是降雨逐渐消亡的开始。降雨使得 PWV 迅速转化为降水落到地面,而空中 PWV 未从别处补充时,PWV 下降迅速。北京市 PWV 从降雨前一天 50 mm 左右,自 21 日 02 时开始迅速积累上升至 80 mm 左右,随着暴雨的消亡,北京市上空 PWV 降低至 20 mm 以上。

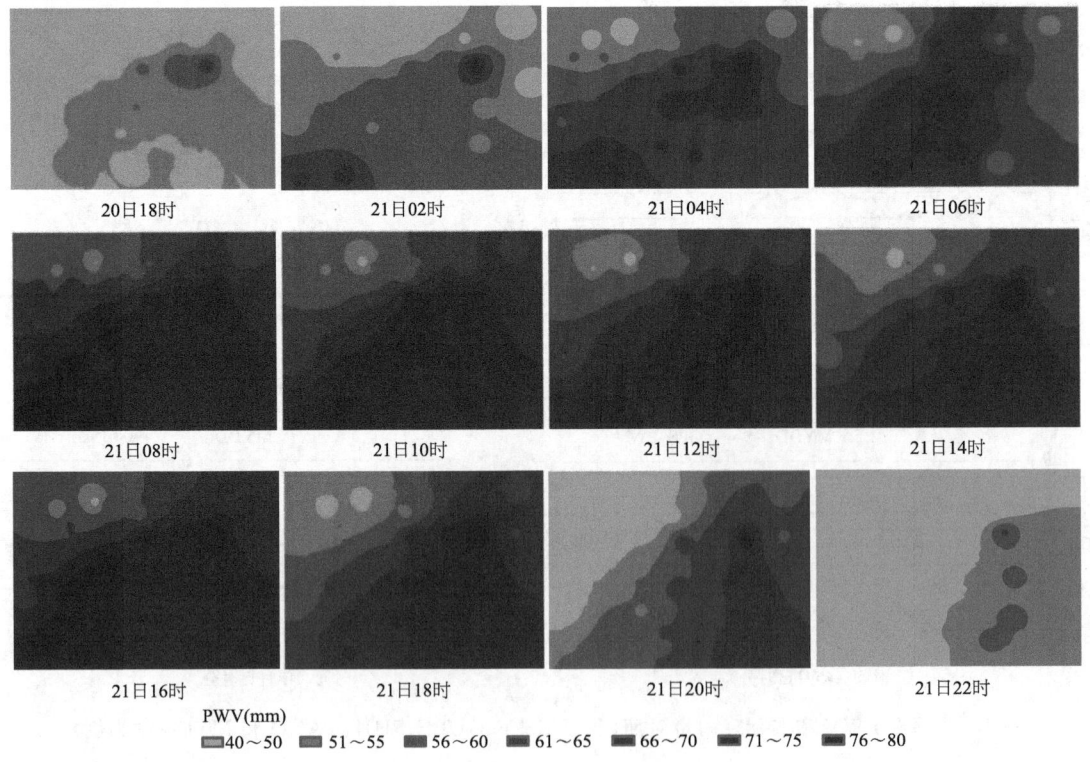

图 4.6 基于 GPS 解算的 PWV 等值面图(2012 年 7 月 20 日 18 时—21 日 22 时)

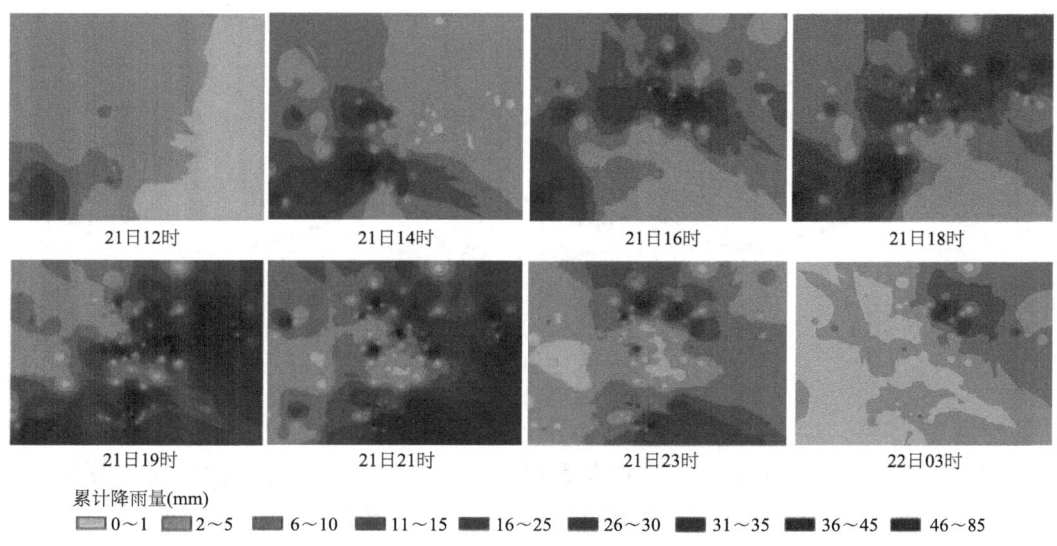

图 4.7 北京市实际降雨量等值面图(2012 年 7 月 21 日 12 时—22 日 08 时)

②层析结果分析

房山区仅 FSXY、FSZF、NKYU 和 LLHS 四个 GPS 站点参与层析解算,且 FSXY 和 NKYU 两站仅 2012 年 7 月 20 日数据有效,7 月 21 和 22 日该两站没有收集到有效 GPS 测量数据或数据质量检验不合格。图 4.8 仅给出了 7 月 20 日基于乘法代数重构技术层析该地区上空对流层水汽场的结果,可以看出层析结果精度总体平稳。

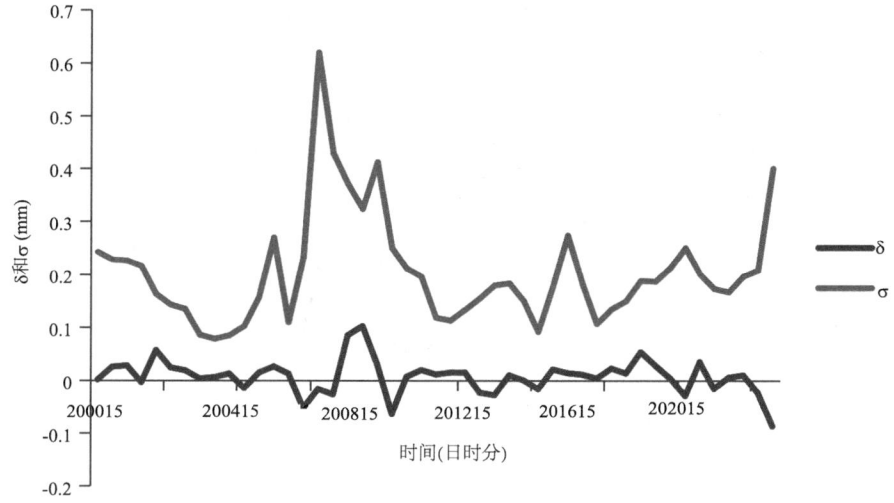

图 4.8 北京市房山区 2012 年 7 月 20 日层析结果精度(迭代 100 次时)

图 4.9 给出了房山区 FSXY、FSZF、NKYU 和 LLHS 四个 GPS 站点在 20 日 10 时 15 分和 20 日 20 时 15 分两个时刻上空的水汽密度分布。其中 20 日 10 时 15 分共有斜路径 1657 条,有效穿过格网的斜路径 350 条,格点总 80 个全被斜路径通过;20 日 20 时 15 分共有斜路径 1458 条,有效穿过格网的斜路径 408 条,格点总 80 个全被斜路径通过。

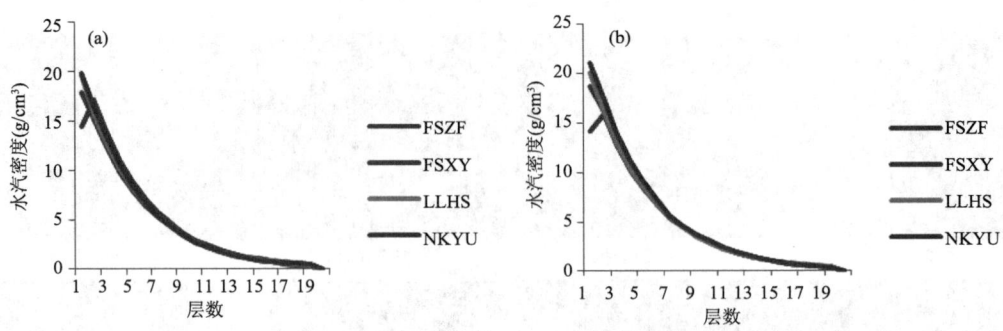

图 4.9 FSXY、FSZF、NKYU 和 LLHS 站点上空水汽分布（见彩图）
(a. 20 日 10 时 15 分, b. 20 日 20 时 15 分)

图 4.10 给出了 2012 年 7 月 20 日至 7 月 22 日期间四个时次基于 GPS 层析和探空方法获得的 GUBE 站上空水汽密度比较。可以看出 20 日 12 时和 21 日 00 时探空数据层数较充分，而 21 日 12 时和 22 日 00 时探空数据 10 km 以下层数较少，且 20 日 12 时基于地基 GPS 和乘法代数重构技术层析的水汽密度与基于探空方法的结果吻合较好，而其余三个时次两种方法探测结果差异较明显。图 4.10 显示特大暴雨对探空方法也产生了消极影响，使得探空方

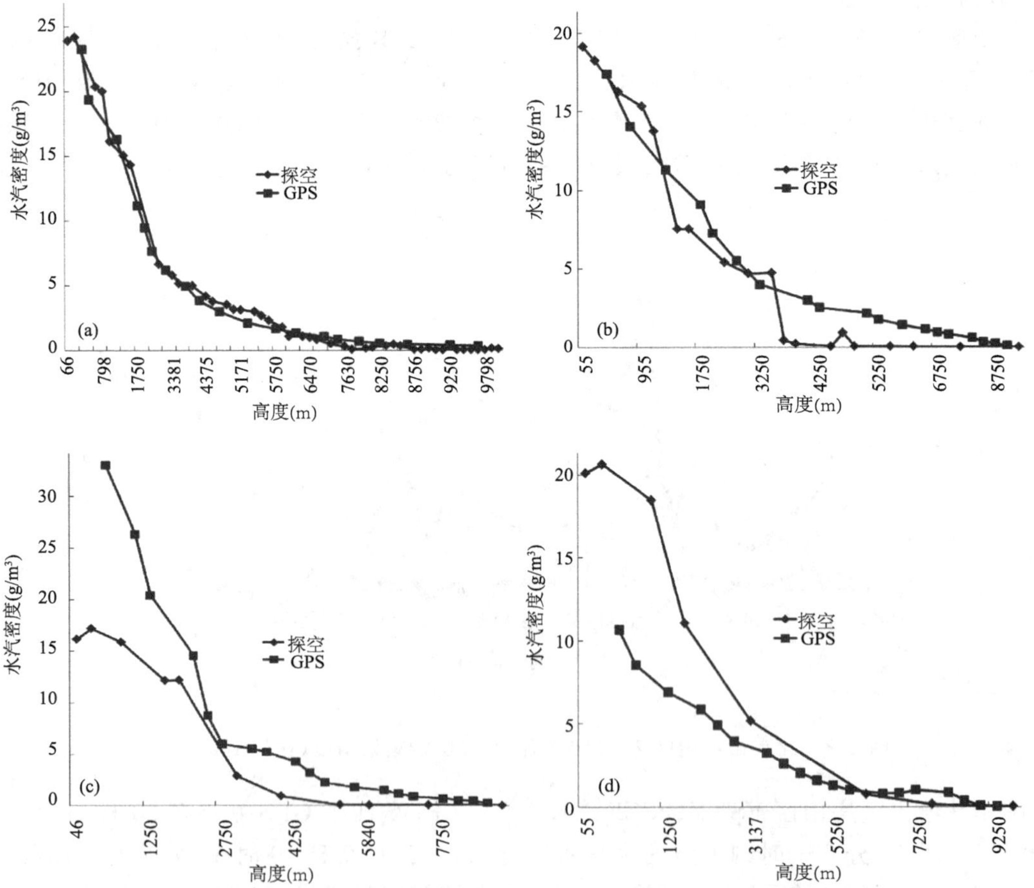

图 4.10 GUBE 站 GPS 层析和探空方法的水汽密度比较
(a. 20 日 12 时, b. 21 日 00 时, c. 21 日 12 时, d. 22 日 00 时)

法探测的有效层数减少。地基 GNSS 技术不仅追求其对平稳天气的水汽探测效果,更追求其对异常天气水汽的探测效果。从图 4.9 和图 4.10 可以看出,斜路径湿延迟模型有必要进一步精化,且需要充分独立的其他探测技术进一步对地基 GNSS 技术和乘法代数重构技术层析天气异常时期的对流层水汽场精度进行深入比较分析。

4.2.2 地基 GNSS 水汽遥感在气象预报中的应用

地基 GNSS 技术可以更有效、高时空分辨率地生成对流层水汽、生成不同层次的对流层水汽产品,科学家做了很多把 GNSS 水汽产品应用到数值预报中的研究,主要是用三维或四维变分同化方法把大气可降水量或大气延迟量等非模式变量加入到数值模式中。有关文献表明,通过同化 GPS 的大气可降水量资料可提高模式对强降水的预报能力,通过同化倾斜路径的延迟可有效重建模式的水汽场。通过对天顶延迟资料的同化,同化后降水区和降水强度更接近实况,预报评分提高,地基 GPS 资料如和风资料一起同化到模式中,对降水的预报效果要更好。

目前,实时的地基 GPS 气象准业务网有美国 NOAA/FSL 的 GPS 气象综合示范网,德国业务化 GPS 水汽监测网。用于全球 GPS 测量的国际地球动力学服务局(IGS)的全球站网和用于大学科研的 Suominet 网也实时处理 GPS 大气可降水量资料。

4.3 滑坡地质灾害与强对流天气的关系

强对流天气目前是指伴随雷暴现象的对流性大风($\geqslant 17.2$ m/s)、冰雹、短时强降水。强对流天气发生于中小尺度天气系统,空间尺度小,一般水平范围大约在十几千米至二三百千米,有的水平范围只有几十米至十几千米。其生命周期短暂并带有明显的突发性,约为 1 h 至十几小时,较短的仅有几分钟至 1 h。

水汽是大气中活跃多变的成分,分布极不均匀,时、空变化很大。水汽的相位变化与降水直接相关,在大气能量传输、天气系统演变、地气系统的辐射收支及全球气候变化中扮演着重要的作用。传统的探空和卫星常常捕捉不到生命史短暂的暴雨灾害,地基 GNSS 技术为监测水汽的四维时、空变化提供了有力技术支撑。

强降水极易引发山洪、泥石流和滑坡等地质灾害,在地质灾害频发地区设立 GNSS 监测网络,除了每天 24 小时实时监测山体滑坡位移状况,还可以解算坐标同时监测大气可降水量的变化,为强降水等暴雨灾害预报提供监测、预警。

对巴中市 2007—2016 年 23 场月降雨量大于 200 mm 的降雨事件和各类降雨型下滑坡发生数量进行统计,可以得出在强对流天气下,尤其是递增型(单日降雨量>100 mm,前期降雨逐级增加的趋势)和单峰型(单日降雨量>150 mm,前后 10~15 d 单日无降水或者降水量<50 mm)降雨事件时,滑坡发生的比例分别为 46.90% 和 25.02%。

对甘肃"8.7 特大泥石流"的研究发现,2010 年 8 月 7 日 21 时至 8 日 04 时,三眼峪沟和罗家峪沟泥石流形成区遭遇强降雨,降雨量达 96.3 mm,特别是在 8 月 7 日 23 时至 8 日 24 时的 1 h 内降雨强度特别大,达到 77.3 mm。致使强降雨形成强大的洪水冲垮三眼峪沟和罗家峪沟沟道内的天然堆石坝和人工拦挡坝,洪水与坝中泥沙混合,再侵蚀沟道中固体物质形成"8.7 特大泥石流"。因此,连续、实时、精准地掌握天气系统的演化、地质防灾、减灾至关重要。

第5章 基于多源异构传感器监测技术

滑坡是一种分布较广、发生频繁且具有突发性、季节性、蠕变性等特征的地质灾害。物联网科技的发展,推动多源传感器广泛应用于地质灾害防灾、减灾业务。在滑坡综合信息监测中,采用的传感器种类多、布设范围广。建立基于多源传感器的滑坡监测系统,对滑坡进行全方位多源数据监测,提取出滑坡体岩性的多源关键特征信息,更有利于滑坡监测与预警(樊俊青,2015)。常见的地质灾害传感器类型大致分为滑坡位移监测传感器与环境信息监测传感器,需要优化设计各种监测传感器的布设位置,将各监测传感器的作用最大化(图5.1)。本章主要围绕不同类型传感器特性、监测原理与安装展开介绍。

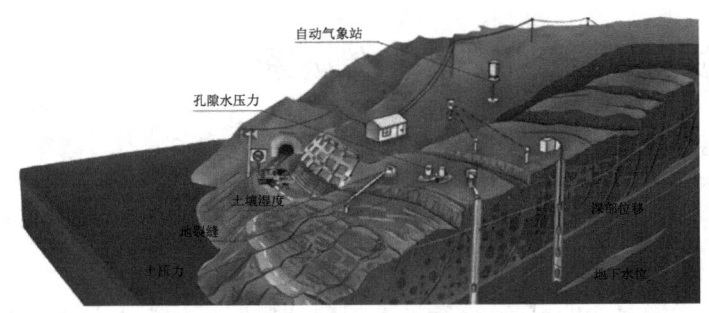

图5.1 多元传感器在滑坡监测中应用

5.1 裂缝监测技术

岩石与土层之间存在摩擦力,正常情况下,土层重力小于摩擦力,当土层在外力作用下,使得外力大于摩擦力时,岩土的稳定平衡被打破,土层就会发生滑动,造成岩石和土层之间存在缝隙,这就是滑坡裂缝(王卫东,2009)。滑坡裂缝是产生滑坡的重要影响因子,由于滑坡的运动会导致裂缝的产生,因此在滑坡监测中,裂缝是滑坡主要的监测要素之一,掌握了裂缝的形变过程,有利于了解滑坡的形变过程(图5.2)。

针对于滑坡裂缝的监测,目前采用直接监测法,即在裂缝处安置裂缝监测设备,对裂缝进行实时监控。

5.1.1 设备介绍

振弦式裂缝计适合安装在裂缝表面,可在恶劣环境下长期稳定监测表面裂缝的变化,裂缝计内的测温元件可以测量测点温度,具有高精准监测、同步温度改正、全不锈钢防护、自带避雷

图 5.2 山体裂缝

保护等特性。振弦式裂缝计使用场景广泛,除了用于滑坡裂缝的监测,还可以用于基岩变位监测、锚杆监测等测量场景(图 5.3),其技术参数见表 5.1。

图 5.3 振弦式裂缝计

表 5.1 技术参数

型号	KBM-200
量程	±200 mm
灵敏度	0.025%FS
非线性	<0.5%FS
热敏电阻	3000 Ω
工作温度	−20～80℃
长度	400 mm
材料	304 不锈钢
电缆	4 芯线,22AWG 屏蔽线,绝缘电缆

5.1.2 监测原理

振弦式裂缝计主体由振弦式感应元件、弹簧、钢弦、连接杆和左右安装座五个部分组成。当裂缝增大时,左右安装座会发生相应位移,与安装座相连的连接杆被拉长,与连接杆相连的弹簧同样被拉长,与弹簧相连的振弦式感应元件会测量出弹簧的张力(杜新生,2017)。钢弦的张力与自身的拉伸比例成一定的数学关系,因此通过测定钢弦的张力就能精准地反算出裂缝的变化(王浩杰,2016)。

5.1.3 关键技术

当滑坡裂缝的开合度(变形)发生变化时,振弦的振动频率会发生变化(李猛,2013)。振动的振弦与电磁线圈发生电磁感应,从而得出频率信号,频率信号由电缆传输至采集器,最后通过计算可以得出滑坡裂缝的相对变化量。同时测点的温度可以由振弦式裂缝计中的热敏电阻测出(高鹏伟 等,2010)。

(1)在测点温度不变的情况下,振弦式裂缝计测量的变形量 J 与频率模数 ΔF 关系如下。

$$J = k \times \Delta F \tag{5.1}$$

$$\Delta F = F - F_0 \tag{5.2}$$

式中,k 为位移计的最小读数,单位:mm/kHz^2;ΔF 表示裂缝变形量(与初始值相比),单位:kHz^2;F 表示裂缝计的实时测值,单位:kHz^2;F_0 表示裂缝计的初始值,单位:kHz^2(师亚龙,2014)。

(2)在测点裂缝值不变的情况下,若温度升高 ΔT 时,裂缝计在受到温度的影响下会发生微小的变形量 $\Delta J'$,因此在计算时应该将变形量 $\Delta J'$ 进行误差消除,ΔF 与 ΔT 具有下列线性关系。

$$k \times \Delta F = -b \times \Delta T \tag{5.3}$$

$$\Delta T = T - T_0 \tag{5.4}$$

式中,b 表示裂缝计的温度修正系数,单位:mm/℃;ΔT 表示温度变化量(与初始值相比),单位:℃;T 表示温度的实时测值,单位:℃;T_0 表示温度初始值,单位:℃。

(3)当测点受到变形力和温度的双重作用时,公式如下。

$$J = k \times (F - F_0) + (b - a) \times (T - T_0) \tag{5.5}$$

式中,J 表示被测物结构变形量,单位为 mm;a 表示被测物的线性膨胀系数,单位为 mm/℃。其中,线性膨胀系数 $a \approx 10 \times 10^{-6}$ mm/℃。

综上,由于温度修正系数 $b - a \approx 0$,可将式(5.5)改写如下。

$$J = k \times \Delta F \tag{5.6}$$

5.1.4 设备安装

(1)根据裂缝计量程,合理设计左右安装座的间距(图5.4);
(2)在需要布设安装座的位置开挖一个直径为 20 cm 且深度为 2 m 的圆柱体土坑(图5.5);
(3)将安装座用混泥土固定在土坑中,待混凝土凝固后,将裂缝计本体与安装座采用万向节连接;
(4)利用读数仪对裂缝计进行初始值采集。

5.2 深层位移监测技术

为了掌握滑坡体滑动方向,深入了解滑坡不同深度的土地位移的规律,因此建立深层位移

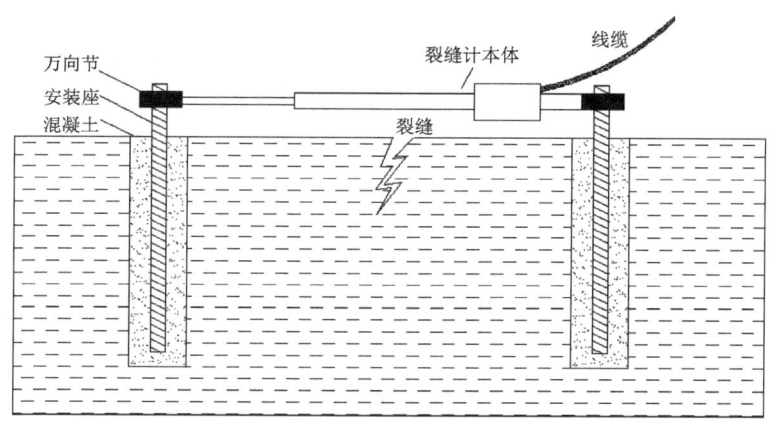

图 5.4　裂缝计安装示意图

图 5.5　安装座示意图

监测系统十分有必要。深层位移监测系统的建立,可以实时获取滑坡体不同深度的变形情况,可以为滑坡体的治理提供可靠的数据支撑,通过对数据的计算与分析,可以实现对滑坡体下一步运动趋势的预判,从而实现提前预报、预警(孙增生,1996)。

5.2.1　设备介绍

固定测斜仪设计用于长期监测滑坡体的变形(图 5.6)。固定测斜仪的基本原理:在滑坡体上面待测位置钻孔后先安装测斜管,再在测斜管中装入倾斜仪传感器,一个测斜管内可以串联多个倾斜仪,可以实现同时测量不同深度的变形情况。

5.2.2　监测原理

深层位移的监测原理是利用测斜仪测量测斜管轴线与铅垂线之间的夹角变化量,从而计

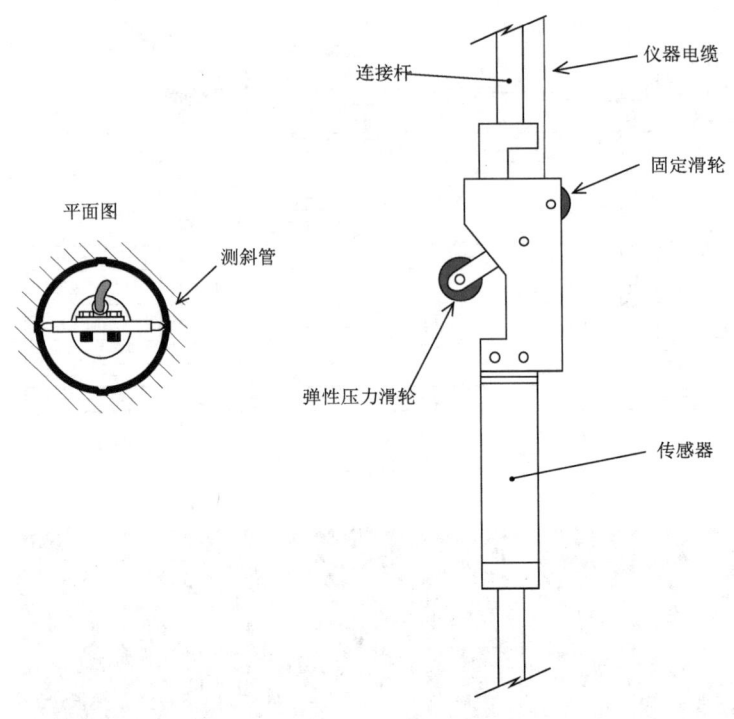

图 5.6 传感器示意图

算出土层各点的水平位移量(图 5.7)(王永全 等,2011)。在测斜管内放入串联好的倾斜仪,土体深层发生位移会使得测斜管受力变形,串联后的测斜仪会测出不同深度下每支测斜仪的轴线与垂直线的夹角 θ_i,再根据每支测斜仪的长度可以计算出不同深度的水平位移增量 Δd_i,即 $\Delta d_i = L\sin\theta_i$,$L$ 为分段长度(安健,2013)。

(1)钻孔一般上穿土层,下达岩层,所以测斜管底部是测斜管的基准点,不同深度的土体位移 b_i 都需要通过基准点进行起算,由于测斜管是串联安装,所以不同深度下的土体位移为:$b_i = \sum\Delta d_i$(何锦雄,2012);

(2)管口位于滑坡体表面,所以滑坡体表面的累计水平位移为:$B = \sum\Delta d_n$,其中 n 表示测斜仪的数量。

测斜仪内部主要核心部件为 MEMS(微型机电系统)感应单元,可以测定仪器的倾斜情况(图 5.8)。测斜仪顶部安装支架用于安装滑轮,底部为圆柱体结构,用于安装连接杆,连接杆的另一端安装另一只测斜仪上的滑轮。同时,测点的温度可以由测斜仪内部的热敏电阻测出。

注意:安装仪器时应该使用安全钢缆。可以保证仪器在进入测斜管内意外脱落时可以用安全绳将仪器拉回。

5.2.3 关键技术

5.2.3.1 倾斜计算

MEMS 感应单元主要用于监测倾斜数据,其输出的电压值与垂直线之间夹角的正弦成比例。在倾斜角度为±15°时,感应单元的输出电压最大,大概为 4 V。

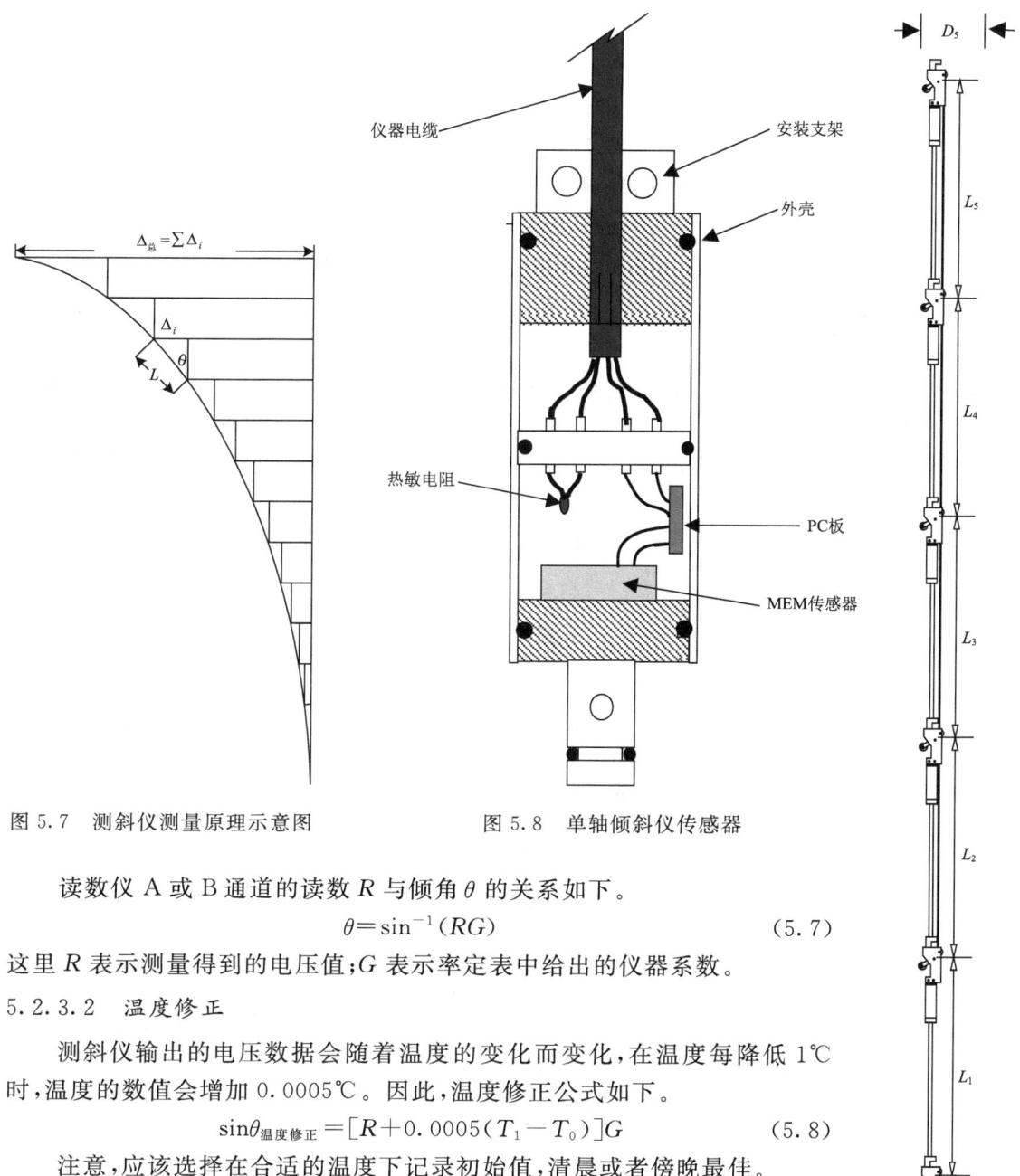

图 5.7 测斜仪测量原理示意图　　图 5.8 单轴倾斜仪传感器

读数仪 A 或 B 通道的读数 R 与倾角 θ 的关系如下。

$$\theta = \sin^{-1}(RG) \tag{5.7}$$

这里 R 表示测量得到的电压值;G 表示率定表中给出的仪器系数。

5.2.3.2 温度修正

测斜仪输出的电压数据会随着温度的变化而变化,在温度每降低 1℃ 时,温度的数值会增加 0.0005℃。因此,温度修正公式如下。

$$\sin\theta_{温度修正} = [R + 0.0005(T_1 - T_0)]G \tag{5.8}$$

注意,应该选择在合适的温度下记录初始值,清晨或者傍晚最佳。

5.2.3.3 偏移量(扰度)计算

如图 5.9 所示,则偏移量 D_5 的计算公式如下。

图 5.9 偏斜间隔

$$D_5 = L_1\sin\theta_1 + L_2\sin\theta_2 + L_3\sin\theta_3 + L_4\sin\theta_4 + L_5\sin\theta_5 \tag{5.9}$$

如果忽略温度修正,则

$$D_5 = G_1L_1R_1 + G_2L_2R_2 + G_3L_3R_3 + G_4L_4R_4 + G_5L_5R_5 \tag{5.10}$$

偏差变化 ΔD 如下。

$$\Delta D_n = \sum G_n L_n \Delta R_n \tag{5.11}$$

5.2.4 设备安装

5.2.4.1 初步检验

传感器在安装之前应进行检验。每只传感器都有一张率定表,表上给出了输出电压与倾角的关系。将传感器电缆接入数据采集系统或读数仪。其中,红与黑组导线为电源输入,黑(B)与白(A)为电压输出。通过改变传感器位置粗略观察传感器读数是否正常,传感器应该有稳定的读数。温度电缆为绿与黑一组导线,可以通过万用表来测量电阻,也可以直接使用读数仪测量温度。

5.2.4.2 仪器组装

(1)连接安全绳(钢缆),根据需要连到底部滑轮带螺丝孔的部件,保险绳可选用尼龙绳或合适的钢丝绳。

(2)将第一段连接管接到底部滑轮组件上,这段管的长度以设计的尺寸为准。用配套的螺丝、螺母连接安装,并在螺纹连接处滴一滴螺纹锁固剂,将安装好的螺丝锁紧。

(3)安装第二支测斜仪应与第一只传感器方向一致。安装好仪器后,便可使用安全绳索或钢缆放入测斜管。双轴传感器B+方向通常为A+方向顺时针旋转90°。具体见图5.10。

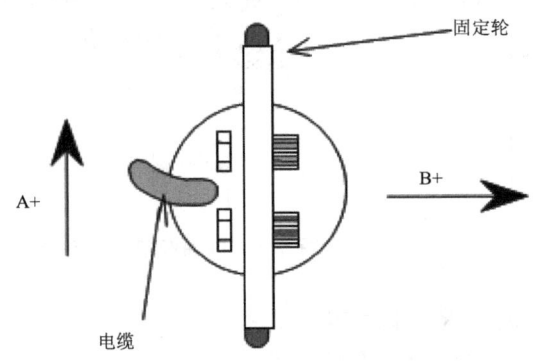

图 5.10 双轴传感器示意图

(4)随着测斜仪数量的增多,测斜仪的重量不可忽略,常在组装时使用绞盘进行牵引。待仪器全部安装完毕后,必须将顶部托架安装到位。

注意:建议测斜仪A+方向与滑坡位移方向一致。

5.2.4.3 数据采集

传感器安装到位后,将电缆连接至读数位置,依次有序接入采集器中。建议12 h之后再采集初始值。

5.3 孔隙水压力监测技术

滑坡体内部存在大量固体颗粒,而固体颗粒之间存在孔隙水和孔隙气体。在外力的作用下,滑坡体内的固体颗粒之间的相互咬合作用会发生变化,当咬合作用弱化至临界值时会导致滑坡的发生。固体颗粒之间的相互咬合作用与孔隙水的饱和度有关,因此对于滑坡监测而言,孔隙水的监测非常有必要,常用的方法就是测定孔隙水压力,再由水压力反算出孔隙水的含量。

5.3.1 设备介绍

振弦式孔隙水压力计通常也称为振弦式渗压计,是一种水压力测量传感器。将其完全放入液体中,即可测量出液位高低;将其埋入滑坡体中,即可以测出孔隙水压力。所以孔隙水压力计还可以用于对水利大坝、水库、边坡挡土墙等场景下的水压力监测(图5.11)。

图5.11 孔隙水压力传感器

5.3.2 监测原理

振弦式孔隙水压力计由透水部件、传感单元和观测线缆三个部分组成(图5.12)。透水部件主要结构为透水石,可以让水正常流入传感单元的同时隔绝来自泥土的压力。水通过压力穿透透水部件时会作用在传感单元的承压膜片上,承压膜片中心会随着不同水压的作用发生不同扰曲,使得钢弦应力也会发生不同的变化,钢弦的振动频率通过观测线缆传输,由采集器接收数据,通过对频率的测量即可反算出孔隙水压力的数值。

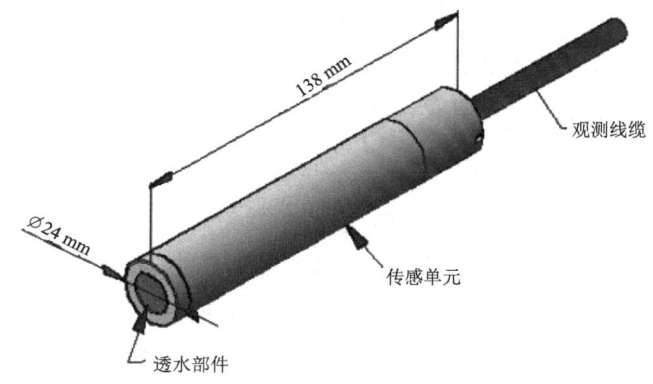

图5.12 孔隙水压力传感器

5.3.3 关键技术

钢弦的振动频率与应力的关系如下。

$$f = \frac{1}{2L_{弦}} \times \sqrt{\frac{\sigma}{\rho_{弦}}} \tag{5.12}$$

式中，f 表示钢弦的振动频率；$L_{弦}$ 表示钢弦的有效长度；$\rho_{弦}$ 表示钢弦的线密度；σ 表示钢弦受到的应力。

将式(5.12)做简单的变形。

$$\sigma = 4 \times \rho_{弦} \times L_{弦}^2 \times f^2 \tag{5.13}$$

根据应力应变关系可得如下式。

$$\varepsilon = \frac{\sigma}{E_{弦}} = \frac{4\rho_{弦}L_{弦}^2}{E_{弦}} \times f^2 \tag{5.14}$$

式中，$E_{弦}$ 表示钢弦的弹性模量；ε 表示钢弦的应变，钢弦的长度 $L_{弦}$，钢弦的线密度 $\rho_{弦}$ 以及钢弦的弹性模量 $E_{弦}$ 均为钢弦的固有特性，可以得出公式中 $\frac{4\rho_{弦}L_{弦}^2}{E_{弦}}$ 是一个常量，因此钢弦的应变 ε 与钢弦的振动频率 f 成正比关系。

振弦式孔隙水压力计的钢弦在出厂前均加载一个初始应力 σ_0，对应一个初始钢弦频率 f_0。当传感器受到力的作用后，钢弦应力为 σ_1，对应的频率变为 f_1。由式(5.14)可知钢弦所受应变变化量如下。

$$\Delta \varepsilon - \varepsilon_0 = \frac{4\rho_{弦}L_{弦}^2}{E_{弦}} \times (f_1^2 - f_0^2) \tag{5.15}$$

式(5.15)中：$\Delta \varepsilon$ 表示钢弦的应变量。

振弦式孔隙水压力计的承压膜片中心挠度的变化量(赵中华 等，2005)如下。

$$\Delta \omega = \frac{3R_{膜}^4(1-v_{膜}^2)}{16E_{膜}h_{膜}^3} \times \Delta p \tag{5.16}$$

式中，$\Delta \omega$ 表示承压膜片挠度变化量；Δp 表示承压膜片所受压强变化量，$v_{膜}$ 表示承压膜片的泊松比，$R_{膜}$ 表示圆形承压膜片的半径，$E_{膜}$ 表示承压膜片的弹性模量，$h_{膜}$ 表示承压膜片的厚度。

由承压膜片挠度引起的钢弦应变变化量如下。

$$\Delta \varepsilon_{弦} = \frac{\Delta \omega}{L_{弦}} \tag{5.17}$$

将式(5.15)和式(5.16)代入到式(5.17)，可以得出压强变化量 Δp 与频率的关系如下。

$$\Delta p = \frac{4\rho_{弦}L_{弦}^2}{E_{弦}} \times \frac{16E_{膜}h_{膜}^3L_{弦}}{3R_{膜}^4(1-v_{膜}^2)} \times (f_1^2 - f_0^2) \tag{5.18}$$

孔隙水压力 P 与水高度 h 的计算公式如下。

$$P = \rho_{水}gh_{水} \tag{5.19}$$

式中，$\rho_{水}$ 表示孔隙水的密度；$h_{水}$ 表示水的高度(从孔隙水压力计算起的水头高度)。

设孔隙水压力计在无负载时频率初始值为 f_0，由式(5.18)和式(5.19)可推算出孔隙水压力计安装位置处的水头高度与频率的关系如下。

$$h_{水} = \frac{P}{\rho_{水}g} = \frac{4\rho_{弦}L_{弦}^2}{E_{弦}} \times \frac{16E_{膜}h_{膜}^3L_{弦}}{3R_{膜}^4(1-v_{膜}^2)} \times \frac{1}{\rho_{水}g} \times (f_1^2 - f_0^2) \tag{5.20}$$

设：

$$k = \frac{4\rho_{弦}L_{弦}^2}{E_{弦}} \times \frac{16E_{膜}h_{膜}^3L_{弦}}{3R_{膜}^4(1-v_{膜}^2)} \tag{5.21}$$

则式(5.20)可以改写如下。

$$h_水 = k \times \frac{1}{\rho_水 g} \times (f_1^2 - f_0^2) \tag{5.22}$$

式(5.22)中，k 表示孔隙水压力计常数，单位：kPa/Hz²，又称标定系数；$\rho_水$ 表示孔隙水的密度，一般取 10^3 kg/m³；g 表示重力常数，一般取 9.8 N/kg；f_i 表示测试频率，单位：Hz；f_0 表示初始频率，单位：Hz。

5.3.4 设备安装

（1）仪器本身是干燥的，为了准确测定孔隙水的压力，需要在传感器埋设前拆下透水部件，并将透水部件和传感器没入清水中浸泡 12 h，最后在水中将透水部件安装复原；

（2）在安装前，向孔内放入沙子垫底；

（3）将孔隙水压力传感器的透水部件用沙子包裹，包裹材质以无纺布为宜，再将孔隙水压力传感器置入钻孔内，先用沙子将传感器埋实，再用原土将钻孔回填；

（4）安装后，静置 24 h 后利用数据采集器采集初值（图 5.13）。

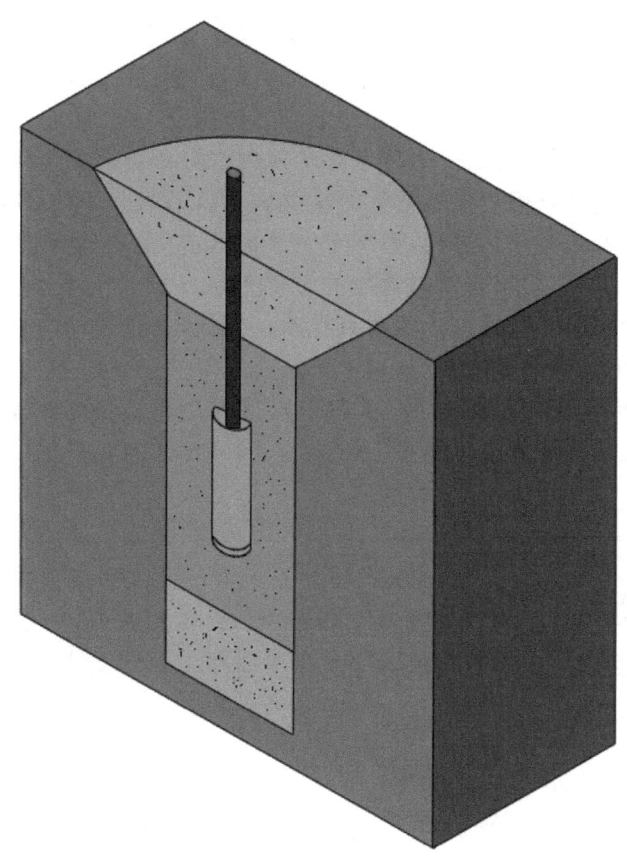

图 5.13 孔隙水压力传感器安装效果图

5.4 土壤湿度监测技术

造成滑坡灾害的原因众多,最主要来自于水的影响,雨水或者雪的融化都会造成滑坡体含水量的升高,致使地下水位上升,"十滑九水"表达的就是这个意思(褚飞飞,2006)。在国内多地的滑坡治理方案中,专家多次提出"欲治滑坡先治水"的方针。国外专家在滑坡研究中对水也越来越重视,也有专家直接提出治理滑坡就是治水的观点。

水是滑坡灾害发生的主要原因。

(1)滑坡体重心的变化。当雨水或者雪融化时,滑坡体地面的含水量会迅速上升,而滑坡体内部的含水量短时间内不会改变。因此,滑坡体的重心会上移,导致滑坡体内的固体颗粒之间的相互咬合变弱,发生滑坡灾害的概率升高(余韵,2015)。

(2)滑坡体结构的变化。随着一段时间的积累,滑坡体内部的含水量升高,滑坡体内的固体颗粒由于水的影响,固态材质在软化效应下变软形成流体。因此,滑坡体的软化效应是滑坡灾害的直接成因。

在化学世界里,水由一个氧原子和两个氢原子构成。其中氧原子在上面,两个氢连在氧的下面,键角大约为$105°$,水分子的正电中心在下面,负电中心在上面,正电中心与负电中心不重合,所以水是一种强极性的分子。水在外加电场的作用下,其正负电中心不仅会产生极强的方向极化,还会产生位移极化,这是一个将电能转换为水分子势能的过程,在这个过程中,电能被存储起来,这部分能量可以用复介电常数的实部表示。因为分子的运动存在惰性,外电场变化之后,转向极化运动并不会立马进行,中间有一个时间差,这一现象就是弛豫现象。在物理学中,弛豫现象会产生损耗,可用复介电常数的虚部表示。虽然土壤中存在很多物质,但是在外电场作用下,土壤中能够明显被极化的也只有水。因此,通过一定的方法测定出土壤中水的介电常数就可以计算出土壤的湿度情况。

目前监测土壤湿度主要用频域反射法(FDR),该方法主要测定土壤中表观介电常数,再转换成电压信号输出,通过反算可以得出土壤湿度(闫焕娜,2014)。

5.4.1 设备介绍

FDR土壤湿度传感器是一款高精度、微功耗的土壤湿度监测传感器,可用于山体滑坡、农业大棚等环境下的土壤墒情监测,主体部分由树脂灌封,密封性好,防水等级高。在复杂环境下具有可靠性高、抗干扰能力强、数据精准度高和即插即用等优点(图5.14)。

5.4.2 监测原理

FDR土壤湿度传感器由三个部分组成。

(1)反馈探针部分:反馈探针插入到土壤内,可以测量出土壤的介电常数;

(2)FDR土壤水分传感器主体部分:探针采集的数据通过FDR土壤水分传感器主体部分计算出电压值;

(3)电源及输出电缆:主要将计算出的电压值通过电缆输出(图5.15)。

FDR土壤湿度传感器的反馈探针部分由三根不锈钢金属棒组成,金属棒有反馈探针和输出探针之分。在测量土壤湿度的过程中,振荡单元通过驱动单元将电作用于输出探针上,由反馈探针得出反馈信号,反馈信号在经过反馈数据采集单元传输给放大单元处理,最后通过电缆输出电压信号,数据采集器接受电压信号后,即可计算出土壤湿度情况(徐晓辉 等,2014)。FDR 土壤湿度传感器的内部电路结构如图 5.16 所示。

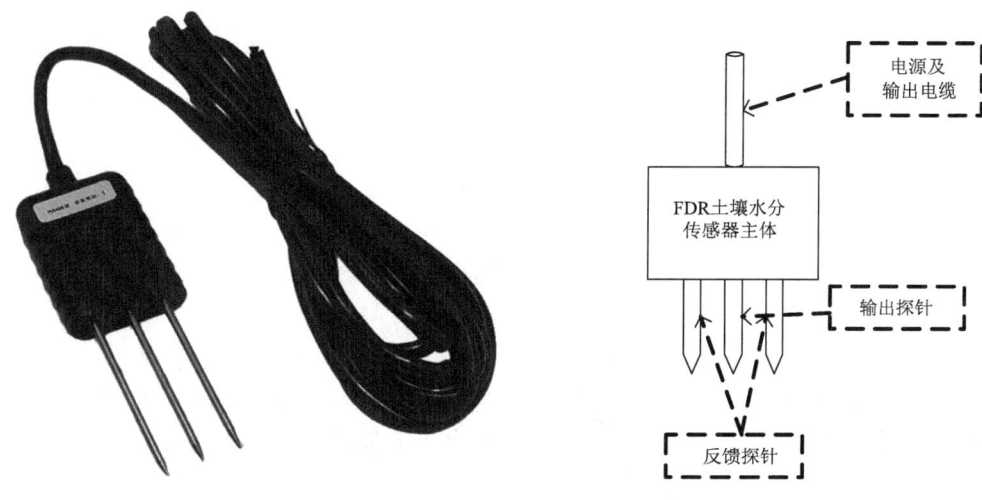

图 5.14　土壤湿度传感器　　　　图 5.15　FDR 传感器外观结构

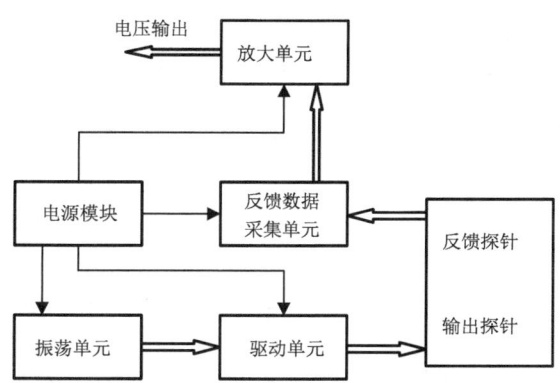

图 5.16　FDR 传感器内部电路结构

5.4.3　关键技术

在理想状态下,FDR 土壤湿度传感器是一个从单输入到单输出的简单系统。但是在实际应用中发现,FDR 土壤湿度传感器会受到外界温度的影响,进而影响输出的数据准确性。为了修正温度的变化造成的影响,需要将 FDR 土壤湿度传感器与土壤温度传感器集成,将其变成一个从二输入到单输出的系统。

FDR 土壤湿度传感器的输出电压为 U_θ,温度传感器的输出电压为 U_T,则 FDR 土壤湿度传感器所测量的湿度 θ_v 与两者电压的关系如下。

$$\theta_v = f(U_\theta, U_T) \tag{5.23}$$

鉴于电压和湿度的关系,可以利用二次曲面拟合方程表示。

$$\theta_v = \alpha_0 + \alpha_1 U_0 + \alpha_2 U_T + \alpha_3 U_\theta^2 + \alpha_4 U_\theta U_T + \alpha_5 U_T^2 + \varepsilon_1 \tag{5.24}$$

式中，$\alpha_0 \sim \alpha_5$ 表示常系数，ε_1 是高阶无穷小数。

根据式(5.24)所示，求出 $\alpha_0 \sim \alpha_5$，即可得出不同温度下的正确湿度值(曹美，2015)。为了准确求解常系数，需要进行多次实验，实验样本数量为 i，则 $\theta_{vi}(U_{\theta i}, U_{Ti})$ 的关系如下。

$$\theta_{vi} = \alpha_0 + \alpha_1 U_{\theta i} + \alpha_2 U_{Ti} + \alpha_3 U_{\theta i}^2 + \alpha_4 U_{\theta i} U_{Ti} + \alpha_5 U_{Ti}^2 \tag{5.25}$$

其中，第 i 个土壤样本的实际土壤含水量 ω_i 与计算值 $\theta_{vi}(U_{\theta i}, U_{Ti})$ 之间存在误差 e_i 和均方差 e_i^2。具体计算如下。

误差：

$$e_i = \theta_{vi}(U_{\theta i}, U_{Ti}) - \omega_i \tag{5.26}$$

均方误差：

$$e_i^2 = [\theta_{vi}(U_{\theta i}, U_{Ti}) - \omega_i]^2 \tag{5.27}$$

$$e_i^2 = \sum_{k=0}^{t} [\alpha_k h_{ik} - \omega_i]^2 \tag{5.28}$$

式中，二元回归方程项数 $t=5$，$h_{i0}=1$，$h_{i1}=U_{\theta i}$，$h_{i2}=U_{Ti}$，$h_{i3}=U_{\theta i}^2$，$h_{i4}=U_{\theta i}U_{Ti}$，$h_{i0}=U_{Ti}^2$。

六个土样的实际湿度值与经二元回归方程计算出来的值之差的平方和 I_s 如下。

$$I_s = \sum_{i=1}^{s=m\times n} e_i^2 = \sum_{i=1}^{s=m\times n}\sum_{k=0}^{t=5}[\alpha_k h_{ik} - \omega_i]^2 = I(\alpha_0, \cdots, \alpha_k, \cdots \alpha_{i=5}) \tag{5.29}$$

式中，$s = m \times n$ 表示参加实验的土壤样本的总数，土壤样本数为 $m=6$，温度的个数为 $n=6$，$s=36$。I_s 是常系数 $\alpha_0, \alpha_1, \cdots, \alpha_5$ 的多元函数。

根据多元函数求极值的条件，若想得到最优解，那么要令下列偏导数为0，即：

$$\begin{cases}
\dfrac{\partial I_s}{\partial \alpha_0} = 2\sum_{i=1}^{s}\left[\sum_{k=0}^{5}\alpha_k h_{ik} - \omega_i\right] \times h_{i0} = 0, h_{i0} = 1 \\
\dfrac{\partial I_s}{\partial \alpha_1} = 2\sum_{i=1}^{s}\left[\sum_{k=0}^{5}\alpha_k h_{ik} - \omega_i\right] \times h_{i1} = 0, h_{i1} = U_{\theta i} \\
\dfrac{\partial I_s}{\partial \alpha_2} = 2\sum_{i=1}^{s}\left[\sum_{k=0}^{5}\alpha_k h_{ik} - \omega_i\right] \times h_{i2} = 0, h_{i2} = U_{Ti} \\
\dfrac{\partial I_s}{\partial \alpha_3} = 2\sum_{i=1}^{s}\left[\sum_{k=0}^{5}\alpha_k h_{ik} - \omega_i\right] \times h_{i3} = 0, h_{i3} = U_{\theta i}^2 \\
\dfrac{\partial I_s}{\partial \alpha_4} = 2\sum_{i=1}^{s}\left[\sum_{k=0}^{5}\alpha_k h_{ik} - \omega_i\right] \times h_{i4} = 0, h_{i4} = U_{\theta i}U_{Ti} \\
\dfrac{\partial I_s}{\partial \alpha_5} = 2\sum_{i=1}^{s}\left[\sum_{k=0}^{5}\alpha_k h_{ik} - \omega_i\right] \times h_{i5} = 0, h_{i5} = U_{Ti}^2
\end{cases} \tag{5.30}$$

由方程组(5.30)可以得到下式。

$$\sum_{i=1}^{s}\left[\sum_{k=0}^{t=5}\alpha_k h_{ik}\right] \times h_{ik} = \sum_{i=1}^{s}\omega_i \times h_{ik} \tag{5.31}$$

那么，根据线性代数知识可以将式(5.31)写成以下矩阵形式。

$$\alpha \times \mathbf{H} \times \mathbf{H}^T = \omega \times \mathbf{H}^T \tag{5.32}$$

式中，$\alpha \times \mathbf{H} = \sum_{k=0}^{t}\alpha_k \times h_{ik}$，$\omega \times \mathbf{H}^T = \sum_{i=1}^{s}\omega_i \times h_{ik}$，$s=36$，$t=5$。则二元回归方程待定系数 α_0，$\alpha_1, \cdots, \alpha_5$ 的最小二乘最优解的求解式如下。

$$\alpha = \omega \times \boldsymbol{H}^T \times (\boldsymbol{H} \times \boldsymbol{H}^T)^{-1} \tag{5.33}$$

在实验室中进行标定测试。

(1) 土壤样品

实验室用的土壤样本取自南京猪头山滑坡体。土壤样本取自地表下 15～20 cm 处。一共选取了六处不同含水量的土壤样本,分别标号为:1、2、3、4、5、6。

(2) 土壤样品预处理

将六份土壤中的石头、草等杂物去除,仅留下颗粒较小的土壤作为样本。将土样分别分成两份,并对其进行编号为 A、B。A 土样需要用烘干法制成标准土样;B 土样为实验土样。

将编号为 A 的六种土样装在单独的容器中,再将容器全部放在烘干箱中烘干,烘干后记录各自容量。烘干过程中,当土样质量不再减少时,表示土样已经烘干。烘干前、后的土样重量以及得到的土壤样品的含水量如表 5.2 所示。

表 5.2 烘干前后土壤样品重量及含水量

土壤样本	m_{0i}(g)	m_{1i}(g)	m_{2i}(g)	ρ_i(g/cm³)	θ_{vi}(%)
1	52.7	329.1	318.5	1.30	5.184
2	52.7	533.9	504.3	1.25	8.193
3	52.6	134.5	128.5	1.25	9.881
4	53.1	375.8	337.4	1.10	14.86
5	55.5	618.0	550.9	1.15	15.58
6	55.8	185.2	62.18	1.05	20.231

表 5.2 中的 $m_{0i}(i=1,2,3,4,5,6)$ 表示容器的重量;m_{1i} 表示湿土与容器的质量;m_{2i} 表示干土与容器的质量;ρ_i 表示土样的容重;θ_{vi} 表示土壤样本的体积含水量。

将编号为 B 的六种土样分别均匀的装在另外六个容器中,并做密封处理,防止水分流失。

(3) 实验方法

第一步:在室温(24℃)下利用 FDR 土壤湿度传感器测量并记录编号为 B 的六种土壤样本的含水量;

第二步:使用加热设备对编号为 B 的六种土壤样本进行加热,同时用 FDR 土壤湿度传感器和土壤温度传感器分别测量和记录在不同温度下(28℃、32℃、36℃、40℃、44℃)的输出电压值 U_θ 和 U_T(表 5.3)。

表 5.3 在不同温度土壤样本中 FDR 的输出电压随温度变化

温度(℃)	电压值(V)	1B	2B	3B	4B	5B	6B
24	U_θ	0.157	0.192	0.209	0.262	0.272	0.323
	U_T	0.960	0.960	0.960	0.960	0.960	0.960
28	U_θ	0.160	0.195	0.213	0.266	0.276	0.327
	U_T	1.122	1.122	1.122	1.122	1.122	1.122
32	U_θ	0.164	0.198	0.216	0.269	0.282	0.331
	U_T	1.285	1.285	1.285	1.285	1.285	1.285
36	U_θ	0.167	0.202	0.220	0.273	0.287	0.334
	U_T	1.448	1.448	1.448	1.448	1.448	1.448

续表

温度(℃)	电压值(V)	1B	2B	3B	4B	5B	6B
40	U_θ	0.169	0.207	0.223	0.278	0.293	0.339
	U_T	1.612	1.612	1.612	1.612	1.612	1.612
44	U_θ	0.173	0.212	0.227	0.281	0.295	0.342
	U_T	1.776	1.776	1.776	1.776	1.776	1.776

(4)得出结果

可以得出二元回归方程系数如下。

$\alpha_0=-7.1788, \alpha_1=88.2647, \alpha_2=-1.3534, \alpha_3=12.8457, \alpha_4=-3.4925, \alpha_5=0.0277$

将计算出的五个系数代入到二元回归方程中,得出:

$$\theta_v=-7.1788+88.2647U_0-1.3534U_T+12.8457U_\theta^2-3.4925U_\theta U_T+0.0277U_T^2 \tag{5.34}$$

5.4.4 设备安装

(1)在选定位置进行垂直开挖,具体深度根据项目要求决定。

(2)在安装前,应将探头表面擦拭干净,以免探头金属表面的保护油层对测量值造成影响。

(3)在不同的深度各插入一支土壤湿度传感器。布设深度若项目上无特别规定,可以参考中华人民共和国水利部发布的 SL 364—2015《土壤墒情监测规范》中相关方案,如表 5.4 所示。若存在特殊要求的情况,可根据需要在 10 cm、20 cm、40 cm、60 cm、80 cm、100 cm 处安装传感器(图 5.17)。

表 5.4 垂直测点数目及采样深度表

测点数	采样深度(cm)
一点法	20
二点法	20、40
三点法	10、20、40

(4)传感器接入采集器后进行测量,数据正常则将开挖处回填。

图 5.17 土壤湿度传感器埋设图

5.5 雨量监测技术

我国是世界上滑坡灾害最严重的国家之一(谢全敏,2004)。在研究滑坡的过程中发现,大气降雨是导致裂缝、孔隙水压力以及土壤湿度变化的主要原因,是导致滑坡发生的主要因素之一。降雨产生滑坡的机理主要有四个方面。

(1)雨水在滑坡体表面流动过程中,无法第一时间排出,因此会形成水流,随着雨量的增大,水流会越来越大,导致滑坡体表面的重量增大,使得滑坡体自重力增大;

(2)雨水渗入到滑坡体内部,同样无法第一时间排出,也会导致滑坡体自重增大,增加了滑坡的风险;

(3)雨水渗入到滑坡体内部,会使得滑坡体内的结构发生变化,导致土体的结合力变弱,滑坡的风险增大(袁鹏,2005);

(4)滑坡体内的地下水因为雨水的补充后会形成较大的静水压力,会产生一个向上的浮力,会抵消滑坡体的一部分重力,从而降低了滑坡体的下滑的摩擦力(朱宝龙,2003)。

因此,监测分析降雨有助于加深对滑坡发生的环境条件认识,有利于分析预估滑坡发生的可能性。利用雨量监测技术,可以实时监控滑坡体所在位置的降雨量情况,为分析降雨量、降雨强度和降雨过程与滑坡灾害的时、空统计关系提供数据支撑,有利于实现预警、预报的目的。

5.5.1 设备介绍

翻斗式雨量计根据国家标准 GB/T 11832—2002《翻斗式雨量计》研制而成,可全自动精确记录每分钟的降水量情况,可以实现对降雨量的实时监控(但岱霖,2013)。翻斗式雨量计具有结构简单、无能耗、性能稳定等优点,被广泛应用于气象、水文、农业、林业以及地质灾害监测等领域(图5.18)。

图 5.18 翻斗式雨量计

5.5.2 监测原理

翻斗式雨量计是由感应器及信号记录器组成,感应器由引水漏斗、磁簧开关、磁钢、杠杆式翻斗等构成;记录器由计数器、录笔、自记钟、控制线路板等构成。其工作原理为:雨水由承水口通过滤网进入承水器,落入引水漏斗,经漏斗口流入杠杆式翻斗组件,当积水量达到 0.1 mm 时(数值由翻斗式雨量计分辨率决定),致使翻斗重心发生变化,将水倒出,由另一侧继续承水。在翻斗的轴上固定有磁钢,在漏斗的偏下方有固定的干簧管磁控开关,在翻斗翻转过程中磁钢在干簧管磁控开关两侧往复运动,当磁钢接近干簧管磁控开关时,开关闭合,离开一定距离时,开关断开,于是就产生一个计数脉冲,一个计数脉冲代表降雨 0.1 mm,记录器将其记录下来,如此往复即可将降雨过程测量下来(刘振东,2007)。翻斗式雨量计内部结构如图 5.19 所示。

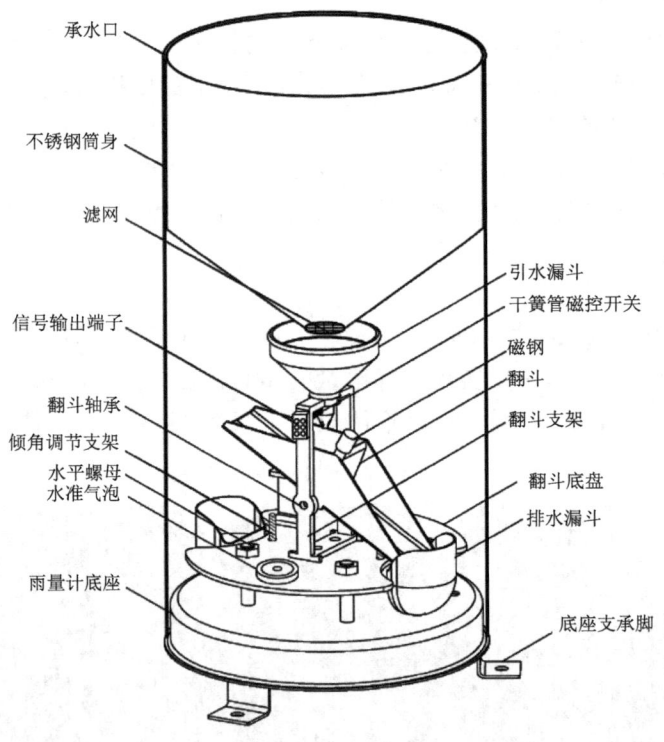

图 5.19 翻斗式雨量计内部结构图

雨量计的干簧管磁控开关发出开关信号,再由雨量计的转换电路将其转换成电脉冲(朱洪海等,2005)。转换电路如图 5.20 所示。

当干簧管磁控开关打开时,三极管截闭,不能形成对地回路,因此脉冲输出端为高电平。当干簧管磁控开关闭合时,三极管导通,形成对地回路,脉冲输出为低电平。

5.5.3 关键技术

翻斗式雨量计在使用前需要对设备进行检定,检定标准为国标 GB/T 11832—2002《翻斗式雨量计》。检定方法主要有两种:人工注入排水计量法和人工给水检定法。

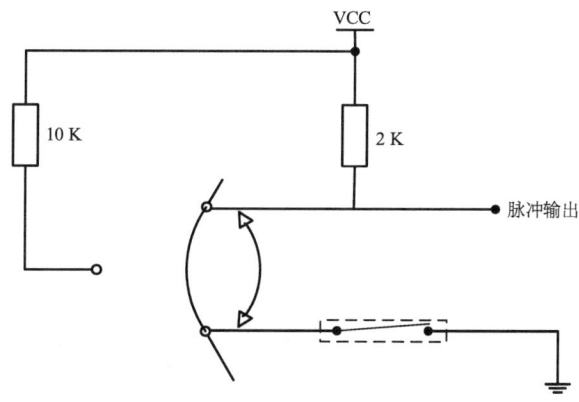

图 5.20 传感转换电路

(1) 人工注入排水计量法

雨量检定工作原理是采用动态检定法,即用雨量检定设备,将小、中、大三种不同雨强(0.5 mm/min、2.0 mm/min、4.0 mm/min)的降雨模拟成相应稳态的流量,经导管进入计量组件的漏斗,流入翻斗(归金娟,2011)。按规定的指标计量在以上三种不同雨强下,翻斗翻转的排水量。翻斗计量误差 E 如下。

$$E = \frac{V-P}{P} \times 100\% \tag{5.35}$$

式中,V 表示翻斗计量排水量,仪器重量(3.14 g)与翻斗翻转倒水次数之乘积,单位:g;P 表示翻斗实际排水量,单位:g。

详细步骤如下。

①500 ml 盛水容器两个,医用输液器一根,计时秒表 1 个,计数器一台,天平一台;

②首先将仪器的工作平台调平,使圆水泡居中,仪器处于正常工作状态;

③使漏斗、翻斗、储水室、集水罐和塑胶管等过水的工作部位均充分湿润,为此,翻斗应预先翻转 100 次以上,产生一次虹吸过程;

④向承雨器中缓慢注入 314 g 清水,注入完毕,恰好产生虹吸过程,否则,需调制虹吸管的高度;

⑤检查翻斗、发信部件和采集设备的工作状态;

⑥分别调校雨强为 0.5 mm/min、2.0 mm/min、4.0 mm/min,降雨量为 10 mm 左右,虹吸结束前停止注水,并使最后一斗倒尽,按照上述公式计算误差,各种雨强下误差不得超过 ±4%。

(2) 人工给水检定法

用 10 mm 雨量筒盛满相当于 10 mm 降雨量的水。模拟雨强为 0.5 mm/min(20 min 倒完)、2.0 mm/min(5 min 倒完)和 4.0 mm/min(2.5 min 倒完)降雨量形成的流量,缓慢均匀地从漏斗注入翻斗,每种降雨强度检定 2 次,保证各种雨强下的仪器计量误差均在 ±4% 以内,即为合格,这是目前我国各水文站普遍采用的方法。

国家规定的雨量传感器准确度等级如表 5.5 所示。

表 5.5 雨量传感器准确度等级

准确度等级	翻斗计量误差 E
Ⅰ	≤±2%
Ⅱ	≤±3%
Ⅲ	≤±4%

5.5.4 设备安装

(1)将雨量计底座固定在设备箱顶端,雨量计顶部距地面 0.7 m 为宜;

(2)雨量计底座安装时,需要使得水准气泡居中;

(3)雨量计不锈钢筒身安装时,需要使用水平尺将承水口调整至水平状态,然后用螺丝将不锈钢筒身固定;

(4)用量筒模拟降雨进行测试,检查 RTU 接收信号是否正常(图 5.21、图 5.22)。

图 5.21 雨量计内部结构

图 5.22 安装的雨量计

第6章 基于光纤的滑坡监测技术

现代信息技术是由信息的采集、传输和处理技术组成,因此传感器、通信和计算机技术成为信息技术的三大支柱。光导纤维自1977年出现,在信息领域引起了一系列现代科学技术革命,其最大的成功应用之一就是光纤通信和光纤传感。其凭借着抗电磁干扰和原子辐射、重量轻、体积小、绝缘、耐高温、耐腐蚀等众多优异的性能,能够对地质灾害的调查、排查、监测方面进行精确测量。本章主要就光纤传感技术在滑坡体的监测应用方面作一扼要的介绍。

6.1 光纤传感监测原理

6.1.1 光纤基本结构

光导纤维简称光纤(Optical Fiber),它的主要组成成分是纤芯(Core)、护套(Jacket)、涂敷层(Coating)以及包层(Cladding)。从物理层次来说,光纤为一种光学纤维,并且呈现为多层介质结构的对称柱体形状。

图6.1为光纤结构的示意图。如图所示,确定光波传播作用的光纤主体结构由包层和纤芯构成。其次,光纤通过涂敷层和护套提高自身强度保护光纤,其主要的作用是隔离杂光(刘玉涛,2014)。裸纤,全称裸体光纤,是指在非一般应用场所中不添加涂敷层、护套的光导纤维。

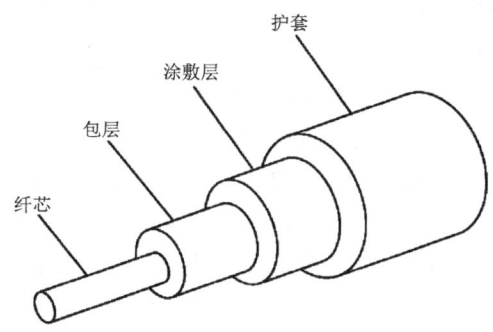

图6.1 光纤结构示意图

纤芯位于最内层,直径一般为5~75 μm。二氧化硅是组成纤芯的主要材料,通过加入极少的GeO_2(二氧化锗)、P_2O_5(五氧化二磷)等,从而实现包层折射率的增强。

如图6.1所示,包层紧紧贴着纤芯。包层的光学折射率略低于纤芯的折射率。按照实际应用的需要,包层可以是一层、二层或者多层(三层及以上),其中由两层及以上的包层构成的光纤的折射率稍低。包层的直径通常为100~200 μm(雷运波,2005)。

保护光纤和隔离杂光是涂敷层的主要作用,除此之外,它还可以让光纤的机械变形量更加敏感或更加不敏感于外来的未知作用量(戴加东,2005)。

在光纤最外层的是护套,通常由尼龙或其他有机材料组成,可以进一步增强光纤的机械强度,从而达到保护内部光纤的目的(卢立波,2014)。

光纤直径很小,但具有较高的单轴抗拉强度,如表6.1所示。

表 6.1 无裂痕光纤的主要物理力学指标

直径(μm)	比重(g/cm^3)	抗拉强度(kg/mm^2)	杨式模量(kg/mm^2)	伸长率(%)	热膨胀系数	熔点(℃)
125	2.2	500	7200	2~8	5×10^{-7}	1730

6.1.2 光纤感测技术基本原理与特点

20世纪80年代,光纤传感技术伴随着光导纤维及光纤通信技术的发展而迅速发展。光纤传感技术作为一种新型的传感技术,它将光作为载体,以光纤作为媒介,感知并输送被测量外界信号(张汉坤,2013)。光纤感测技术的基本原理为:传感光纤在外界因素(温度、应力、磁场、化学场等)的作用下,光波受到了外在场或者外在量调制,光波在光纤中传输时,光波的频率、偏振态、强度、相位等表征参量会因此发生相应的改变。测量参数的改变量,再建立起参数改变量和被测参量的关系,因此可以达到对外界被测参量的"传""干"与"测"。

光纤传感器具有以下几方面的优点。

(1)灵敏度高、动态传感范围大。

(2)抗电磁干扰性能强。一般情况下,光波的频率高于电磁辐射频率,所以光在光纤中的传输过程中光信号受电磁场干扰较小,抗电磁干扰性能强。

(3)绝缘性能好。光纤由绝缘的介质组成,其敏感元件同样基本由绝缘材料组成。

(4)化学性能稳定,耐腐蚀。光纤由石英组成,石英的化学性质极为稳定,即使在较恶劣的环境中都不易被腐蚀(赵小华 等,2012)。

(5)安全性能高。光纤传感器属于一种不需要电源驱动的传感器调制器,适用在易燃易爆的气、油、化工生产环境中(陈松涛,2006)。

(6)几何形状可塑,适应性好,抗电磁干扰性能好。

(7)传输过程中损耗小,在长距离的传输中损耗小。

(8)应用范围很广泛,可以测量温度、流速、电压以及液体等物理量。

除了这些优点,光纤传感器还具有很多电传感器不能解决的难点问题,如高速传输、频带宽、可集成等技术问题。由于光纤传感器的众多优点,使得光纤传感器深受各种领域的青睐。20世纪80年代以来,光纤传感器被广泛应用于医疗、交通以及石油化工等领域。

6.1.3 光纤传感技术分类

近年来,光纤传感器发展迅速,国内外开发出多种光纤传感器适用于不同监测应用。

根据调制区的关系的不同,光纤传感器可分为功能型和传光型光纤传感器。功能型传感器,又称内调制型或本征型传感器,调制区在光纤之内,感应外界因素的变化从而改变光波特征参数,因此对外界未知因素进行估测,有着"传""感"为一体的突出优势;传光型光纤传感器,又称非本征型或非功能型光纤传感器,调制区位于光纤外,物理量由其他敏感元件测出,光纤完成信息的传输,优点体现在能够充分利用现有传感器,更加促进了应用推广(王燕花,2009)。

根据外界信号调制的光波物理量的不同,将光纤传感器分成五大类(孙琪真,2008)。偏振调制型光纤传感器由于外界信号的影响而产生偏转或双折射的光波偏振面,因此改变光的偏振性,检测光偏振态的变化趋势可测得外界因素的量(胡李敏,2012);根据干涉计的测量原理,相位调制型光纤中光波的相位因外界因素变化而变化,可通过测量参考光纤与传感光纤相位的变化来检测外界物理量;一般情况下,强度调制型传感器检测光波的强度变化;波长调制型传感器测量波长变化(一般由位移、应变、温度引起);光频率调制型传感器通过外界信号调制光波的频率,从而可反映被测量,即频率偏移(佘骏宽,2015)。

光纤传感器又可分为三类分布方式不同的光纤传感器。第一类为点式光纤传感器,它与一般的电阻应变计相似,应用有法布里-珀罗干涉计(Fabry-Perot Interferometer)、迈克尔逊干涉计(Michelson Interferometer)、光纤布拉格光栅(Fiber Bragg Grating,FBG);第二类为准分布式传感器,又称准分布式光纤传感器,通过复用技术构成网络从而进行准分布式测量;第三类为分布式光纤传感器,是建立在瑞利(Reyleigh)、拉曼(Raman)、布里渊(Brillouin)等反射计的研究基础上的光纤传感器。

6.1.4 几类常用的光纤传感技术

6.1.4.1 基于拉曼光散射的分布式温度感测技术

作为一种监控空间温度分布系统,分布式光纤温度感测技术(Distributed Temperature Sensing,DTS)利用激光传输时产生的背向拉曼散射信号进行监测,是应用于实时监控空间温度场的高新科技。当光量子射入光纤,光纤物质分子与之发生碰撞,并且产生弹性碰撞和非弹性碰撞。弹性碰撞表现为瑞利散射光与入射光保持同等的波长,因为在光纤物质分子与光量子之间无能量交换活动,所以光量子的频率不产生任何变化(程根银 等,2017);非弹性碰撞时,光量子放出并吸入声子产生能量交换,产生一个长波长的斯托克斯光和一个短波长的反斯托克斯光。由于反斯托克斯光较敏感于温度变化的特性,系统以斯托克斯光通道为相应参考通道,反之,反斯托克斯光通道为信号通道。可以通过两者的比值消除减弱非温度因素(光纤弯曲以及信号波动等),对温度等信息进行采集。温度和斯托克斯光和反斯托克斯光的强度之比有如下关系(茅志强,2013)。

$$R(T)=\frac{I_a}{I_b}=\left(\frac{v_a}{v_b}\right)^4 e^{\frac{-hcv}{KT}} \tag{6.1}$$

式中,$R(T)$为待测温度的函数,I_b、v_b为反斯托克斯光强度和频率,I_a、v_a为斯托克斯光强度和频率,c为光速,v为拉曼频移量,h为普朗克常数,K为玻尔兹曼常数,T为绝对温度。

如图6.2所示为其温度测量原理。光在光纤中传播时,光纤中的超声波会产生拉曼散射,拉曼散射的能量分布与温度有直接关系,利用该技术可探测到光纤沿线每一点的温度。分布式光纤测温系统最大测量距离在20 km以上,可连续测出光纤沿线处的温度,适用于大范围的多点测量(吕广磊 等,2018)。

6.1.4.2 基于布里渊光散射的分布式应变感测技术

当激光注入时,光纤中产生布里渊光散射效应,光纤中的轴向应变相关于散射光中心的频率f的漂移量。可采用分析及解调相关技术手段检测光纤中相关应变的分布表达式。脉冲

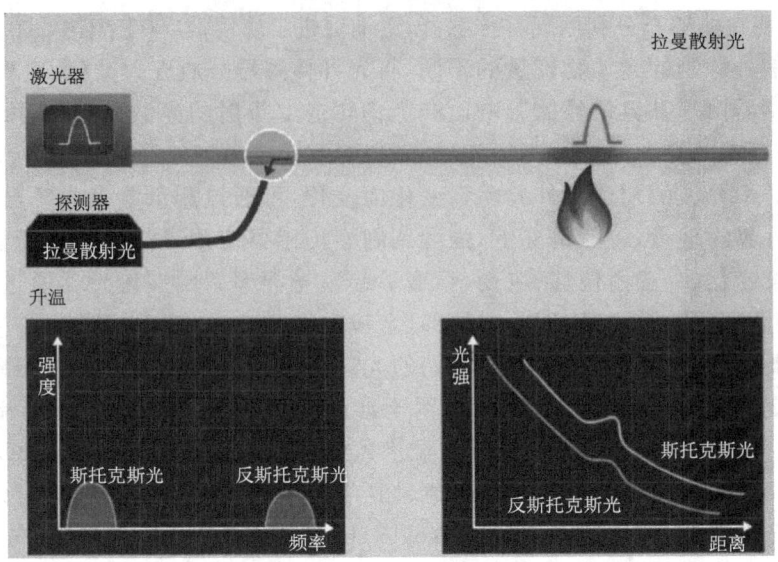

图 6.2 拉曼温度测量原理

光以特定频率射进光纤一端,进入光纤之后与声子发生布里渊光散射效应,背向布里渊散射光是一束沿光纤原路返回到入射端的光,与此同时产生光谱称为布里渊散射光谱。轴向应变时,背向布里渊散射光频率会漂移,其中漂移量与光纤应变的变化趋势关系如下(童恒金,2014)。

$$v_B(\varepsilon) = v_B(0) + \frac{dv_B(\varepsilon)}{d\varepsilon}\varepsilon \tag{6.2}$$

式中,$v_B(\varepsilon)$为实际布里渊频率漂移量;$v_B(0)$为当应变为零时布里渊频率漂移量;$\frac{dv_B(\varepsilon)}{d\varepsilon}$为比例系数,其值大约为 493 MHz/‰。

基于布里渊散射光的应变测量原理如图 6.3 所示。

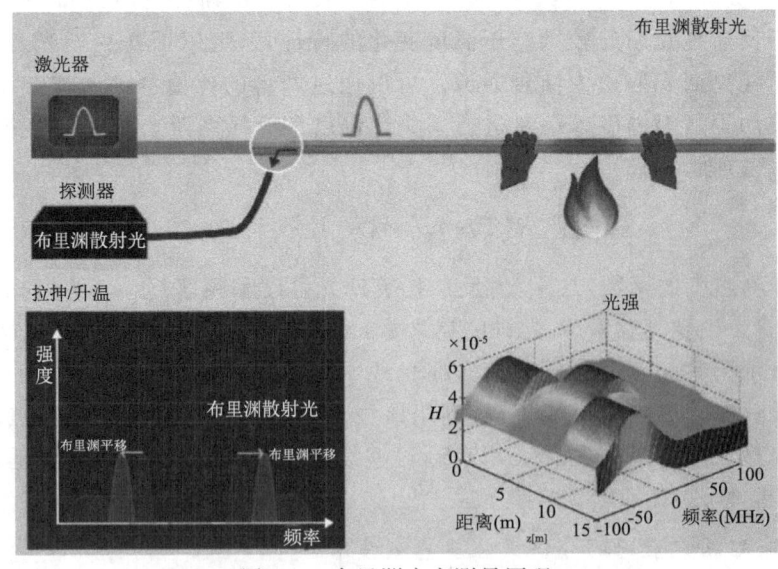

图 6.3 布里渊应变测量原理

6.1.4.3 基于光纤布拉格光栅(FBG)感测技术

根据光纤的光敏特性,纤芯内 Ge 离子与入射光光子相互作用使折射率出现永久变化,FBG 在纤芯内产生空间相位光栅,改变并控制调整光纤中光的传播。均匀的光栅具有较好的波长选择特性,其折射率呈现稳定的周期性分布调制。宽带光射入光纤时,光栅处满足特定波长的入射光被耦合反射,其余波长的光无影响通过,其反射光谱的峰值发生于 FBG 的中心波长 λ_B 处,如图 6.4 所示。

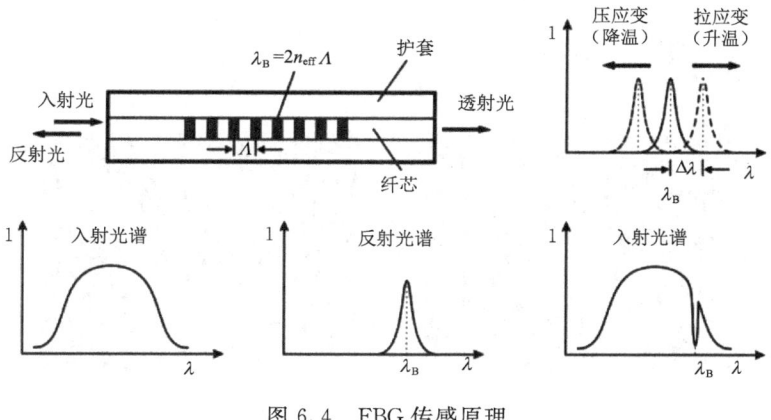

图 6.4 FBG 传感原理

FBG 反射特定波长的光,该波长满足以下条件。

$$\lambda_B = 2n_{eff}\Lambda \tag{6.3}$$

式中,λ_B 反射光中心波长,n_{eff} 纤芯有效折射率,Λ 为光纤光栅折射率调制成的空间周期。

外界应力和温度变化会引起折射率和栅距的变化,导致 FBG 波长 λ_B 的移位,满足线性关系式(6.4)。

$$\frac{\Delta\lambda}{\lambda_B}=(1-P_e)\varepsilon+(\alpha+\zeta)\Delta T \tag{6.4}$$

式中,$\Delta\lambda$ 为 FBG 波长变化量,ε 为光纤轴向应变,P_e 为光纤光弹系数,ζ 光纤热光系数,α 为光纤热膨胀系数,ΔT 为温度变化。

作为目前最为重要的光纤传感核心元器件之一,基于光纤布拉格光栅传感技术的各类传感器已经有上百多种,广泛应用于位移、温度以及渗流等方面。

6.1.4.4 分布式光纤振动感测技术(Φ-OTDR)

超窄线宽激光器是分布式光纤振动感测技术的传感光源,当强相干光脉冲进入光纤时,使用光探测器测量背向瑞利散射光,得到脉冲宽度范围内背向散射瑞利光相干涉的结果,即系统输出结果,测得输入脉冲与接收到信号的时间延迟,并以此来判断干扰点所在位置。光纤线路被外界信号调制时,在相应的调制位置光纤的折射率、长度及光相位发生变化。在传送到光探测器的过程中,散射光呈现周期性的光相位变化趋势,光强也因此出现周期性变化,图 6.5 为Φ-OTDR 测量原理。

瑞利散射效应的产生因素是光纤中材料的密度分布不均匀等,在光传播过程中时,瑞利散射光能量沿着长度呈现周期性分布,受到外界震动扰动后会发生相位偏移,通过该技术可实现对沿线震动感测,该技术在地下管廊工程常见的应用如图 6.5 所示。

分布式光纤振动感测技术具有众多优点,有利于实现分布式振动感测系统,在实时性高的应用中极为适用。

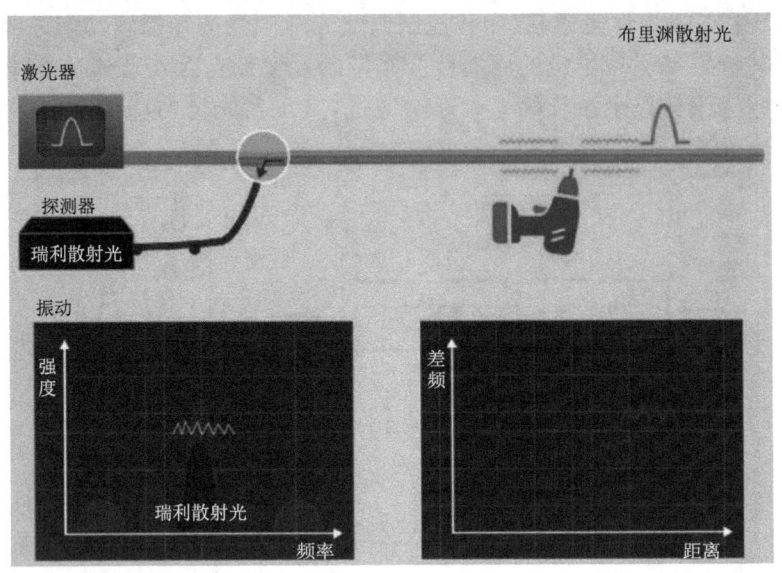

图 6.5　Φ-OTDR 振动传感原理

6.2　光纤传感器与传感光缆

所谓光纤传感器是一种检测装置,由光纤制成,按照特定规律将测量出的待测参量信息转变为光信号或者其他形式输出,实现信息的传输、处理、记录以及控制等信息处理要求(李广伟,2014)。工程中常用的光纤布拉格光栅(FBG)就是一种光纤传感器。

所谓传感光缆,是指裸纤经过护套保护形成光缆,将其既作为传感器,又作为信号传输的介质,实现信号测量和传输一体化。在以布里渊光时域反射(BOTDR)为代表的感测系统中,传感光缆是其重要的组成部分。

6.2.1　FBG 传感器常用类型

6.2.1.1　应力应变类

FBG 应力应变类传感器主要包含应变计、钢筋应力计、拉力计等,其中应变传感器根据应用场合又包含表面应变计、埋入式应变计、贴片式应变计和缆式应变计(图 6.6)。

FBG 表面应变计用于混凝土、钢结构表面夹具安装,通常以锚固方式固定;FBG 埋入式应变计用于混凝土内埋安装;贴片式应变计通过点焊、黏贴方式无损安装;缆式应变计长标距设计,用于结构体存在裂纹状态下的应变监测。

6.2.1.2　形变类

FBG 形变类传感器主要包括位移计、角度计、高差计、静力水准仪、倾斜计等(图 6.7)。
FBG 位移计应用于测量混凝土结构缝、裂纹以及土体变形等,可直接固定于结构体表面,也可通过钻孔或者开挖沟槽等方式埋设于土体中;FBG 角度计用于隧道、建筑等结构的水平

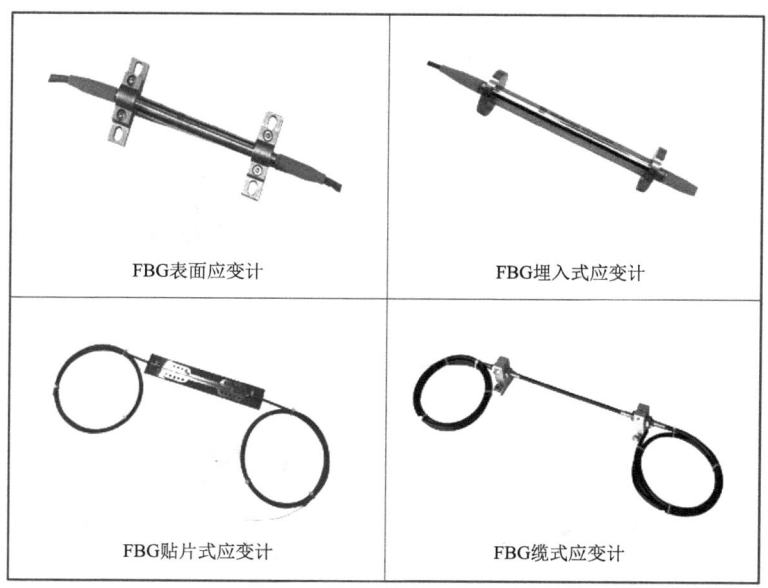

图 6.6 应变类 FBG 传感器

错动,通过表面固定方式安装;FBG 高差计、静力水准仪用于测量隧道、路基、大坝等结构的两点或多点差异沉降,通常配套支架安装;FBG 倾斜计常用于结构倾斜姿态监测,配套固定夹具安装。

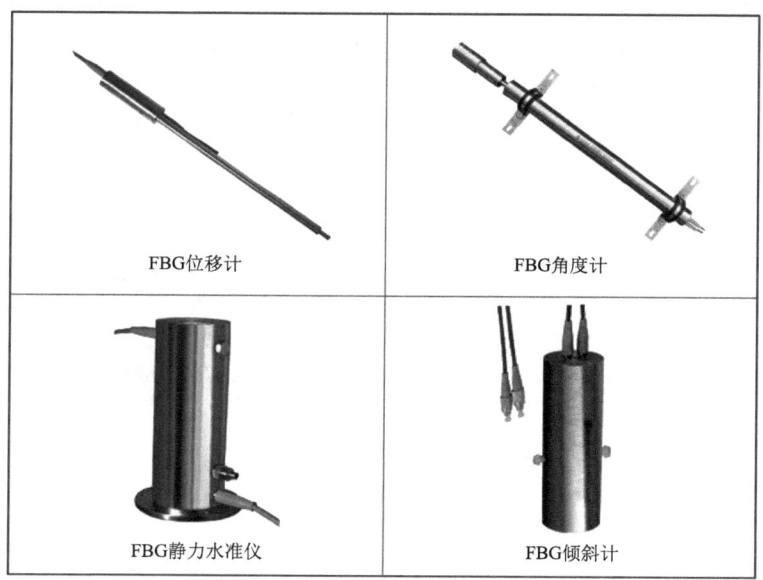

图 6.7 形变类 FBG 传感器

6.2.1.3 压力类

FBG 压力类传感器主要包括锚索测力计、渗压计、土压力计、反力计以及液位计等(图 6.8)。
FBG 土压力计用于水土压力测量;FBG 锚索测力计主要用于岩体支撑锚索(杆)、混凝土预应力锚索等的内力监测;FBG反力计用于基坑内支撑、采矿支柱等结构的内力监测;FBG渗压计、液位计用于土体渗透水压力和自由水位监测。

图 6.8　压力类 FBG 传感器

6.2.1.4　温度类

FBG 温度类传感器根据应用场景,主要分为岩土类和电力类,岩土类温度计用于岩土体内外温度监测,要求封装隔离度高,避免受变形影响;电力类温度计用于高压开关、电缆接头等电力设施监测,通常为绝缘材料(图 6.9)。

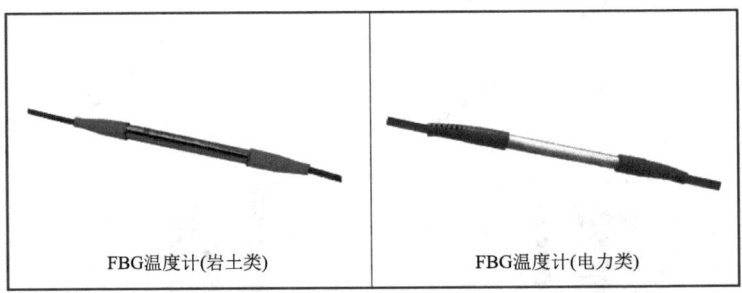

图 6.9　温度类 FBG 传感器

6.2.1.5　加速度类

FBG 加速度类传感器通常基于惯性原理,根据测量出的惯性力发生的位移与应变来解算出加速度值,主要用于岩土工程动力学问题的监测中(图 6.10)。

6.2.2　传感光缆常用类型

6.2.2.1　应变类

应变类传感光缆用于应变和变形测试,该类光缆要求护套层发生的变形能够传递至纤芯

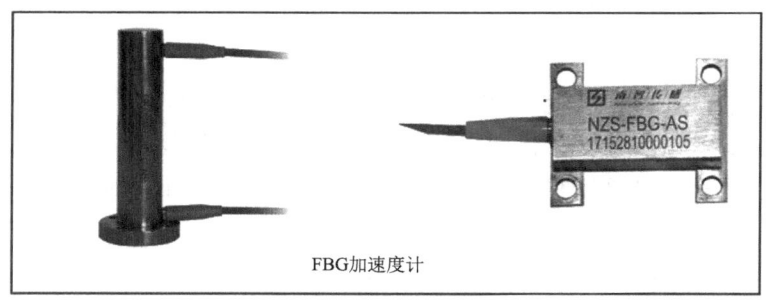

图 6.10　加速度类 FBG 传感器

层,一般为紧包或者定点结构。根据应用场景,应变类传感光缆主要可分为表面黏贴类(图 6.11)、混凝土/岩土体内埋类(图 6.12)、大变形测量类(图 6.13)。

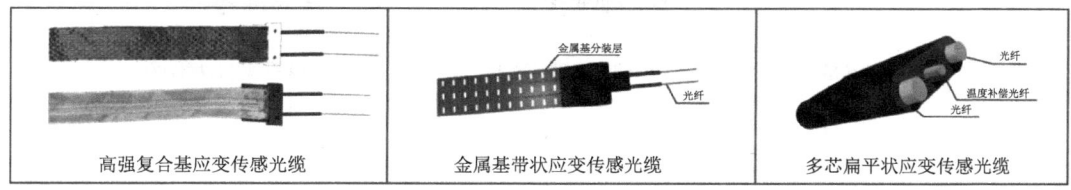

图 6.11　表面黏贴类传感光缆

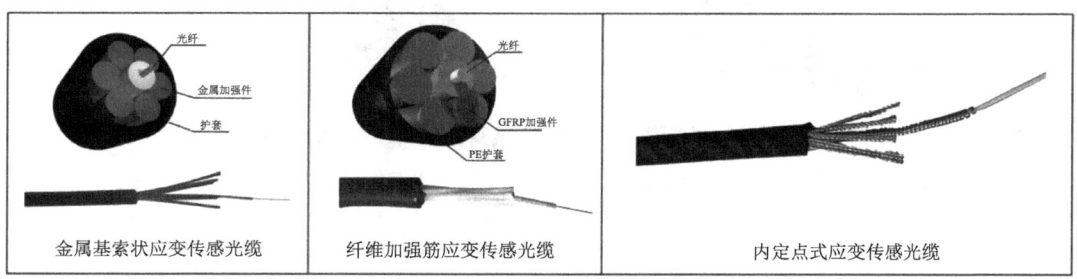

图 6.12　混凝土/岩土体内埋类传感光缆

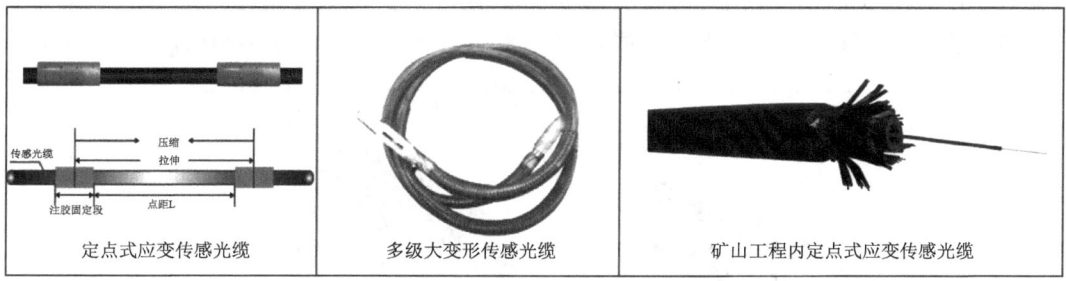

图 6.13　大变形测量类传感光缆

表面黏贴类传感光缆用于混凝土、钢结构等表面应变监测,一般直径或厚度较小,易与被测物耦合,弹性模量与被测物相当或小于被测物;混凝土/岩土体内埋类光缆直接埋设于结构体或岩土体,要求具有高强结构,能够抵抗较大冲击力;大变形测量类传感光缆主要用于地质体监测,能够适应厘米级甚至米级的变形范围,该类光缆通常为定点封装结构。

6.2.2.2 温度类

温度类传感光缆用于温度和水分测试,该类光缆通常为松套结构,护套层的变形不会对内部的纤芯造成影响。工程中应用的温度光缆通常封装成高强结构以抵抗施工破坏,通过电阻丝、碳纤维丝、铜丝等封装成可加热型温度传感光缆,可对渗流、含水率等进行监测(图6.14,图6.15)。

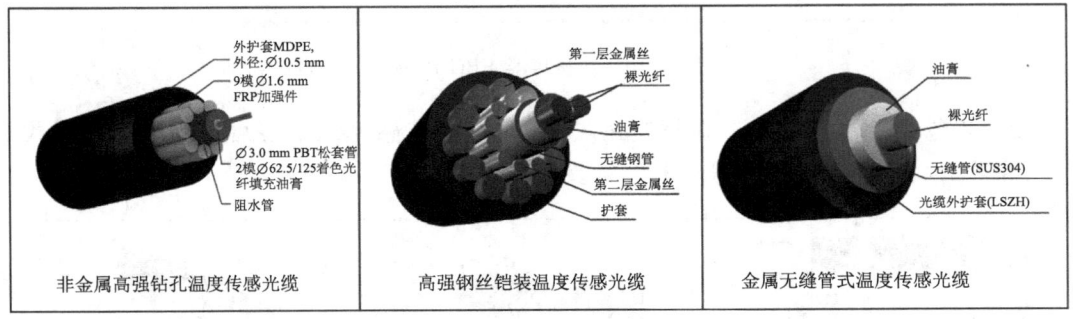

图 6.14　高强温度传感光缆

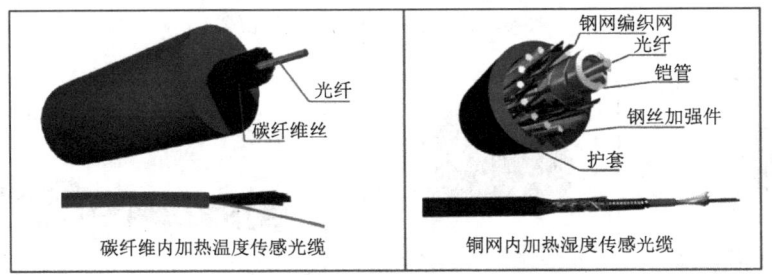

图 6.15　水分测试传感光缆

6.2.2.3 复合类

复合类传感光缆是将应变类和温度类进行组合,同时具备两类光缆的特点,一根光缆可实现应变和温度参量的感知。复合类光缆根据应用场景,同样可以分为黏贴类和内埋类(图6.16)。

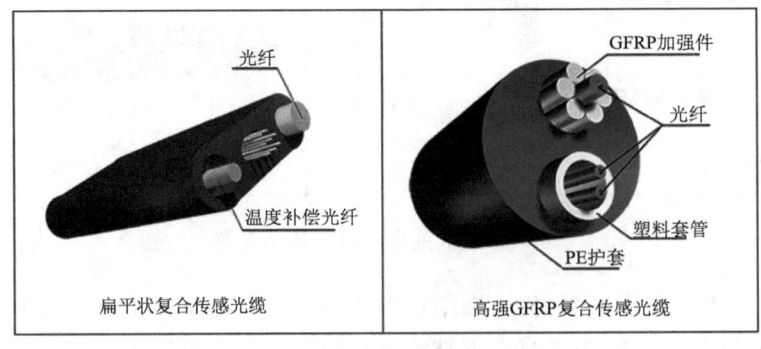

图 6.16　复合类传感光缆

6.3 滑坡体多参量光纤自动化监测

对于滑坡体的灾害监测主要分为：(1)边坡自身的变形监测，主要包括表面与内部变形监测，以及相关的孔隙水水位和压力等变形监测；(2)边坡锚固和支挡等防护结构的监测；(3)边坡环境因素的监测，如降雨、地震等。其中以边坡自身变形监测为重点，对于公路、铁路等边坡来说，边坡的支挡、锚固结构的监测也非常重要。针对边坡的特点，可合理选择光纤监测方案。图6.17为滑坡监测综合示意图。

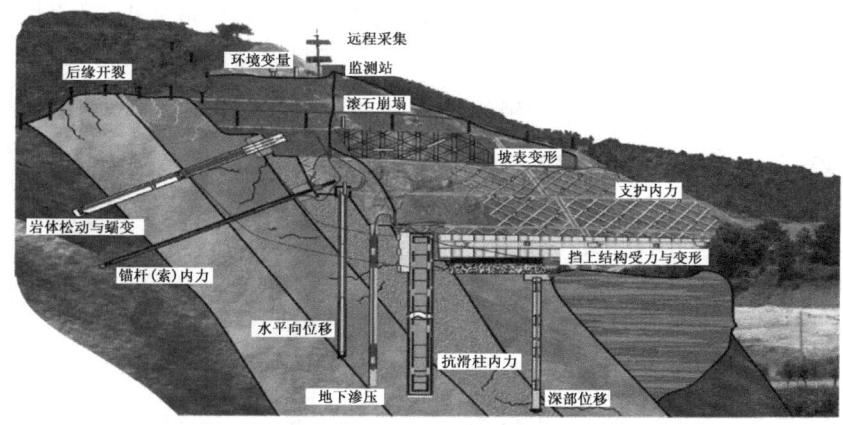

图 6.17 滑坡体灾害监测综合示意

6.3.1 滑坡体变形监测

6.3.1.1 坡表位移监测

边坡在发生变形时，其表面会发生鼓起，潜在滑坡体的边缘会发生不同程度的拉裂和拉张变形，因此边坡表面变形监测对评价边坡稳定性，确定边坡滑动范围等工作有着极为重要的意义。在边坡体的纵横方向布设若干条FBG位移计测线，通过FBG位移计位移变化量来确定边坡变形分布范围规律和变形发展大小程度(图6.18)。

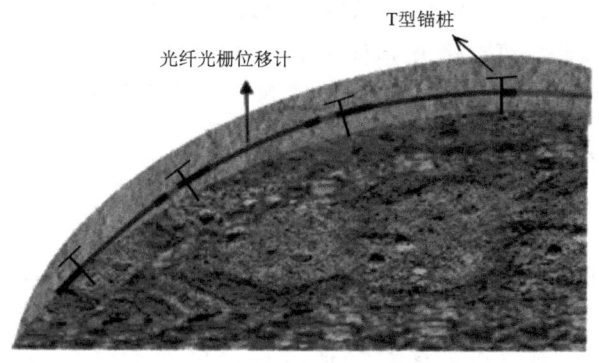

图 6.18 坡表变形监测示意

FBG 位移计通过表面开挖沟槽布设,沟槽深度设计 40 cm,宽度 30 cm,埋入沟槽中的位移计通过锚桩固定,使得传感器与表土发生耦合变形,锚桩打入表土内 50 cm。位移计标距可设计为 1~10 m,即每只位移计可实现 1~10 m 范围内的滑动变形监测。

6.3.1.2 深部位移监测

边坡深部位移变形大小直接反映了边坡的变形程度,按照不同方向可分为反映坡体滑移的水平向位移,反映坡体松弛膨胀的坡向位移。根据其位移的大小可对滑动面的位置进行相应判断、预测位移变化的趋势、推断边坡的稳定性状态及发展趋势。对于水平向位移,在坡体不同部位沿主滑方向打竖向钻孔,并进入基岩稳定区,将封装好光纤综合测斜管植入孔中,利用测斜管的应变分布或倾角变化计算土体深度岩土体的水平向位移大小;对于坡向位移,在坡面上布设斜孔至稳定基岩,通过 FBG 多点位移计方式来测量边坡坡向变形(图 6.19)。

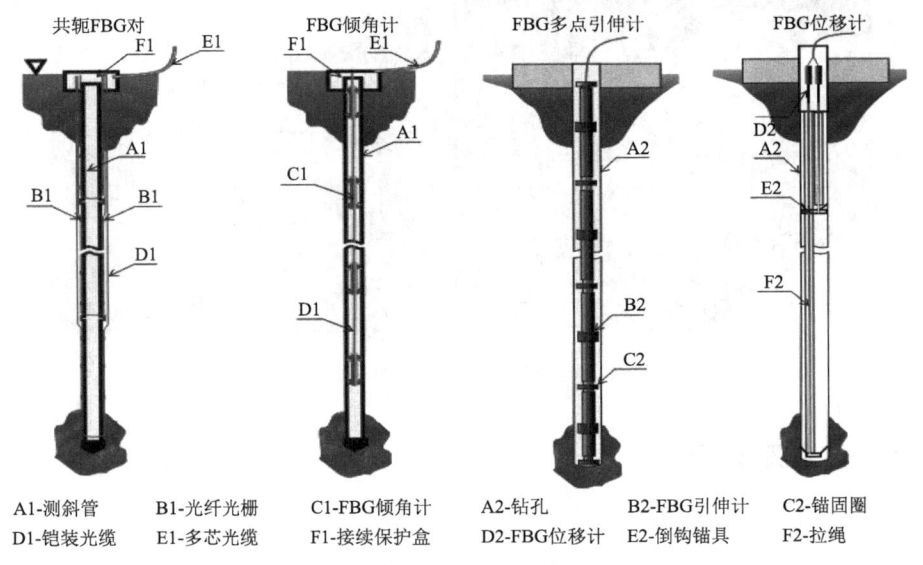

图 6.19 深部位移监测示意图

6.3.1.3 地下水监测

往往对边坡的稳定性构成极大的影响因素是地下水的变化。地下水位的升降变化可以影响到滑动带附近潜在土体基岩的强度,极易造成边坡失稳变形。对于受地下水影响较大的边坡,要增加地下水监测项目。可在边坡上布设适当测点,采用钻孔施工,在合理埋深处布设安装 FBG 渗压计,预留部分水文观测孔,布设 FBG 液位计进行监测。

6.3.2 边坡支挡、锚固等防护结构的监测

6.3.2.1 抗滑桩监测

浇筑成型的抗滑桩承受边坡上部土体作用,抗滑桩内力分布能直接反映桩土作用情况,客观反映边坡不稳定变形发展趋势。边坡上人类工程活动导致边坡荷载变大,极可能导致抗滑桩变性断裂,导致边坡失稳。通过抗滑桩施工时在其钢筋上焊接 FBG 钢筋计,在桩土作用面上安装 FBG 土压力计、FBG 渗压计来对抗滑桩进行监测。此时的抗滑桩犹如添加了神经网络,能全面感知边坡对其的作用。通过应变内力演算,来综合判断

滑坡稳定性(图 6.20)。

6.3.2.2 支挡结构监测

在公路、铁路等道路边坡中,构建支挡结构是加强边坡稳定性的一项非常有效的方式。野外环境恶劣多变,在长时间的边坡土体应力作用下,支挡结构材料也会发生意外损坏、破裂。这些对边坡的稳定性造成极大的威胁。在挡土墙背部合理安装各种 FBG 传感器,如位移计、反力计、渗压计、锚索应力计以及土压力计等,由于给挡土墙安装上了各种神经单元,全面感知边坡与挡土墙的相互作用。从而达到判定边坡稳定性、预测边坡变形发展、预报预警的作用(图 6.21)。

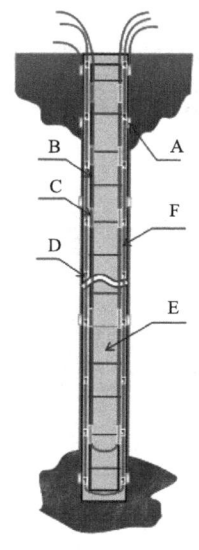

A-FBG土压力计　B-钢筋笼
C-FBG钢筋应力计　D-FBG缆式应变计
F-铠装光缆　　　E-桩身混凝土光缆

图 6.20　抗滑桩监测示意

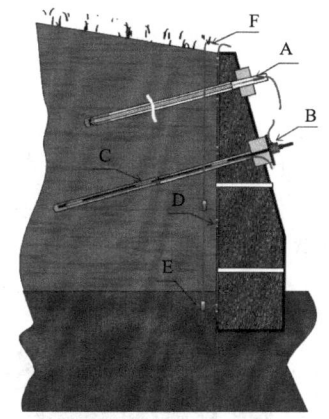

A-FBG位移计　B-FBG反力计　C-FBG锚索应力计
D-FBG土压力计　E-FBG渗压计　F-铠装光缆

图 6.21　挡土墙监测示意

6.3.3　边坡环境变量监测

利用光纤光栅温度计、风速计、雨量计、液位计等传感器对边坡环境进行监测,辅助边坡预警。

6.3.4　光纤解调设备选择与系统集成

6.3.4.1　光纤解调设备的选择

FBG 解调仪根据应用场景可分为便携类和集成类,便携类设备体积小、自带电池及显示屏,主要用于现场数据单次采集,集成类设备需防水、防尘,能够适应野外高、低温环境,根据信号传输方式可分为有线与无线;根据采集频率可分为低频、中频和高频,低频适用于滑坡、地面沉降等缓慢变形场景,高频用于爆破、动力性能测试环境(图 6.22)。

滑坡体自动化监测一般选择低频集成类光纤解调仪,考虑现场环境,传输方式采用无线传

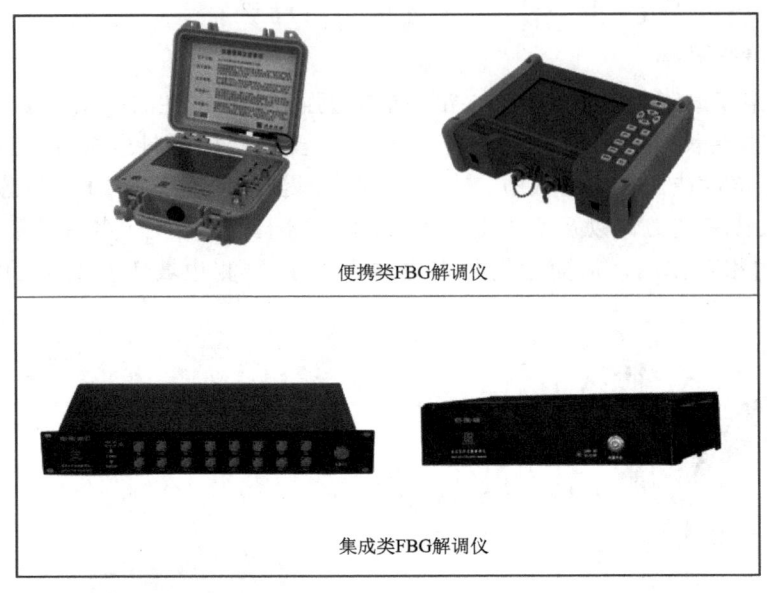

图 6.22　FBG 解调设备

输,供电方式为太阳能新型能源供电。在小型的边坡,可选择 2～4 通道的无线解调设备,可负载 12～24 支光纤传感器;对于大中型边坡,可选择 16～48 通道无线解调设备,可负载 96～288 支光纤传感器(图 6.23)。

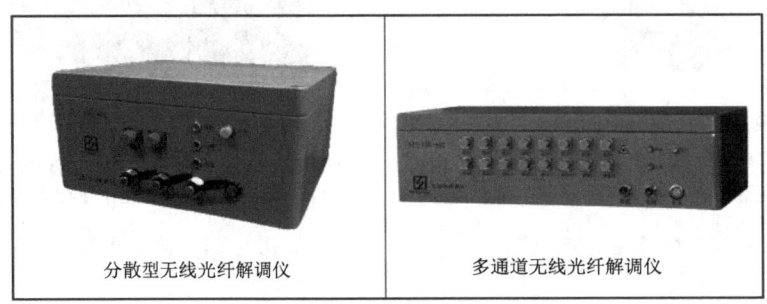

图 6.23　FBG 无线类解调设备

无线光纤光栅解调仪的应用层包括感知层、传输层和应用层。作为光纤的光栅传感器和解调设备,感知层感知并采集监测的数据信息。传输层将实时监测到的数据信息通过无线传输方式传送到应用层,包含 3G、4G 模块。应用层接收并实时显示监测的数据信息,输出报警信号(图 6.24)。

6.3.4.2　太阳能供电系统的建设

考虑到在边坡台阶上安装无线光纤光栅解调设备的特殊性,供电系统采用太阳能电力供电。太阳能供电系统由太阳能板、蓄电池组、安装固定设备以及充放电控制器构成,为光纤光栅解调仪提供特定的运行电力和环境要求。

下面具体介绍太阳能供电系统的建设:首先,在太阳能供电基站上安装风力发电、太阳能以及户外机柜支架的螺杆砌筑。设计完成砌筑高基台稳定坚固后,安装太阳能、户外机柜,在

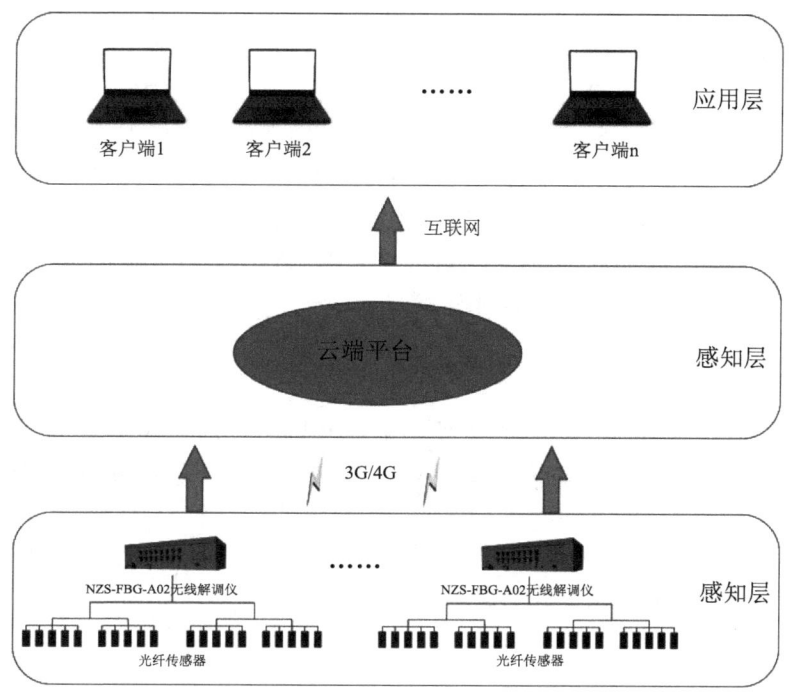

图 6.24　FBG 无线解调仪应用架构

机柜内安装太阳能供电系统。机柜分两层,解调仪、电池组隔离放置并做好隔离措施。避免温度过高和外界潮湿的影响,机柜采用控温和防潮措施(图 6.25)。

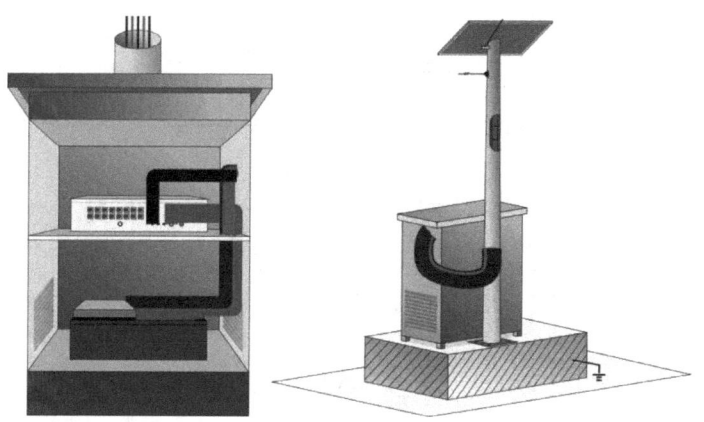

图 6.25　太阳能供电系统设计图

6.4　滑坡体光纤深层变形监测技术

6.4.1　概述

位移测量在变形监测中有极其重要的地位,对于潜孔(20 m 以内)可采用上文所述光纤光栅综合测斜管进行准分布式感知,对于深孔光纤光栅在应用中存在引线多、占用设备多等问题。全分布式及弱光栅技术在滑坡体深层变形监测中具有显著优势。

弱光纤光栅是指反射率极弱的一种特种光纤光栅,其峰值反射率通常低于-30 dB。由于其反射率非常低,相同周期的光纤光栅可以相互穿透,实现单一光纤上大量光栅点复用。弱光纤光栅有如下传感特性:应变和温度传感性能与常规 FBG 一致,具有同等的感测精度;相同周期的光纤光栅可以同纤复用;可在同一光纤上密集加工数千个光纤光栅感测点,实现准分布式密集监测;解调速度快,可实现动态测试。弱光纤光栅结合了光纤光栅的传感优势和光时域技术的定位优势,可实现长距离工程的实时监测。

6.4.2 深部位移测试原理及传感器结构

根据传感光缆测量的沿管长方向管外壁上下左右四个方向的应变值,呈分布式光纤测斜管,通过应变与位移监测管挠度的相应关系从而计算监测管的位移,得到位移分布,其基本原理如下。

如图 6.26 所示,为一个均匀弹性圆形监测管,其管道上的任意一点因挠曲产生的应变 $\varepsilon_m(r,\theta,z)$ 和曲率半径 $\rho(z)$ 的关系见式(6.5)。

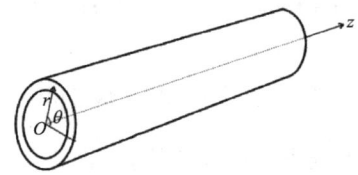

图 6.26 监测管柱坐标变形分析示意

$$\frac{1}{\rho(z)}=\frac{\varepsilon_m(r,\theta,z)}{y(r,\theta,z)} \tag{6.5}$$

式中,$y(r,\theta,z)$ 为应变测试点到弯曲中性面的距离,又因为

$$\frac{1}{\rho(z)}=\frac{d^2\omega(z)}{dz^2} \tag{6.6}$$

$\omega(z)$ 为监测管挠度值,则:

$$\begin{aligned}\omega(z) &= \int_0^z\int_0^z \frac{1}{\rho}dzdz + az + b \\ &= \int_0^z\int_0^z -\frac{\varepsilon_m(r,\theta,z)}{y(r,\theta,z)}dzdz + az + b \\ &= \int_0^z\int_0^z -\frac{\varepsilon_u(z)-\varepsilon_d(z)}{D}dzdz + az + b\end{aligned} \tag{6.7}$$

式中,D 为管外直径。a,b 是由监测管边界条件决定的待定系数。$\varepsilon_u(z)$ 与 $\varepsilon_d(z)$ 为管壁的对称面上光纤应变测量值。由式(6.7)可求出监测管上任意点的两组对称测线方向的挠曲值(孙义杰,2015)。

工程应用中,分布式光纤测斜管载体通常选用常规 ABS、铝合金材质的测斜管,在侧斜管上完成分布式应变测量和传统测斜,要求测斜管内部导槽位置与光纤位置一致。最后,将条带式封装的传感光纤粘于测斜管两侧(图 6.27)。

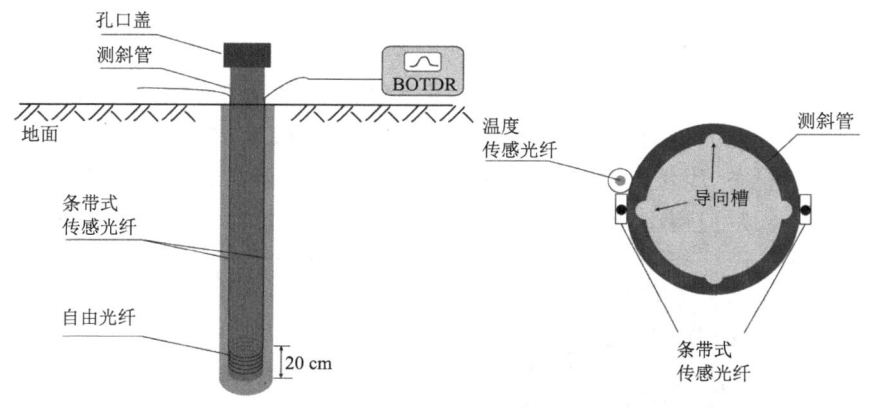

图 6.27 光纤测斜管示意

6.4.3 深部位移监测连续布设工艺

测斜管等管材一般长度不超过 4 m,采用提前布设传感光缆的方式无法形成连续测试线路,因此对于滑坡体的深部位移监测,传感光缆需随附着管体同步下放,实现全孔段的连续分布式监测。

(1)传感光缆的选型

传感光缆附着于管体布设,其直径应不大于 2 mm,弹性模量应低于管体模型,保证与管体的协同变形。传感光缆可选用全分布式或弱光栅类,弱光栅类测点间距应不大于 1 m(图 6.28)。

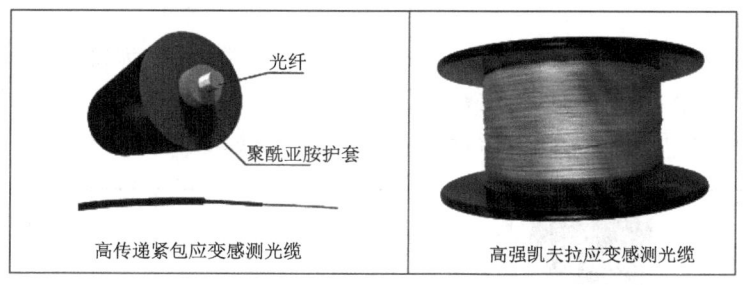

图 6.28 纤细类传感光缆

(2)测管设计

测管沿传感光缆布设线路应做开槽处理,光缆布设于槽内,避免下放过程中的刮碰。线槽尺寸应接近并略大于传感光缆直径,过小光缆无法植入,过大光缆易滑出。

(3)下放方式

测管下放过程中,同步将传感光缆植入预设线槽,同时向线槽内注入粘结剂固定,为避免传感光缆遇水脱落,线槽外部可通过布基胶带等覆盖。测管连接处,传感光缆应从接头内部通过。

(4)钻孔回填

测斜管下放在土质边坡后,用粗砂把管子和钻孔的间隙填满;回填时应缓慢投入砂土,并轻轻摇晃测斜管,使砂土充分填充,若孔较深,可采用多次回填,确保最终孔内填实;岩质边坡可采用微膨胀性混凝土类材料填充。

6.4.4 光纤测试设备

采用全分布式光纤传感技术,测试设备主要为两类,一类为基于光时域技术的分布式应变设备(BOTDR),其特点为单端测试,无需回路,测试精度一般为 20 微应变;另一类为基于频域技术的分布式应变设备(BOFDA),该类设备需双端测试,传感光缆需构成完整回路,测试精度可达 2 微应变。在实际应用中,通常是依据布设情况和精度要求选择合适的设备(图 6.29)。

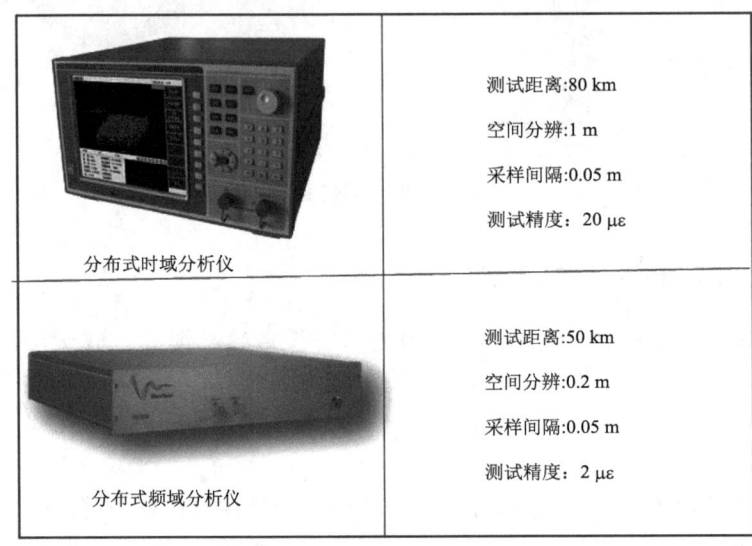

图 6.29 分布式光纤解调设备

采用弱光栅技术,测试设备根据应用方式也可分为两类:一类为便携式弱光栅解调仪,设备自带电池,一般设计 2~4 个通道,主要用于定期数据采集;另一类为柜式弱光栅解调仪,该设备配有 8~16 通道,可进行无线数据传输,主要用于自动化集成(图 6.30)。

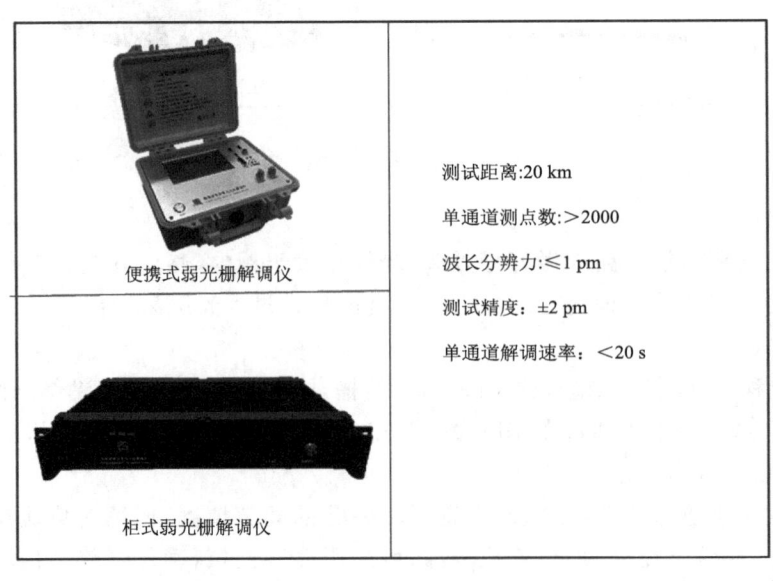

图 6.30 弱光栅解调设备

截至目前，光纤传感技术凭借在空间分辨率、刷新率和检测方面的优势已经提升了许多行业解决问题的能力。由于光纤传感器具有很大的灵活性，足以实现成为一种平台，可作为关键系统的一个组件集成进设计中，用于实现必要的实时监视功能，或单独作为先进的测试套件使用，因此在未来不仅仅局限于地质监测领域，光纤传感技术会遍及应用于航天、能源等诸多领域。

第7章 直流电法滑坡监测技术

近年来,随着油井金属套管、矿山金属轨道、隧道钢筋护网等作为供电电极相继被用于井下和矿山直流电法勘探,进而将基于长电极供电场源的勘探方法——直流电法勘探引入研究者的视野。作为电法勘探的一大类方法,直流电法是研究与地质体有关的直流电场的分布和规律进行找矿和解决某些地质问题。直流电法利用的场源可分为人工和天然两类,其中较为常用的人工场源的直流电法包括有电阻率剖面法、电阻率测探法、充电法、直流激发化法等。滑坡在发生时容易产生滑移地质现象,在滑体及其边缘产生裂缝。根据滑坡的特点,选择直流电法可根据人为建立地质变化分布规律来进行观测和研究,最后监测出滑坡体的形变参数,实现滑坡的实时监测与预警,保障人民生命财产安全。

本章主要对直流电法的基本特性、原理、发展以及在滑坡体监测中的应用四个方面进行简要的介绍。

7.1 滑坡灾害电性特征及监测

7.1.1 滑坡灾害电性特征

滑坡灾害易发区的岩土有着异于其他岩土的特点。在岩土体的结构上,一般情况下,对于滑坡体滑动面结构,由于其水、泥的含量相对较高,因而结构较为松散;在地球物理特征上,与滑坡体相比,滑坡体滑动面结构下伏的基岩岩层的电阻率值相对较低。通过对相关资料的查询可知:素黏土、填土的电阻率是 $25\sim70$ Ω·m,水含量相对较高的素黏土、填土的电阻率是 $5\sim35$ Ω·m,对于强风化泥岩、强风化闪长玢岩电阻率为 $5\sim200$ Ω·m。由于滑坡地质体受含水量影响较大,再加上地下水的渗流作用,整个滑坡体的电性特征的改变就更加明显(图7.1),所以采用直流电法开展勘察和监测工作的必要前提条件是滑坡体的地球物理特征与地质特征。

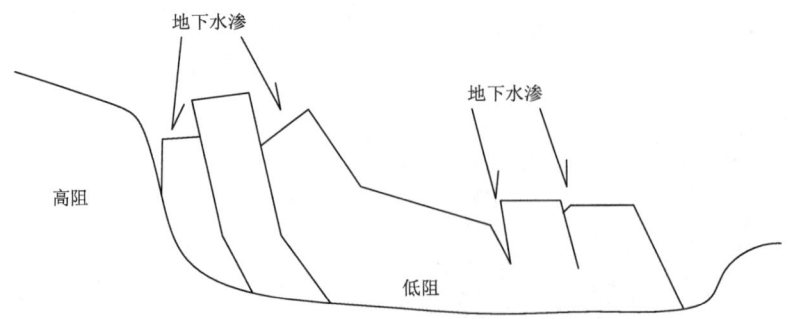

图 7.1 滑坡灾害地球物理模型示意

7.1.2 滑坡灾害电性参数监测

目前滑坡灾害监测预警技术核心参数有滑坡体及滑面的形变、位移、地下水水位水压,但目前监测这些参数都是属于滑坡的伴生特征参数,即滑坡灾害发生时的相关参数特征,而不是滑坡的时域、空间超前预警参数。

滑坡灾害诱发的外部因素较多,其中以地下水为主,由于地下水的存在,岩土体的力学特性也会因此而受到影响,其作用结构面的填充物的强度也会有一定程度的降低,同时岩土体的自重也会急剧增加。根据相关资料显示,由于地下水作用导致的滑坡灾害在世界上的发生频率最高,范围最广(沈世伟,2010)。地下水流场核心监测预警参数有两个:自然电场和电阻率。

(1)自然电场

岩土体缝隙对水体携带的正、负离子有一定的选择性吸附作用(图7.2)。因此当地下水通过岩土体缝时,沿着水流方向上的离子浓度将会面临重新分布,由此便会在上下游产生电位差。一般情况下,当水流经过岩土体缝时,水中的离子便会被吸附,随着被吸附的数量越来越大,上下游之间便会形成一定的电位差,并逐渐增大,进而降低弱岩石缝隙对离子的吸附能力,直至最终达到离子平衡,形成稳定的电位差,即"过滤电位差"。影响过滤电位差大小的因素有许多,如:溶液的电阻率、化学成分等,同时岩石的成分、溶液的成分等因素也影响电位差的形成。

一般情况下,由于岩土体对水中的负离子存在一定的吸附作用,导致在水流方向的上游形成负电位,下游形成正电位。因此,当对同一区域进行观测时,水流会严重影响到自然电场的分布。常称水流的前端为水头,水头的移动过程即为正电位的移动过程,通过电位的变化过程可以监测自然电位的运动规律,进而可推算出观测区域内的水流情况。

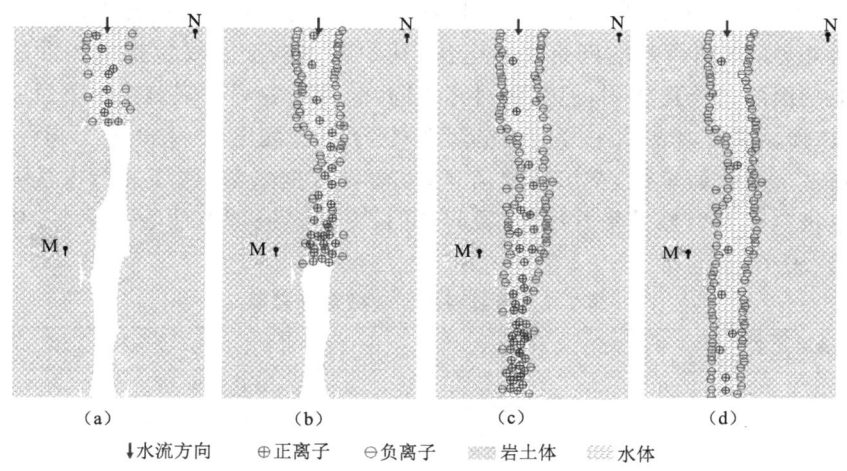

图7.2 岩土体缝隙对负离子吸附作用示意

(2)电阻率

经研究,利用矿石、地下岩的导电性差异,建立电流场能够有效解决一些地质问题。由于其具有研究方法的多样化、设备仪器简单等诸多优点,使其被广泛地应用于工程、水文地质勘察等领域,且取得了较好的效果。

7.1.3 滑坡灾害监测技术研究的方向

目前,在灾害防治研究工作中,滑坡灾害监测、预警的研究一直处于核心地位。由于对滑坡主体相关信息的获取技术手段的局限,滑坡监测的研究成果仍处于低水平阶段,即仅仅处于对灾害性地质滑坡隐患的静态勘查以及宏观预报。对于更好的地质性灾害的实时动态监测技术的突破,国内外学者仍在不断的努力探索。国内外专家研究表明,可以通过评估静态物理参数监测灾害的诱发内因变量对地质灾害进行动态监测和预警。

7.2 直流电法发展及并行电法技术

7.2.1 直流电法技术

电法勘探作为一门新兴学科,发展时间并不太长。据相关资料记载可知,作为电法勘探技术的第一个分支,自然电流最早由 P·佛克斯于 19 世纪初在硫化金属矿上观测到,并于 1835 年开始尝试应用于金属矿的寻找。但由于初期的技术研究不太完善,因此并未在实际工作中得到很好的应用。而后约半个世纪,外国学者卡尔巴努斯基于已有方法提出:在自然电场法中使用不极化电极。随着时间的推移,直至 20 世纪初,工业开始迅猛发展,矿产资源的需求量也开始激增,电法勘探法才开始从理论研究走向实际运用。而后经过不断研究改进,电法探测才开始真正投入生产找矿。

随着研究的不断推进,在 19 世纪末,电阻率法勘探出现在大家的视野中。于 1893 年,费歇爱测出电阻率异常。但是到 20 世纪初,电阻率的概念才被正式提出,同时还确立了两种分支方法,即中间梯度法与四极等间距的温纳氏法。电法勘探技术的发展历程为从最初的常规电法到高密度电法,再到最终的网络并行电法,其中常规电法主要包括电测深法、电剖面法。电测深法与电剖面法的原理相同,但观测目标不同,前者是观测在观测点上下垂直向上的电阻率的变化情况,而后者是观测水平方向的电阻率;对于高密度电法,它融合了两种常规电法,其原理主要是通过求取比值参数,突出异常信息,进而做数据采集;网络并行电法是基于"分布式并行智能电极电位差信号采集方法"发展起来的,支持多通道电法数据采集,是电法勘探技术的重大进步(表 7.1)。

表 7.1 传统各类电法勘探分类表

类别	场源性质	方法名称		应用
直流电法(稳定场)	天然场	自然电位法		普查找矿,探测地下水流向及地下水域地表水的补给关系
	人工场	电阻率法	电剖面法	填图、追索断层破碎带、接触带及各种高低阻地质体的分布;查明岩溶发育地带
			二极剖面	
			联合剖面	
			对称四极剖面	
			复合四极剖面	
			中间梯度	
			偶极剖面	
			微分剖面	

续表

类别	场源性质	方法名称		应用
直流电法（稳定场）	人工场	电阻率法	电测深法 — 对称四极测深	查明构造，勘测基岩起伏、埋深、风化壳厚度，划分倾角很小的地层层位，确定含水层分布及埋深，划分咸淡水分界面
			电测深法 — 三极电测深	
			电测深法 — 偶极电测深	
			电测深法 — 二极电测深	
			高密度电阻率法	用于重大场地的工程地质调查，坝基及桥墩选址，采空区及地裂缝探测等众多工程勘察
			高分辨电阻率法	用于探测地下洞体、水源和考古
		充电法		确定良导体形态、范围及相邻矿体间的联系，追索地下暗河，充水裂隙带，测量地下水流向，研究滑坡
不稳定场		直流激发极化法（时间域）		普查找矿，填绘金属矿化岩石或石墨化岩石的界限，金属矿勘探，水文工程等地质问题，划分含泥质地层
		交流激发极化法（频率域）		
交流电法（交变场）	天然场	大地电磁场法	剖面法	查明区域构造
			测深法	
	人工场	甚低频法		同直流电阻率法
		变频电磁测深法		研究构造和高阻屏蔽层下的探测构造
		无线电波透视法		断层、查岩溶；矿井下探测小构造

回顾电法勘探发展的历程可知，电法勘探技术的理论和应用方案早已在20世纪初便已初有轮廓，而后便在美国、加拿大等国家的地质勘探领域中被广泛应用。随着现代物理学、电子学等多学科的发展，极大地促进了电阻率法勘探在方法、技术等方面的发展。尤其是计算机的发展，极大地提高了数字化野外信息和处理资料的效率和准确度，进而扩大了电阻率法的应用范围，提升了地质效果。由于测量、计算的仪器设备越来越偏向于小型化、数字化、智能化，进一步扩大了电法勘探的应用范围。众多国内外的公司如：加拿大 Phoenix 公司、美国 Zonge 公司等相继开发了便捷式的电法 CT 仪、电阻率成像系统，该系列的开发成果使得能够一次性完成数据及成果图的采集，极大地缩短了外场的作业时间，提高了电法勘探的效率。

7.2.2 高密度电法技术

高密度电法是一种阵列式勘探方法，是特殊的常规电阻率法，其原理为：用供电电极 A、B 向地下供电流，测量电流 I，同时在测量电极 M、N 间的电位差 ΔU_{MN}，各电极沿选定的测线剖面，按规定的电极间隔（极距系数）移动测量。高密度电法系统一般有温纳、施伦贝谢尔、偶极—偶极、单极—偶极等装置。如图7.3所示，由于该方法为串行采集法，即需按照设计的电法程序，每次采集一种电法装置的数据，因而存在极大的缺陷，低效且采集数据量小。

7.2.3 并行电法技术

网络并行电法技术是新一代电法数据采集技术，其优势在于保证电法浅层探测的深部信

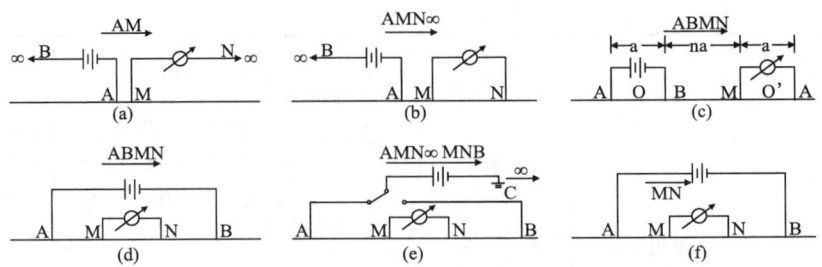

图 7.3 几种常用电阻率剖面法的装置类型示意

(a)二极装置,(b)三极装置,(c)偶极装置,(d)对称四极装置,(e)联合剖面装置,(f)中间梯度装置

号的同时,也能够保证精度采集探测信号。较之于高密度电法与常规电法,并行电法可同时测得多测点数据(李松营,2010),采集效率更高,而且由于并行电法在数据采集时具有同步性和瞬时性,这样在获得更真实合理的电法图像的同时,又极大地提高了电阻率时间分辨率。将其与控制、通讯系统有效地结合,形成网络并行电法监测系统,进而实现对电法数据的远程获取和智能控制。

网络并行电法仪器与地震勘探有着明显的差别,前者是通过两个供电电极 A、B 产生电法勘探信号,采用的是拟地震进行数据采集,而后者主要是通过单点激震。

网络并行电法技术在数据采集方法上采用的是偶极子供电(ABM 法)和两种单极供电(AM 法)。网络并行电法勘探技术有着独特的优势,既能够完成传统电法的测量,同时也能够极大地提高野外勘探及数据采集的效率。基于传统的电法仪器,普通的高密度电法仪器在此基础上增设了单片机电极转换控制系统,同时通过电极和多芯电缆进行连接。由于系统只具有单一的 A/D 转换器,因此电极之间的连接方式只能通过串联的方式,只有当每个电极都有 A/D 转换器时,方能通过并联的连接方式连接各电极。自动采样电极便能很好地解决这一问题,它能够通过电脑协议与主机实时地保持联系,一旦电极接收到供电命令,电极的采样部分便会断开,使得电极处于供电状态,并将测量的数据通过通讯线实时地发送给主机。通过供电与测量的时序关系对自然场、一次场、二次场电压数据(图 7.4)及电流数据自动采样,在此过程没有空闲的电极出现。网络系统与智能电极的有效结合,一方面能够很好地实现并行电法勘探,另一方面也进一步完善

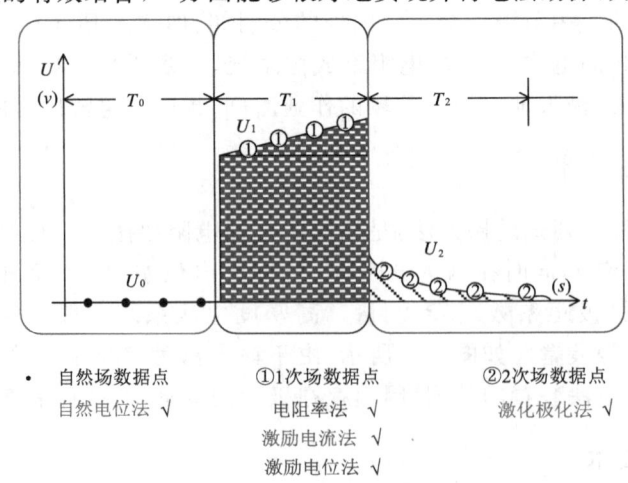

图 7.4 单个电极采集的电位时间序列

了地震勘探的数据采集功能,很大程度上降低电法数据采集的成本。

由于网络并行电法仪器采用拟地震采集方式,因而可以进行多通道电场数据采集。对于电法勘探,它主要是通过信号流经供电电极,进而向大地供电;单点激震主要是地震勘探。针对于此,网络并行电法仪器采用了异性点电源场(ABM法)和单点电源场(AM法)进行数据采集与处理。

(1)单点电源场(AM法)工作方式

AM测试过程:(1)将供电电极 A、B 分别布置在测线上和无穷远处(图7.5),电极数设置为 n;(2)布置公共测量电极 N 级(无穷远电极);(3)对 A、B 两个供电电极进行供电;(4)通过网络并行电法采集系统采集无穷远电极 N 与其余 n 个电极的电位差,如此便能测线上各电极的电位分布情况。网络并行电法采集系统具有高效的数据采集能力,通过一次测量便可完成多方法中的多装置功能,如,高密度电法勘探的温纳二极法、温纳三极 A、B,电阻率剖面法中的二、三极装置,电阻率测深法的三极电测深。图7.6为单点电源场中的电位分布情况。

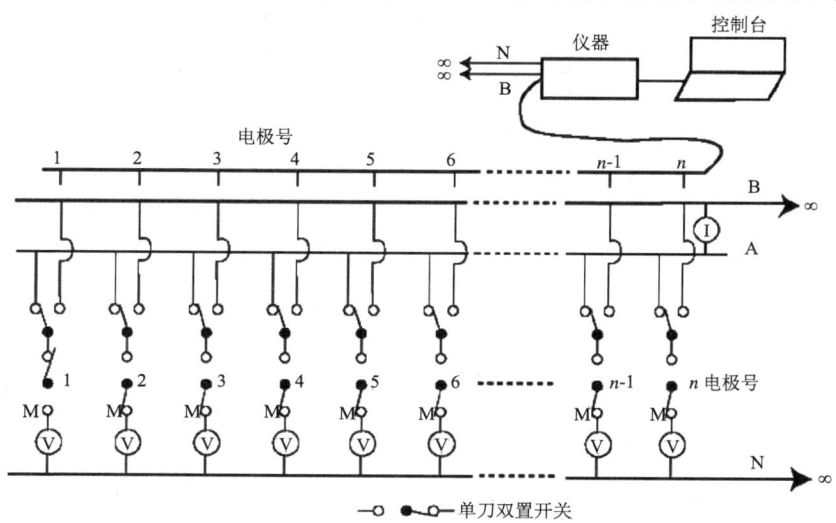

图7.5 AM法工作原理

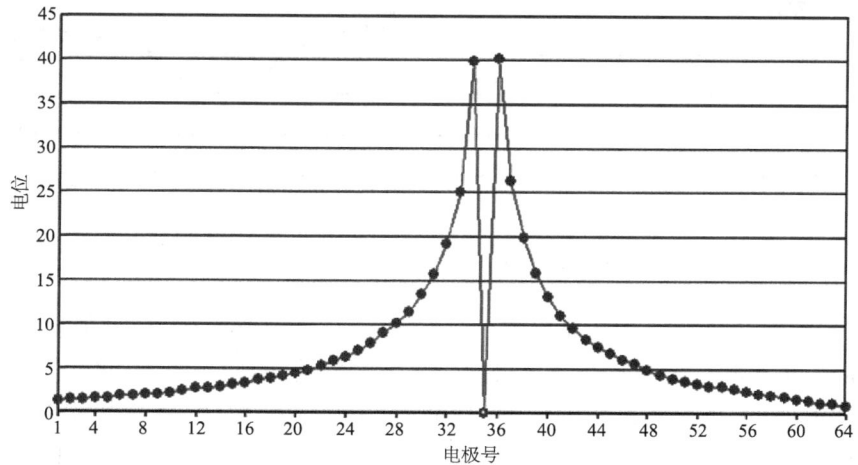

图7.6 AM法电压观测分布

(2) 异性电源场(ABM法)工作方式

ABM测试过程:(1)布置A、B两个供电电极于测线上,且设置n个电极,(2)布置公共测量电极N级(图7.7);(3)通过网络并行电法采集系统采集无穷电极N与其余n个电极的电位差ΔU_{nN},由此便可测得测线上各电极的电位分布的情况。采集系统中的各类四极装置如图7.8所示。

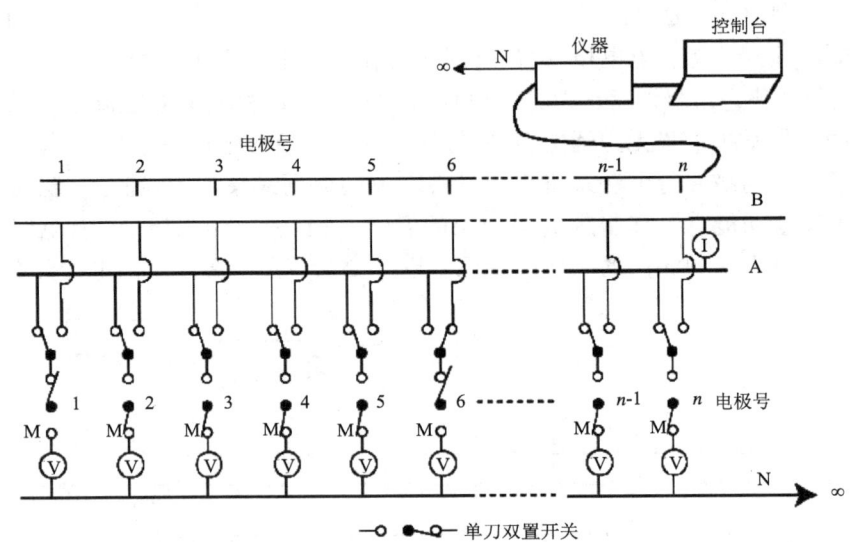

图7.7 ABM工作方式原理

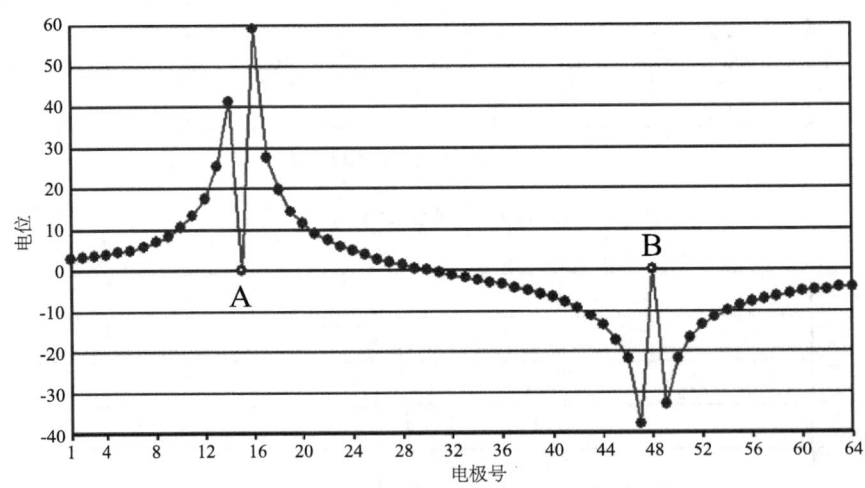

图7.8 异性点电源场观测电位分布

ABM排列法以及AM排列法是网络并行电法的两种主要工作模式,他们包含了所有的电法装置探测。由于其在施工时会产生较大差异的时间消耗,同时由于排列工作特点的不同,导致时间上的消耗,ABM远大于AM,如,以64个电极为例,将A、B两电极给定固定的供电时间0.5 s,由表7.2可知上述两种排列法(ABM,AM)在数据采集时间上有极大的差距。为了提高数据采集的效率,对AM、ABM排列法的相互关系的研究显得尤为必要,并且要使两者能够相互转换。

表 7.2 网络并行电法采集工作时间

采集排列方法	可提取装置类型	采集时间
AM	可提取二极法所有装置类型数据	96 s
	可提取所有三极法装置类型数据	
ABM	可提取所有四极法装置类型数据	3024 s

7.2.4 并行电法仪器

双模网络并行电法仪(图 7.9)是安徽惠洲地质安全设计院最新研制的由电法仪器。它是由电法勘探、监测类产品(国家发明专利技术 ZL200410014020)分布式网络系统集成技术和双模式电极构建而成。运用该仪器可实现地面多种地电场二维或三维电法勘探,主要包括充电法勘探、电阻率法勘探、自然电位法勘探以及激电法勘探(时间域和频率域)等。

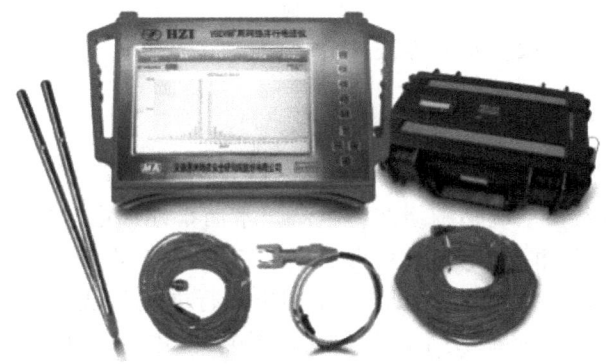

图 7.9 双模网络并行电法仪器

双模网络并行电法仪器可广泛应用于工程地质勘察(建筑、铁路、地铁等岩土工程勘查与结构变形破坏探查)、地质灾害监测(边坡稳定性观测、基坑渗漏监测、采空区探查、堤坝隐患监测、跨孔监测、滑坡体监测)、矿产资源勘察等。

主要功能特点如下。

①可实现地面多种地电场二维或三维电法勘探,包括电阻率法勘探、充电法勘探、自然电位法勘探以及激电法勘探(时间域和频率域)等;

②一体化主机内置 ARM、网络通信、16 路激发、16 路接收、内部电源和外接电源等功能模块组成,可以连接 WIFI 网络,独立进行网络电法监测工作;

③每个采集基站由控制、16 路激发、16 路接收和内部电源模块构成;

④一体化主机连接 n 个采集基站,可设置为分布式电法系统,构成 $16n$ 路激发和 $16n$ 路接收的网络并行地电场勘探、监测大系统,用户可根据需求任意选择电极道数;

⑤通过对主机的操作,可以实时显示探测、电压信号的波形、监测区域的直流和交流的电流,有:电压波形、电流波形、视极化率剖面图、视电阻率剖面图以及视幅频率剖面图;

⑥电极采用激励、接收分离的双模式电极。

系统具有无线远程网络通信、自动叫站、智能开关机、主机—基站动态连接、无穷远站上组合、内置电话线等特殊功能,从而实现两人进行现场三维电法勘探的功能。主要技术参数如下。

① 通道数:$n\times16$,48 道、64 道、128 道,可以任选;
② A/D 转换:24 位;
③ 存储容量:8~32 GB;
④ 测量电压范围:±10 V;
⑤ 测量电压精度:0.5%(Full);
⑥ 测量电流精度:0.5%(Full);
⑦ 最大发射电压:0、24、48、72、96 V 等五档切换;
⑧ 最大发射电流:2A;
⑨ 恒流时间:10 ms、100 ms、200 ms、500 ms、1 s、2 s、6 s、10 s;
⑩ 采样间隔(ms):0.02/1/2/5/10/20/50/100/200/500;
⑪ 输入阻抗:>20 MΩ;
⑫ 通信方式:USB、串口、无线 WIFI 远程控制;
⑬ 供电方波:正负正方波、多频率方波。

7.3 并行电法监测滑坡灾害技术

滑坡地质灾害监测预警系统是围绕并行电法技术而搭建的电法监测滑坡体视电阻率及含导水特征,滑坡体内的自然电位、电阻率数据的变化特征,通过电法参数的监测方式,实现滑坡等地质灾害的预测,见图 7.10 和图 7.11。其中网络并行电法系统于 2008 年被国家四部委授予"国家重点新产品"荣誉,重点解决了阵列电法的并行采集方式问题,并研发了远程操控、实时监测功能,能够同时完成电阻率仪、激电仪、自然电场仪等多种勘探,提高了噪声比和电阻率采集的时间分辨率,实现四维电法勘探的功能,在国际上处于领先水平。

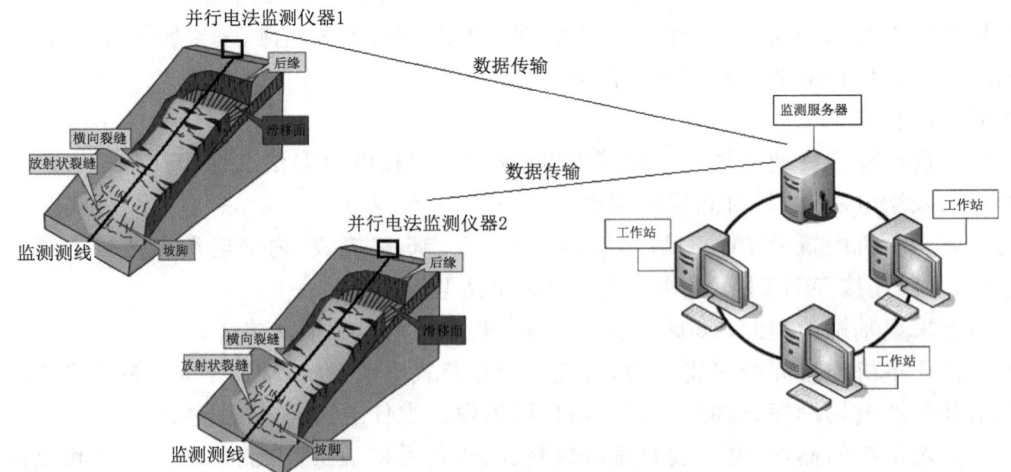

图 7.10 并行电法监测、预警系统

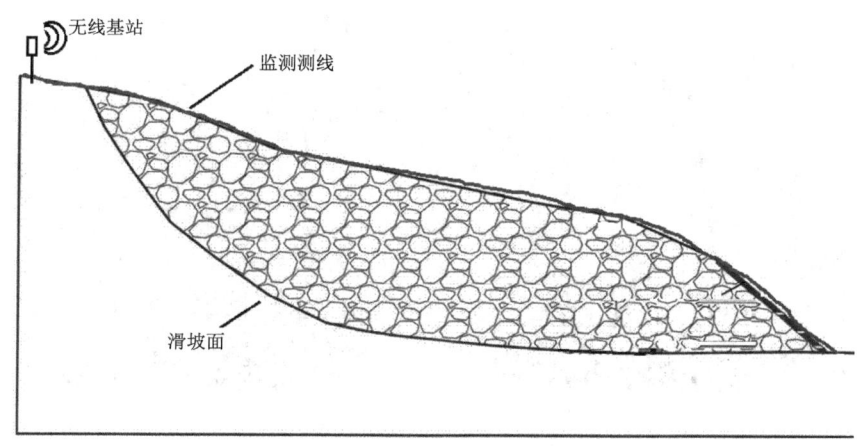

图 7.11 滑坡监测现场布置示意

滑坡等地质灾害在其演变的过程中会伴随着含水渗流状态的改变,其自然电位及滑坡体内含水特征发生变化,造成地电场异常。因此,通过对地电场进行监测,可以很直观地观测到其自然场、一次场以及二次场的变化特点,这样便能够获得介质的富水状况、渗流饱和状态等的变化趋势,进而实现多种地质灾害的主动预警。

滑坡等地质灾害并行电法监测的主要参数有:自然电位数据和电阻率数据。监测系统利用不间断采集自然电位数据,获取测线覆盖范围内的自然电场变化情况,滑坡体在滑移之前会有地下水渗流诱因作用,从而产生地下自然电位场的变化,因此可以用观测自然电位变化推断地下水渗流情况来监测、预测滑坡的发生。

滑坡体的运移过程是因为滑动体内含水量升高(特别是滑动面)等导致摩擦力减小,滑坡体内含水量的变化可以通过间隔固定时间采集电阻率数据,并对前后数据做比较,当前后电阻率变化增大,则滑坡危险系数就大幅度增加,从而可以提前做出预警。

7.4 并行电法探测九华山滑坡地质灾害案例

安徽省池州市九华山三道桥位于池州市九华山,北俯长江,南望黄山,东邻太平湖,西接池州;区域总面积约 120 km²,位于 117°43′—118°80′E,30°24′—30°40′N。九华山山体陡峭,沟深谷险,在中段已发生滑坡体约 7200 m³(图 7.12)。据初步调查分析,滑坡原因为表层有较厚的坡残积松散堆积物,下覆钾长花岗岩全风化层之中存在多组节理面,降水沿松散层渗入节理裂隙中,与下部较完整岩之间形成一个浸润面,减小了滑坡体与滑床之间的阻力。2009 年 8 月 9 日 20 时至 8 月 11 日 06 时 10 分,该地区在连续降雨 390 余毫米的集中降水条件下,导致表层岩土顺山体向下部滑移,形成滑坡。

根据现场边坡的地形条件及探测任务,现场布置 1 条地震测线和 4 条电法测线。其中地震测线沿着山坡从钻孔 ZK7-TJ1-TJ2 段进行反射共偏移探测,炮间距为 2 m,道间距 1 m,偏移距 4 m,步长 2 m 顺移前进式观测方式。激发次数为 42 次,采用 Geo Pen-Mini Seis6(D) 微型地震仪和 TZBS 系列(主频为 100 Hz)传感器采集数据。

电法测线沿山坡走向布置 CX1、CX3、CX4 三条横测线和顺山坡 CX2 一条纵测线。电极

图 7.12 滑坡区全景图

间距平均为 2.5 m(图 7.13)。电法仪采用安徽惠洲地质安全研究院股份有限公司自主研发的 WBD-1 型并行电法仪。

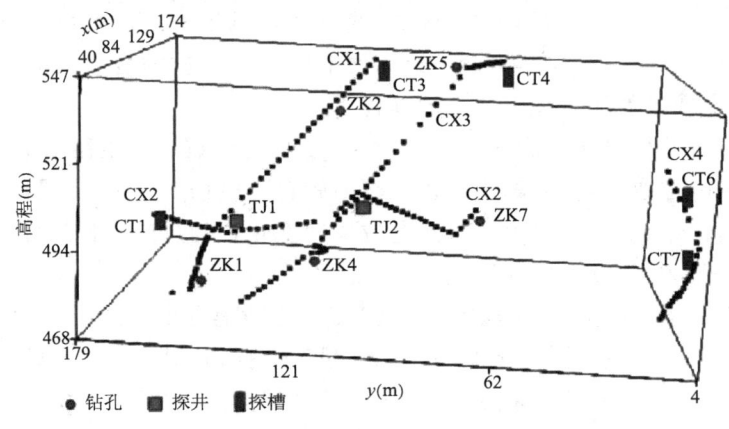

图 7.13 电法测线布置示意

(横测线 CX1 顺坡布置,共 47 个电极,先后穿过探槽 CT3、钻孔 ZK2、探井 TJ1、钻孔 ZK1。纵测线 CX2 顺坡布置,共 52 个电极,先后穿过探槽 CT1、探井 TJ1、探井 TJ2、钻孔 ZK7。横测线 CX3 顺坡布置,共 50 个电极,先后穿过探槽 CT4、钻孔 ZK5、探井 TJ2、钻孔 ZK4。横测线 CX4 顺坡布置,共 28 个电极,先后穿过探槽 CT6、探槽 CT7)。

CX1 剖面顺坡向布置。从反演结果(图 7.14)上可以看出,该剖面覆盖层厚度变化相对较大,其中残坡积物及强、中等风化的花岗岩厚度为 3~15 m;其电阻率较大,为 400~1500 $\Omega \cdot m$,解释为基岩,在 TJ1 和 ZK1 附近呈现高阻闭合圈,电阻率值为 400~1000 $\Omega \cdot m$;在 TJ1 的上坡方向标高 +495 m~+510 m 的位置存在一低阻带,电阻率值在 50 $\Omega \cdot m$ 以下,且覆盖层的厚度相对较大,厚度在 10~15 m,可能为残坡积物的滑体。

CX3 剖面沿顺坡向布置,地形起伏变化较大。从反演结果(图 7.15)可以看出,覆盖层厚度变化相对较大,残坡积物及强、中等风化的花岗岩厚度 3~20 m。基岩电阻率为 400~1500 $\Omega \cdot m$;在 CT4 和 ZK5 测段表层以及 TJ2 附近呈现高阻闭合圈,电阻率值为 400~800 $\Omega \cdot m$;在 ZK4 附近出现一低电阻率条带,且其值在 50 $\Omega \cdot m$ 以下,覆盖层的厚度大约 20 m。

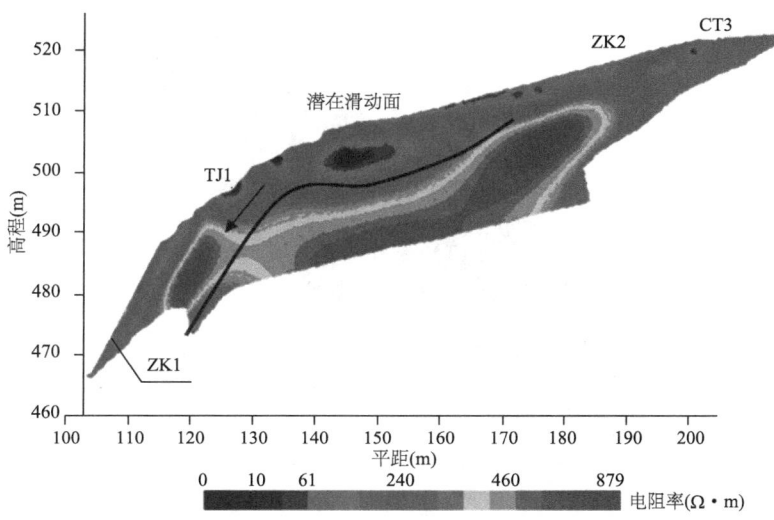

图 7.14 地形校正后的 CX1 反演剖面（见彩图）

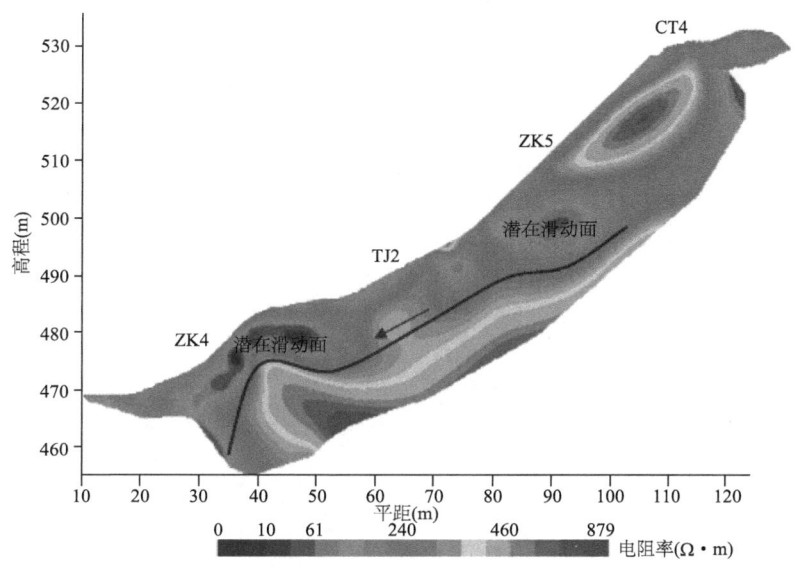

图 7.15 地形校正后的 CX3 反演剖面（见彩图）

CX4 剖面沿顺坡向布置，地形起伏变化较大。从电阻率反演结果（图 7.16）可以看出，该剖面覆盖层厚度变化相对较小。表层视电阻率变化较小，在 50~250 Ω·m，其中在 CT6 与 CT7 之间呈现条带状低阻闭合团，电阻率值在 50 Ω·m 以下。基岩电阻率为 400~1500 Ω·m。

综上所述，九华山滑坡区内主要有三处明显的滑动面：（1）TJ1 和 ZK1 测段之间的滑动面，滑面深度为 5~10 m，且 TJ1 斜上坡方向滑面埋深相对较厚，达到 10 m；（2）在 CT4 和 ZK4 测段之间的滑动面，滑面的深度为 5~20 m，且 ZK4 处滑面埋深相对较厚，达到 20 m；（3）TJ2 南北两侧附近的滑动面，滑面的深度为 15~20 m，此滑动面为重点防患治理对象。

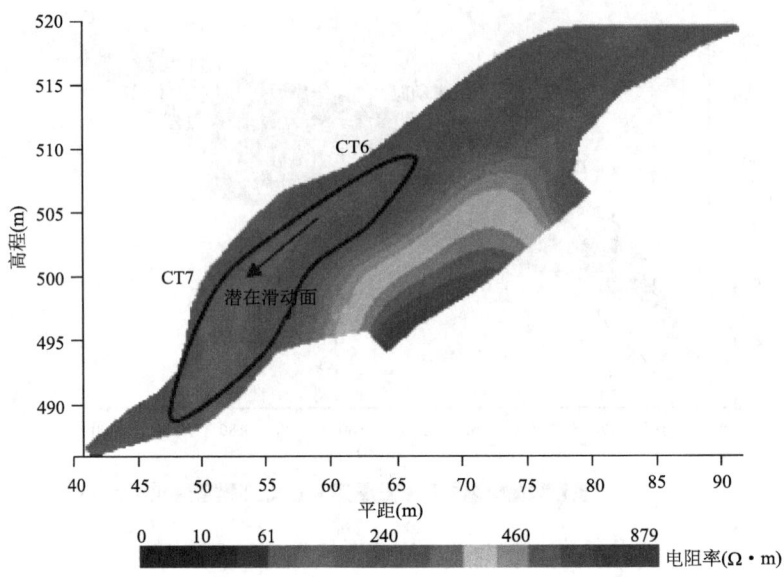

图 7.16 地形校正后的 CX4 反演剖面（见彩图）

第8章 基于机载激光雷达滑坡地质灾害巡查与应急服务

三维激光扫描技术(3D Laser Scanning Technology)作为测绘地理信息领域继 GNSS 技术之后的一种创新性技术,突破了传统的单点测量方法。它运用激光扫描仪中的激光测距仪和精密时钟控制编码器来控制获取被测量物体表面点的空间三维坐标信息,然后由扫描仪获取的空间点云数据构建出被扫描物体的立体三维模型。目前,三维激光扫描技术凭借其独特的技术优势正在被人们所接受和认可,逐步应用于地质灾害的调查、排查、监测以及预警方面。不仅丰富了地灾调查监测工作的手段与方法,而且有效地提高了工作效率和工作安全性。因此,本章主要从激光雷达测距原理,机载 LiDAR 扫描技术,激光点云数据处理以及基于激光扫描雷达技术的地质分析四个部分作具体的阐述。

8.1 激光雷达测距原理

三维激光技术是依据激光测距的原理,采集并记录目标体表面密集点云集的三维坐标、纹理和反射率等信息,进而还原出被测对象的模型。常用的激光雷达测距有两种方式:脉冲测距和连续波激光测距(continuous wave,CW)。其中,脉冲测距利用激光器发射的短时(约几纳秒)高能脉冲,进而以接收到的探测脉冲击中目标后反射的信息来计算目标距离;连续波激光是根据由激光发射器发射的激光波和接收器收到的被目标体反射的波之间的相位差来计算距离(冯聪慧,2007)。目前,机载激光雷达测距系统主要使用脉冲测距的方式进行距离测量(回英超,2013)。

8.1.1 脉冲法激光测距原理

脉冲式激光测距系统的基本构成:发射系统、接收系统、计时系统和光学系统(图 8.1)。发射系统的主要作用是发射脉冲激光信号,接收系统主要负责接收返回的信号并进行光电转换,而计时系统用于对整个传输过程的起、止时刻记录(杜圣波,2011)。

脉冲激光是利用激光发射与接收信号的时间差来测距。具体原理如下:激光发射器发射出一束激光脉冲信号,至被测目标后被反射至激光接收器,同步由计时系统记录脉冲激光的起、止时间差。具体原理如图 8.2 所示。

若整个过程所用时间为 t,激光的传播速度 c 为已知,由式(8.1)计算可知目标距离 D。

$$D=\frac{1}{2}ct \tag{8.1}$$

式中,c 为光速 3×10^8 m/s,t 为脉冲信号在光路上往返一次所用时间,即计时系统记录的时间，D 是待测距离。该测距法基本原理如图 8.2 所示。

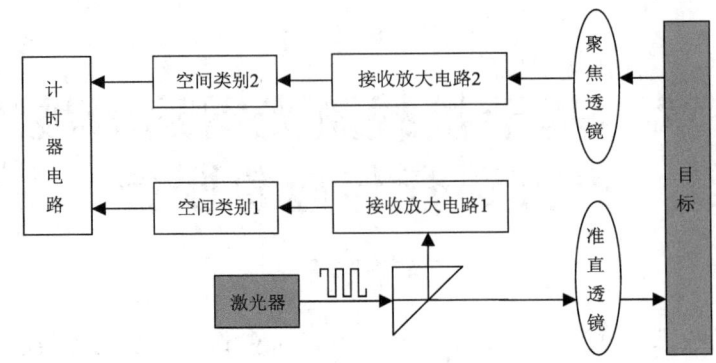

图 8.1 脉冲式激光测距系统图

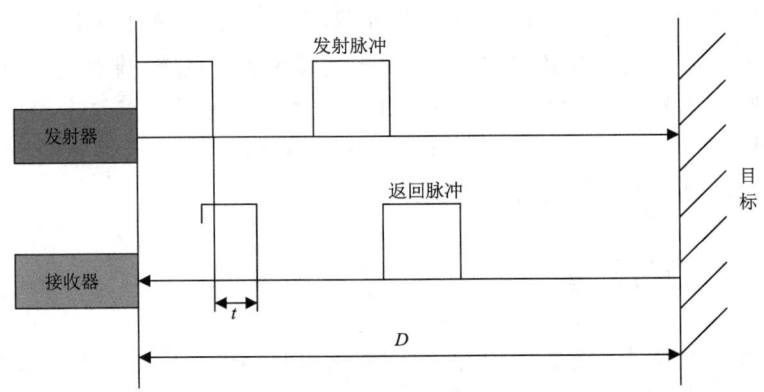

图 8.2 脉冲激光测距的基本原理图

脉冲式激光器发射的脉冲激光信号脉宽窄、功率高、系统功耗小，只发射一个高功率脉冲就可以完成远距离测量（迟婷婷，2013），因此该方法适用于远距离测量或近距离且精度要求低的测量。为提高测量精度，测距系统对激光脉冲有如下要求（肖彬，2010）。

①发射的脉冲信号有足够的强度。激光在传播过程中不仅会发生散射，也会在一定程度上被空气吸收。如果待测距离过长，那么激光信号在光路上往返的时间就会变长，信号衰减程度会严重，返回激光信号的能量就会很弱，甚至会导致接收不到返回信号。因此，远距离测量时需要足够强的激光脉冲功率。

②良好的激光脉冲信号方向性。良好的方向性有利于准确判断目标位置，也有助于将激光的能量集中在较小的空间内，更有效地实现远距离传播。

③良好的激光脉冲信号单色性。良好的脉冲单色性有助于提高接收系统的信噪比，提高测量结果的准确率（迟婷婷，2013）。

④较窄的激光脉冲发射信号。激光脉冲的宽度越窄，系统的信噪比就越高。同时，越窄的脉冲信号（远小于发射脉冲和接受脉冲的时间差）有助于精确测量出目标距离（鲍李峰 等，2007）。

激光脉冲在空气传播过程中会存在漂移误差，发射、接收的信号在幅度和形状上不同，这使得难以确定激光脉冲信号的边缘，因此难以确定准确的终止时间。且输入噪声会使时间抖动产生误差,从而使测量结果产生误差。然而把高精度时间判别单元作为脉冲激光测距系统的重要组成部分(迟婷婷,2013),正是为了减少漂移误差和时间抖动。目前,有三种主要的时间区分技术:恒定比率方法、上升前沿方法和波峰检测方法。

①恒定比值法。取脉冲上升沿达到位于最高点 1/2 处的时刻,此时恒定比值50%。若不考虑噪声、波形畸变等的影响,该方法可减少因脉冲幅度变化带来的误差(杨成伟 等,2003;迟婷婷,2013;高坡 等,2014)。

②上升前沿法。将脉冲的上升沿达到设定阈值的时间设置为开始时间的方法。由激光脉冲信号的形状和幅度之类的因素引起的误差就是漂移误差,它会引起测量误差(迟婷婷,2013)。这种方法的缺点就是对脉冲回波信号的幅度依赖性很高。

③波峰检测法。取脉冲到达回波信号的最大波峰时间。发射信号与接收信号最大波峰的时间差为脉冲信号往返时间。但是,如果回波信号有不止一个波峰,则会影响时间的准确性。

8.1.2 相位式激光测距原理

相位式激光测距以激光为载体,首先调制发射的激光信号的幅度,其次根据调制后的激光信号在光路上往返的相位延迟来计算时间。根据激光在空气中已知的传播速度,可以间接计算目标距离。

相位激光测距可以通过激光的调幅和连续激光信号的传输来实现,如图 8.3 所示。激光发射器发出连续波正弦调制的激光信号,根据其在待测距离 D 上传播一次而形成的相移,其在光路上会传播一个波长的距离,相位延迟 2π。传播速度 c 和波长 λ 已知。由于目标距离与正弦激光信号往返的相位延迟 φ 成正比,该距离中的整周期数小于1,正弦波的相位电磁波可以间接确定发射点和目标之间的调制激光器的往返时间 t,从而获得目标的距离 D(迟婷婷,2013)。测距公式如下所示。

$$D=\frac{1}{2}\left(N\lambda+\frac{\Delta\varphi}{2\pi}\lambda\right) \quad (8.2)$$

式中,λ 为正弦波波长,$\Delta\varphi$ 为相位差,N 为完整正弦波的个数。

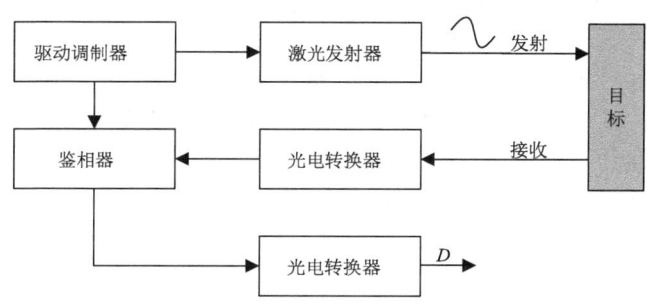

图 8.3 相位式激光测距系统框图

根据式(8.2),激光信号的调制光强计算公式如下。

$$S(t)=A\sin(2\pi f_0 t+\varphi_0) \quad (8.3)$$

式中,A 为调制光波信号的幅度,φ_0 为发射信号的初始相位,f_0 为激光信号的调制频率。

激光测距将光波作为载体来传输所需的信息,通过将距离信息加载到光学载体上的方法来改变诸如光的幅度、频率和相位之类的信息的过程称为光调制。由于激光光波频率较高,测量难度大,所以首先以激光作为载波,然后将其调制到无线电波段以降低调制波的频率。图8.4显示了相位激光测距的原理。调幅后的信号幅度会随调制信号线性变化。通过将调制信号与载波相乘即可获得调幅波。幅度以包络形状变化,与调制信号的变化规律相同,但载波频率仍与激光频率相同(迟婷婷,2013)。

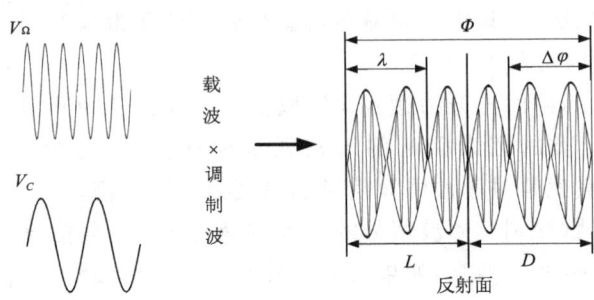

图 8.4　相位式激光测距原理图

获得相位差信息需要测量发射信号和返回信号之间的正弦波数,但实际测量过程中无法直接测量。因此,相位法只能测量正弦波相位之间的距离,这极大地限制了连续波相位激光器的测量距离。从图8.4可以看出,调制激光信号的波长越长,激光信号经过一个周期的路径越长,可测量的距离也就越长。激光信号调制频率越低,各周期对应的相位变化越长,相位精度越高。因此,低频调制信号的相位测量精度远优于高频调制激光信号的相位测量(迟婷婷,2013)。

最大不模糊距离是指相位式测距中能准确测量的最大距离。调制信号的波长越长,系统测距的精度越低,如何解决最大测量距离与精度的矛盾,是相位式激光测距技术研究的关键(迟婷婷,2013)。其中最大模糊距离D_{f_0}与调制信号频率f_0的关系如式(8.4)所示:

$$D_{f_0} = \frac{c}{2f_0} \tag{8.4}$$

由式(8.4)可以看出,系统的最大不模糊距离由调制频率决定。调制信号频率越高,最大不模糊距离越小。调制频率越低,系统可测量距离越大。则最大测量距离范围内的测距公式如下。

$$D = \frac{1}{2}ct = \frac{1}{2}c\frac{\Delta\varphi}{2\pi f_0} = \frac{c}{2f_0} \times \frac{\Delta\varphi}{2\pi} \tag{8.5}$$

由此可知,最大可测距范围内的测量精度只受相位测量精度影响。若相位测量精度为$\delta\Delta\varphi$,则测距误差δD如下。

$$\delta D = \frac{c}{2f} \times \frac{\delta\Delta\varphi}{2\pi} \tag{8.6}$$

8.1.3　两种测距方法的比较

以上两种不同的测距方法都会受到外部以及自身因素的影响,都有各自的优、缺点,具体如下所述。

(1)脉冲激光测距技术不仅可测距离长,功耗低,且发射脉冲强度高,可一次性获得目标距离。但是脉冲激光信号传播过程中会有一定的衰减和失真,使时间辨别单元中发射和接收的激光脉冲信号在形状、幅度上产生漂移误差;另外,输入噪声引起的时间抖动也影响着测量精度,因此绝对测距精度不高(戴永江,2002)。当前通常以增加系统复杂性,以满足高精度测量的要求(迟婷婷,2013)。

(2)相位式激光测距技术的目标距离,是利用光路上来回传播的调制激光信号的相位延迟来表示的。由于相位法测距在实际应用中不能直接测量相位延迟,因此通常采用多频传输来分别测量相位差,然后通过组合不同频率下测得的相位差来间接计算目标距离。相位激光测距技术具有更高的测量精度。但其准确性受环境、激光测距仪的发射功率、调制频率及其稳定性的影响。同时,测量精度与测量距离存在无法调和的矛盾。因此选用多频测距的方法可提高测量距离,但这会使发射和接收电路的设计更加复杂,还大幅度增加了数据处理量,测距速度减慢,系统设计更为复杂(迟婷婷,2013)。

8.2 机载激光雷达技术

激光雷达测量技术是一种基于激光测距原理的主动式遥感测量技术。激光雷达技术按照载体类别可分为以下几种:星载、机载、车载以及地基激光雷达系统。相比于其他三类激光雷达系统,机载激光雷达系统有着独特的优势,不仅受天气影响小、成本低、效率高、精度高,而且能有效去除植被等地表覆盖物,目前被广泛应用于各个领域。例如:林业普查、电力巡检、地灾监测、水质监控等。本书中则沿用了Flood(2001)的命名,统称为机载激光雷达测量系统,简写为机载LiDAR。

由于机载LiDAR技术可以实时获取物体的三维空间信息,使众多领域研究人员对其产生了浓厚兴趣。21世纪初以来,随着相关技术的发展和社会需求的扩大,推动机载LiDAR技术飞速发展,并成为继GNSS系统之后测绘领域最重要的新技术突破(熊攀,2009)。目前,机载LiDAR技术常用于快速获取大面积的三维地形数据并生成数字产品(例如DEM),尤其是在绘制森林地区、山区的真实地形图(Kraus et al.,1998;Pereira et al.,1999;Wehr et al.,1999;Hu,2004;古林玉,2010)和建立三维城市数字模型(3D City)方面有独特优势。

8.2.1 系统组成

在地球空间信息数据采集中,机载LiDAR是一种先进的全自动高精度三维立体扫描技术。它以飞机为主载体,以激光扫描系统为数据采集器,不仅可以实时获取地面三维空间信息,还可以提供一定的红外光谱信息。具体工作原理如图8.5所示,该系统主要由以下几个部分组成(张小红,2007;管海燕,2009;庞世燕,2015)。

(1)POS系统:包括动态DGPS定位系统和惯性测量单元(Inertial Measurement Unit,IMU),旨在测定激光雷达信号发射参考点的空间位置和扫描装置姿态参数;

(2)激光扫描仪:测量激光信号的发射点到地面反射点间的距离;

(3)成像设备:常用CCD相机,可记录地物的光谱、纹理和形状等信息,弥补LiDAR数据的不足;

(4)中心控制单元:协调各传感器的运行,记录所有回波数据、导航数据、扫描时间;

(5)数据处理软件:主要包括DGPS数据后处理、IMU和DGPS组合姿态解算、解算激光采样点的坐标、完成坐标数据的分类与特征提取、多源数据的融合、数据库管理、数据的格式转换与存储等。

下面主要介绍LiDAR硬件上的激光扫描系统、POS系统、成像设备三个部分。

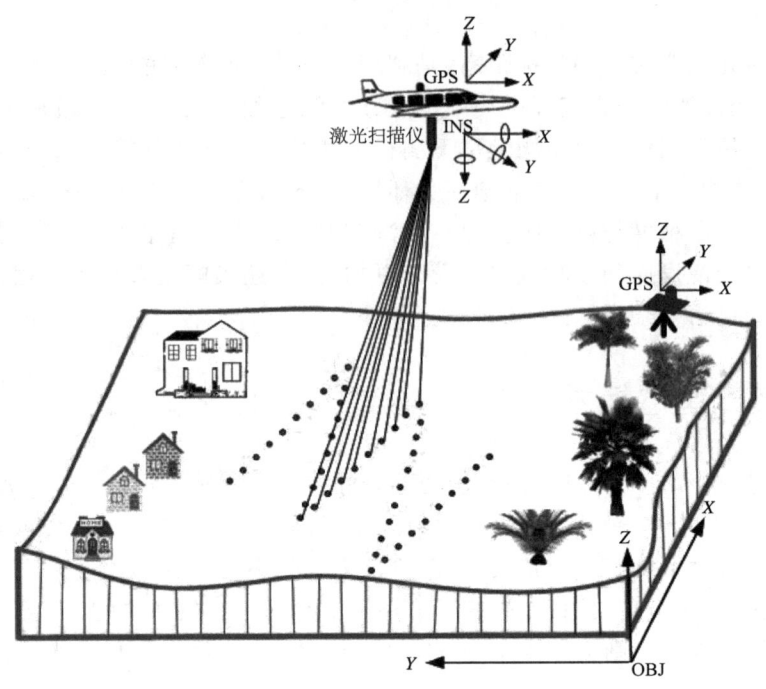

图 8.5 机载 LiDAR 工作示意

(1)激光扫描仪系统

作为机载 LiDAR 系统测量的关键部分,激光扫描仪系统由激光发射器、接收器、时间间隔测量装置、传动装置、计算机和软件部分构成(管海燕,2009)。

(2)POS 系统集成

POS 系统无需借助其他地面参考信息即可实现地理位置定位。POS 系统采用动态载波相位差分 GPS 系统。Shi 等(1995)基于载波相位 GPS 动态定位的试验,结果平面精度为 2 cm,高程精度 5 cm。袁枫和巩淑楠等使用至少两台设置在基准站上 GPS 接收机,与动态平台上的激光雷达相连接,同步而连续地观测 GPS 卫星信号,通过对载波相位测量差分定位方法对离线数据进行处理,获得地物的三维坐标(袁枫,2010;庞世燕,2015)。在机载 LiDAR 测量中,影响动态 GPS 定位精度的主要因素有:①周跳;②大气延迟误差;③操作区域内的多径效应(由观察环境和机身引起)误差和电磁干扰;④GNSS 信号丢失锁定(目标移动过快或可视卫星数量不足);⑤若用差分 GNSS 技术,由于飞机离基准站太远使得误差的空间相关降低;当采用精确的单点定位技术时,则不存在该问题。

此外,POS 系统中还集成了 IMU。它可提供载体的瞬时姿态参数(包括侧滚角 R、俯仰角 P、航向角 H 和飞行载体的加速度)(辛麒,2009)。然而,IMU 易产生误差积累,绝对定位精度差。因此,在实际使用中,通常采用 GNSS/IMU 组合方式进行定位以提高 POS 系统的测定精度。

(3)成像装置

成像设备通常是 CCD 或照相机。工作机理是利用高分辨率数码相机可获取地面特征、地形的真彩色或红外数字图像信息,弥补 LiDAR 点云的不足,从而实现对生成的 DEM 产品的质量评估。它也可以用作分类和识别目标的数据源或作为纹理数据源。

8.2.2 直接地理定位技术

加拿大卡尔加里大学和美国俄亥俄州立大学在 20 世纪 80 年代末 90 年代初提出了一种基于惯性测量单元(IMU)的直接地理定位方法(direct georeferencing,DG)。随着 DG 概念的提出与发展,多传感器的 POS 集成技术也随之出现。惯性测量单元(IMU)和差分 GNSS 成为 POS 系统主要测量单元的组成部分。由于惯性测量单元的惯性系统保持独立的三轴坐标系,因此不需要外部位置参考来提供平台相对于惯性系统的姿态信息。而传感器指向和平台位置的精确表达只需结合 GNSS 提供的绝对位置信息即可(卢昊,2017)。

在平台安置过程中,为避免信号被遮蔽或形成多路径效应等问题,会对外部设备做相关的强制化处理:必须将 GNSS 天线安置在载体顶部,传感器必须固定在载体内摄影开口位置处。在设备安装后,还需测定 GNSS 天线相位中心和 IMU 坐标系中心的相对位置关系以备后续数据处理。在实际应用时,需要在搭载的平台启动后静置一段时间,以完成 IMU 的静态初始化。在数据采集时需要将在地面已知点的 GNSS 基准站和机载 POS 系统同时开机工作(卢昊,2017)。通常在一次任务中,需要设计相应的地面检校场以开展传感器的几何检校、辐射标定工作。按既定的航线完成飞行后,在 POS 系统中完成 IMU/GNSS 数据融合处理,为遥感传感器提供位置姿态信息,完成数据的地理编码。

由于受限于安装工艺,传感器与 IMU 坐标系统的坐标轴通常不能严格平行。假设二者的视准轴的安置角误差记为 (α,β,γ),二者坐标系统的原点间的偏心距分量记为 $\Delta d_I^S = (\Delta x_I^S, \Delta y_I^S, \Delta z_I^S)^T$,那么在将传感器坐标系统原点和 GNSS 天线相位中心换算到 IMU 的坐标系统上时,通常使用安置角误差和偏心距作为输入量以简化计算(卢昊,2017)。因此,在 IMU 坐标系统下激光脚点的坐标计算公式如下。

$$\begin{bmatrix} x_I \\ y_I \\ z_I \end{bmatrix} = \boldsymbol{R}_M \begin{bmatrix} x_S \\ y_S \\ z_S \end{bmatrix} + \begin{bmatrix} \Delta x_I^S \\ \Delta y_I^S \\ \Delta z_I^S \end{bmatrix} \tag{8.7}$$

式中,$\boldsymbol{R}_M = \boldsymbol{R}(\gamma) \times \boldsymbol{R}(\beta) \times \boldsymbol{R}(\alpha)$。

$$\boldsymbol{R}(\alpha) = \begin{bmatrix} 1 & 0 & 0 \\ 0 & \cos\alpha & -\sin\alpha \\ 0 & \sin\alpha & \cos\alpha \end{bmatrix} \tag{8.8}$$

$$\boldsymbol{R}(\beta) = \begin{bmatrix} \cos\beta & 0 & \sin\beta \\ 0 & 1 & 0 \\ -\sin\beta & 0 & \cos\beta \end{bmatrix} \tag{8.9}$$

$$\boldsymbol{R}(\gamma) = \begin{bmatrix} \cos\gamma & -\sin\gamma & 0 \\ \sin\gamma & \cos\gamma & 0 \\ 0 & 0 & 1 \end{bmatrix} \tag{8.10}$$

根据 GNSS 天线的相位中心与 IMU 所在坐标系的中心存在的固定偏心距分量可以得到在 IMU 坐标系中 GNSS 天线相位中心坐标记为 $\Delta d_I^G = (\Delta x_I^G, \Delta y_I^G, \Delta z_I^G)^T$。假设已预先通过 IMU 测定了当地垂直坐标系与 IMU 坐标系的 3 个旋转欧拉角参数为 R、P、Y。由此激光脚点在当地垂直参考坐标系的坐标计算公式如下(卢昊,2017)。

$$\begin{bmatrix} x_{LV} \\ y_{LV} \\ z_{LV} \end{bmatrix} = \boldsymbol{R}_N \begin{bmatrix} x_I \\ y_I \\ z_I \end{bmatrix} - \begin{bmatrix} \Delta x_I^G \\ \Delta y_I^G \\ \Delta z_I^G \end{bmatrix} \tag{8.11}$$

式(8.11)中，$\boldsymbol{R}_N = \boldsymbol{R}(Y) \times \boldsymbol{R}(P) \times \boldsymbol{R}(R)$。

$$\boldsymbol{R}(R) = \begin{bmatrix} 1 & 0 & 0 \\ 0 & \cos R & -\sin R \\ 0 & \sin R & \cos R \end{bmatrix} \tag{8.12}$$

$$\boldsymbol{R}(P) = \begin{bmatrix} \cos P & 0 & \sin P \\ 0 & 1 & 0 \\ -\sin P & 0 & \cos P \end{bmatrix} \tag{8.13}$$

$$\boldsymbol{R}(Y) = \begin{bmatrix} \cos H & -\sin H & 0 \\ \sin H & \cos H & 0 \\ 0 & 0 & 1 \end{bmatrix} \tag{8.14}$$

$$\boldsymbol{R}_N = \begin{bmatrix} \cos Y \cos P & -\sin Y \cos R + \cos Y \sin P \sin R & \sin Y \sin R + \cos Y \sin P \cos R \\ \sin Y \cos P & \cos Y \cos R + \sin Y \sin P \sin R & \sin Y \sin P \cos R - \cos Y \sin R \\ -\sin P & \cos P \sin R & \cos P \cos R \end{bmatrix} \tag{8.15}$$

需注意：由于当地的水平参考坐标系和垂直坐标系统的纵坐标不同，所以在转换计算时必须考虑这两坐标系引起的垂线偏差。

综上所述，在当地水平参考坐标系中激光脚点的坐标如下(卢昊，2017)。

$$\begin{bmatrix} x_{LH} \\ y_{LH} \\ z_{LH} \end{bmatrix} = \boldsymbol{R}_G \begin{bmatrix} x_{LV} \\ y_{LV} \\ z_{LV} \end{bmatrix} \tag{8.16}$$

在式(8.16)中，$\boldsymbol{R}_G$ 为垂线偏差产生的旋转矩阵。

设在 WGS-84 坐标系中 GNSS 天线相位中心的坐标为 $\boldsymbol{P}_{84}^A = (x_{84}^A, y_{84}^A, z_{84}^A)^T$，则在 WGS-84 坐标系中的激光脚点的坐标计算公式如下(卢昊，2017)。

$$\begin{bmatrix} x_{84} \\ y_{84} \\ z_{84} \end{bmatrix} = \boldsymbol{R}_W \begin{bmatrix} x_{LH} \\ y_{LH} \\ z_{LH} \end{bmatrix} + \begin{bmatrix} x_{84}^A \\ y_{84}^A \\ z_{84}^A \end{bmatrix} \tag{8.17}$$

式中，$\boldsymbol{R}_W$ 是该位置处由当地水平坐标系统至 WGS-84 坐标系的旋转矩阵。

因此，可得离散回波 LiDAR 对每个激光脚点地理定位模型如下(卢昊，2017)。

$$\begin{bmatrix} x_{84} \\ y_{84} \\ z_{84} \end{bmatrix} = \boldsymbol{R}_W \boldsymbol{R}_G \boldsymbol{R}_N \left(\boldsymbol{R}_M \boldsymbol{R}_L \begin{bmatrix} 0 \\ 0 \\ r \end{bmatrix} + \begin{bmatrix} \Delta x_I^S \\ \Delta y_I^S \\ \Delta z_I^S \end{bmatrix} - \begin{bmatrix} \Delta x_I^G \\ \Delta y_I^G \\ \Delta z_I^G \end{bmatrix} \right) + \begin{bmatrix} x_{84}^A \\ y_{84}^A \\ z_{84}^A \end{bmatrix} \tag{8.18}$$

将激光脚点地理定位模型以矢量形式表示如下(卢昊，2017)。

$$\boldsymbol{P}_{WGS-84} = \boldsymbol{R}_W \times \boldsymbol{R}_G \times \boldsymbol{R}_N (\boldsymbol{R}_M \times \boldsymbol{R}_L \times r + \Delta d_I^S - \Delta d_I^G) + \boldsymbol{P}_{84}^A \tag{8.19}$$

式(8.19)中，$r = (0, 0, r)^T$。

LiDAR 数据定位的实质是完成点由物物坐标系至大地坐标系的坐标转化，在直接定位过程中涉及的参数及其含义见表 8.1(卢昊，2017)。

表 8.1　LiDAR 在直接定位过程中涉及的参数及其含义

参数	含义
$\begin{bmatrix} x_I \\ y_I \\ z_I \end{bmatrix}$	在 IMU 所在的坐标系统下激光脚点的坐标
$\begin{bmatrix} x_S \\ y_S \\ z_S \end{bmatrix}$	在 WGS-84 坐标系统下激光脚点的坐标
$\boldsymbol{R}_M$	$\boldsymbol{R}(\gamma)$、$\boldsymbol{R}(\beta)$ 与 $\boldsymbol{R}(\alpha)$ 的乘积,安置角误差(α,β,γ)
$\begin{bmatrix} \Delta x_I^S \\ \Delta y_I^S \\ \Delta z_I^S \end{bmatrix}$	传感器坐标系原点与 IMU 系统坐标原点的偏心距分量
$\begin{bmatrix} \Delta x_I^G \\ \Delta y_I^G \\ \Delta z_I^G \end{bmatrix}$	在 IMU 所在坐标系中 GNSS 天线相位中心的偏心距分量
$\begin{bmatrix} x_{LV} \\ y_{LV} \\ z_{LV} \end{bmatrix}$	在当地垂直参考坐标系中激光脚点的坐标
$\boldsymbol{R}_N$	由 IMU 所在坐标系到当地垂直参考坐标系的 3 个旋转欧拉角参数
$\boldsymbol{R}_W$	坐标旋转矩阵
$\begin{bmatrix} x_{84}^A \\ y_{84}^A \\ z_{84}^A \end{bmatrix}$	在 WGS-84 坐标系中 GNSS 天线相位中心坐标
$\begin{bmatrix} x_{LH} \\ y_{LH} \\ z_{LH} \end{bmatrix}$	在当地水平参考坐标系中激光脚点的坐标
$\begin{bmatrix} x_{84} \\ y_{84} \\ z_{84} \end{bmatrix}$	在 WGS-84 坐标系中的激光脚点的坐标

8.2.3　几个重要参数

除了坐标系统之外,机载 LiDAR 系统几何模型中还包含以下几个重要的空间参数(赖旭东,2005;赵峰,2007)。

①测距分辨率——对所测量物理量的最小可靠分辨能力。与光波历时的测量精度成正比。其计算公式如下。

$$\Delta R = \frac{1}{2} c \Delta t \tag{8.20}$$

②最大飞行高度——系统能够精确安全测定的最大距离。在实际测量过程中,最大量测距离受到激光功率、光束的发散性、大气折射率、地物反射率、探测器分辨率等因素的影响(管海燕,2009;谷国涛,2012)。

③最小飞行高度——系统能够精确且安全测量的最小距离。飞行平台的类型、测量区的地形(城市、山区等)和人眼的安全距离决定了最小飞行高度(管海燕,2009;古林玉,2010;谷国涛,2012)。

④垂直测距分辨率——在传输路径上脉冲激光至不同目标的最小距离。该参数因子可用来区分激光脉冲在传播过程中形成的多次回波(冯聪慧,2007;管海燕,2009)。垂直分辨率计算公式如下。

$$R_{\min} = c\frac{t_{\min}}{2} \tag{8.21}$$

⑤瞬时视场角——通常由扫描镜实现发射激光束和接收瞬时视场的扫描视野。瞬时视场角与发射孔径 D 和激光波长 λ 的函数相关,具体计算公式如下(管海燕,2009;谷国涛,2012)。

$$\text{IFOV}_{\text{diff}} = 2.44\frac{\lambda}{D} \tag{8.22}$$

⑥激光点光斑——瞬时激光点投射在地面上的椭圆形光斑。激光点在地面上形成一个具有一定面积的光斑,因此该区域的地面可能存在不同类型的地物或地形特征,从而引起同一激光脉冲产生多个可连续到达接收器的回波信号(管海燕,2009;甘桂琴,2012)。

⑦扫描带宽——带状扫描区域的宽度。具体计算公式如下(管海燕,2009;古林玉,2010)。

$$\text{SW} = 2H\tan(\theta/2) \tag{8.23}$$

式(8.23)中,θ 为系统的扫描角,且 θ 是系统的一个参数,为恒值。

⑧航向激光点间距——沿飞行方向扫描点间的距离(管海燕,2009)。航向激光点间距只与飞行速度和扫描频率有关,与飞行高度无关。根据飞机飞行速度计算。

$$\text{d}X_{\text{along}} = V/f_{SC} \tag{8.24}$$

式(8.24)中,V 为飞行速度,f_{SC} 为扫描频率。

⑨旁向激光点间距——一条扫描线上相邻激光点的间距。旁向激光点间距与扫描带宽 SW 和每条扫描点上的激光点数(N)有关(管海燕,2009)。其计算公式如下。

$$\text{d}X_{\text{across}} = \text{SW}/N \tag{8.25}$$

式(8.25)中,SW 为扫描带宽,N 为每条扫描点上的激光点数。

8.2.4 机载激光雷达系统的特点

LiDAR 系统是一种以激光作为测量载体的主动式遥感测量系统。系统发射激光脉冲,照射地面及地表目标,同时接收地表目标的反射激光,进而采集测量区域的数据。相比多光谱扫描系统和航空摄影相机系统,LiDAR 系统对太阳光的依赖性弱,是一个全天时全天候的地面数字三维信息采集系统(管海燕,2009)。

机载 LiDAR 系统对环境的灵敏度较低,能发射高能激光源对海岸水域下的地形进行测量,使其成为最前沿的遥感测量系统之一。LiDAR 系统主要有以下几个方面的特性(Baltsavias et al.,1999;张小红,2007;程正逢 等,2003;王永平,2006;管海燕,2009):

①主动式的测量方式,受天气影响小,可实现全天时、全天候工作。

②激光脉冲信号能够部分穿透植被,可获取森林或山区的高分辨率地面模型,以此测量森林覆盖地区地面高程。

③不需要进入测量区域或布控控制点,就可安全地实现危险地区的远距离高精度测量。

④较传统测量,激光测量数据采集速度快,数据精度高,且数据采集数字化和自动化程度高。

⑤作业周期较快,易于数据更新。

⑥激光测量具有更高的时效性,可缩短施测周期。

⑦可进行电力线检查。

⑧测量不受地域、地形限制,可同时实现地面层和非地面层的测量。

⑨提供点间距小于 1 m 的密集点阵数据。

⑩数据的绝对精度可达到 0.30 m。

⑪由于载体在飞行过程中不能一直保持直线匀速运动状态,使得采集的三维数据分布不规律,坐标不连续,后期通过软件进行纠正。

⑫在普通地形的激光测量中,由于激光脉冲容易被水吸收,很难产生反射光,致使 LiDAR 数据出现缝隙。

⑬未形成通用的作业规范和操作流程。

⑭价格昂贵,一定程度上限制了其普及应用。

8.2.5 LiDAR 数据特点

与摄影测量相比,LiDAR 是一种非成像技术,LiDAR 数据具有以下几个特点。

①数据是三维点坐标。LiDAR 系统可获取地物表面的密集点云,能提供丰富的地物信息,但也因数据量大造成数据冗余,增大数据处理难度和运算量。

②数据呈离散分布状态,但又不同于数字影像像元间彼此独立的概念。LiDAR 数据中的离散点云是指采样点在三维空间中的位置和间隔分布不规则(管海燕,2009),由于地形多样性和采集方式的差异会引起离散现象。离散数据中允许相同平面坐标对应几个高程值,能更好地表示出细节信息和变化剧烈的地形、地物(如输电线路中的电线、树冠结构、峭壁、建筑物等)(冯聪慧,2007)。但也造成相关难题,不能直接利用计算机处理、同名点选取难度大(武继广,2009;袁枫,2010)。

③数据在扫描带中分布不均,不同位置的光斑密度不同。因为受到扫描方式、载体的飞行速度和姿态、扫描仪与地物的相对位置和方向等因素的影响,致使激光数据中扫描带分布不均匀,且为防止拼接处产生缝隙,扫描带之间有部分重叠,同时还造成了不同位置处的光斑密度不同(管海燕,2009;殷国伟,2010;路家一,2013)。

④数据缺少光谱、纹理等信息。激光雷达数据在提取空间位置信息上有其独特的优势,但缺少目标体的光谱和纹理信息。为了弥补激光雷达数据上的缺点,研究者融合其他数据实现特征提取(管海燕,2009)。

⑤数据存在缝隙。由于 LiDAR 系统采集数据时,受到光照敏感度和扫描角度的限制,以及目标物体本身的特性等影响,致使采集的点云集中会出现缝隙现象。采用内插点方法弥补的缝隙数据与实际数据差异较大,由此需采用新方法在原始数据中判断是否存在这些缝隙并进行处理(管海燕,2009;杜全叶,2010)。

⑥数据噪声。LiDAR 数据误差中除了系统误差,还存在粗差值和空洞值。其中,粗差值即为异常点,它是由激光脉冲射向物体的过程中射到突现物(如飞鸟、低空飞机等)或下水道洞而造成的,这些异常点往往有别于周围的环境。

⑦数据精度。LiDAR 数据是地球表面的地物采样点云数据,使得点云数据的平面精度

低,而垂直精度很高。因此,直接使用 LiDAR 数据只能得到粗略位置,不能准确得到地物的边界。

LiDAR 数据便于空间信息提取,但在实际应用中也有挑战。因 LiDAR 数据分布离散、不规则、不均匀且缺乏光谱、纹理和形状信息等,因此对数据处理的流程和效率都提出了更高的要求。高分辨率数码相机作为另外一种数据获取工具,采集的航空影像提供了丰富的形状信息、光谱信息和纹理信息,可有效弥补 LiDAR 数据的不足。最后,融合 LiDAR 数据和航空影像数据可对地物进行准确分类和重建(管海燕,2009;满其霞,2015)。

8.3 激光雷达数据处理

机载 LiDAR 点云数据中有来自裸露地面的信息和非地面物体(如建筑物、林木、输电线、交通工具等)表面的信息,即数字表面模型(Digital Surface Model,DSM)。如图 8.6 所示,其中图 8.6a 来自网站 bluesky-world,图 8.6b 来自 NOAA。

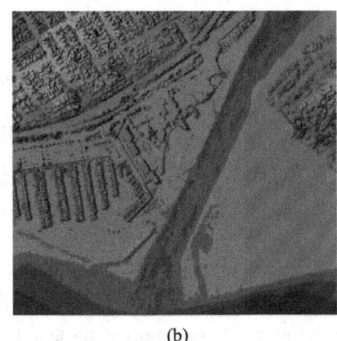

(a)   (b)

图 8.6　LiDAR 系统获得的点云数据示意

LiDAR 点云数据的滤波是从采集的点云数据中去除出不需要的点,进而识别出建筑物、林地、草地、混合裸露地面以及其他非地面体点云数据中裸露地面点,可生成数字地面模型(DTM)(管海燕,2009;袁枫,2010;韩晓峰,2018)。如图 8.7 所示,其中,图 8.7a 是 LiDAR 系统获得的数字表面模型(DSM),图 8.7b 是去除非地面点后的数字高程模型(DTM)。

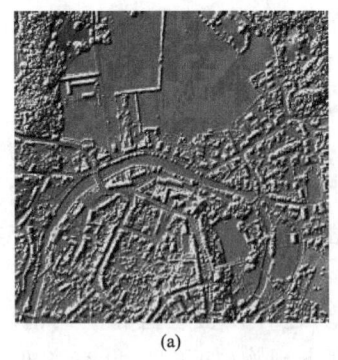
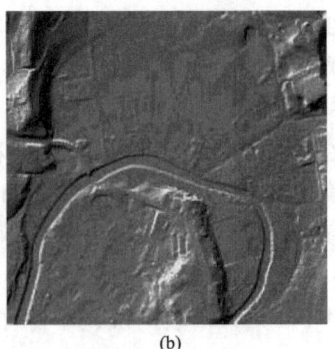

(a)   (b)

图 8.7　LiDAR 点云数据滤波(http://www.toposys.com/)

地物的提取和建筑的三维重建需要先对激光点云数据进行分类。目前对 LiDAR 点云数据区分主要包括以下不同范畴的对象,如建筑物、普通公路、沥青公路、林地、草地、一般地面等,而点云数据分类的本质是使得点集中每个点都能归属至其中的某个类别(管海燕,2009)。在图 8.8a 中为 LiDAR 系统提供的首次回波数据表示 DSM,图 8.8b 是分类结果。

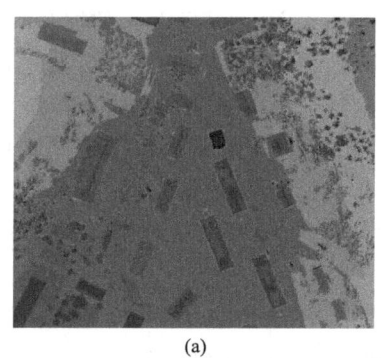 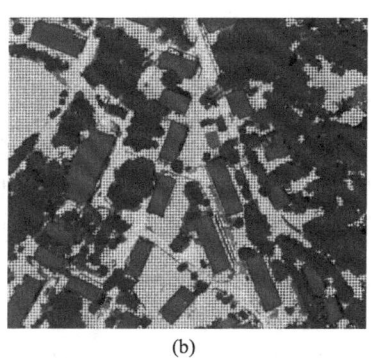

(a)　　　　　　　　　　　　(b)

图 8.8　LiDAR 点云数据分类(http://www.landconsult.de/home/innovation/innovations.asp#4en)

对激光点云数据的滤波和分类过程本质是从点云数据中识别出地形表面的激光点云子集(如建筑物、植被等激光点数据子集),且能从点云数据中区分出地物类别(张小红,2007)。其中,在对点云数据的滤波和分类操作有时可同步进行(管海燕,2009;李䂮,2012)。

8.3.1　点云滤波

经过处理后的 LiDAR 数据是目标物体的精确三维坐标信息组成的离散点云。离散数据点云是由地面点云数据和植被或建筑物点云组成。通过"滤波算法"可以从原始点云数据中剔除地面点进而提取数字地面高程模型。这种处理思路类似于图像滤除噪声(尚大帅,2012;时培强,2018)。

由于机载 LiDAR 系统在获取点云数据时无针对性和方向性,所以采集的点云数据不规则且缺乏地形、地物特征,为后续数据处理增加难度。因此,在处理时最大程度地保留必要地面点数据且最大限度降低滤波分类的误判率成为研究者们的关注点。目前常用的滤波算法的基本思路有两种:一是基于影像分类原理的滤波算法;二是基于高程信息变化的滤波原理。基于影像分离原理的滤波算法的基本思想是由于激光脉冲照射到不同目标体上反射回的信号能量不同,而回波强度的大小又由接收的反射能量决定。如果将反射能量转换为每个激光脚点的灰度,进而根据激光脚点的灰度的分布范围来估计出地面点的分布,根据这一特性,就可以从原始数据中识别出地面点和非地面点。基于高程信息变化的基本思路是:在同一水平距离中相邻点之间的高程差较大,通常认为相邻点属于同类别的概率不大。通常将高程值较大的点判定为地物点,高程值较小的点判定为地面点,由此可从原始点云集中识别出地面点和非地面点(时培强,2018)。

机载 LiDAR 点云数据滤波算法较多,常用的有:数学形态学滤波算法、基于坡度滤波算法、迭代三角网滤波算法以及移动曲面拟合滤波算法等(时培强,2018)。

(1)数学形态学滤波方法

数字形态学滤波方法是最先针对于激光雷达数据处理的算法,是由 Lindenberger(1993)

最先提出。该算法首先通过对剖面式激光测高数据做开运算，再利用自回归过程对开运算的结果进一步改善。数学形态学滤波方法的过程：先设置窗口尺寸大小，再从设定的窗口内搜索高程最小值，再通过开、闭操作优化全区点云数据，最后对优化数据来识别和区分地面点和非地面点（管海燕，2009；时培强，2018）。

数学形态学滤波算法受制于窗口大小的设置，如果只是恒值大小的窗口则很难剔除多尺度的非地面目标体；如果将窗口尺寸设置在小范围内，虽然能够保留大多数地面点，但只能剔除尺度小于窗口的地物点，而尺度大于窗口的地物点则不能被剔除；如果窗口大小设置在一个较大的范围内，虽然能去除大量地物点，但也会误剔除部分地面点而引起地形畸形。同时，数学形态学滤波算法是使用规则格网来组织数据，会影响原有数据精度，丢失部分地形信息，增加后期数据滤波难度。因此，通常采用动态尺寸的窗口减缓滤波难度。Kilian 等（1996）利用不同结构元素的形态学运算方法进行数据滤波。Vosselman 和 Sithole 基于类数学形态学的方法提出了基于坡度的滤波算法（Vosselman，2000；Sithole，2001）。Zhang 等利用经典的数学形态学的运算，以不断增大结构元素的尺寸来改善滤波效果（Zhang，2003；Chen et al.，2007）。

(2) 基于坡度的滤波算法

基于地形坡度的滤波算法以在同一水平距离上相邻点之间高差较大时，由地形正常起伏变化引起的概率不大（Lindenberger，1993）为前提，若相邻点之间的距离变小，则高程值越大的点为地物点的概率就越大。

基于坡度的滤波算法是根据相邻点间的坡度及高程差与设置阈值的关系来判断点的属性。其中，坡度值是相邻点高程差与距离的比值。由此，单位面积内点云数越多，分类误差就小，滤波效果越好；反之，效果越差。高差阈值受到两点间最大距离 d_{max} 的影响，根据 Vosselman（2000）的试验测试建议 d_{max} 设置为 10 m。而高差阈值函数由当前区域内激光脚点的信息决定，当前区域的地形变化程度又由高差阈值函数体现，根据原始点云的高程变化情况及估计的最大地形坡度可得到该阈值。

假设当前区域内坡度为 S，标准差为 σ_z 时，高差阈值函数如下。

$$\Delta h_{max}(d) = Sd + 1.65\sqrt{2}\delta_z \qquad d \leqslant d_{max} \tag{8.26}$$

式中，d 为相邻点之间的距离，表达式如下。

$$d = \sqrt{(x_i - x_k)^2 + (y_i - y_k)^2} \tag{8.27}$$

由于滤波效果很大程度上受点云密度影响，阈值的确定又跟地形坡度有关，需预先了解地形变化情况，这些因素限制了算法的适用性和准确性。

(3) 三角网迭代加密滤波算法

三角网迭代加密算法最早是由 Axelsson（1999）提出，用于在原始点云数据处理过程中减少内插的规则格网对原始数据精度造成的损失。三角网迭代加密滤波算法的基本思想是：根据当前区域内建筑物的最大尺寸，将地形按网格分块，并让每个网格中还包含地面点和非地面点，然后将分块区中高程较小的点为地面点，建立 TIN，然后再计算待判点与所在三角面之间的距离及顶点夹角，如果这两个值都符合阈值条件，则认为该点为地面点，并将其加入到三角剖面加密中，对于其余的待加密点，重复上述过程，直到不再满足阈值条件点为止。

目前，常用的点云数据商业处理软件 Terra Scan 中采用的滤波算法是三角网迭代加密滤波算法。三角网迭代加密滤波算法在处理点云时既能保留原始点云信息,也能很好地维护目标体形态,这样利用原始离散点便可构建初始 TIN。然而,三角网迭代加密滤波算法需事先根据测区的最大建筑物尺寸和最大坡度才可对数据进行分块。选取的初始地面点也容易受到滤波精度的影响。此外,为了得到更为平滑的地形,会丢弃一些地面点、一些不易剔除的低矮植被点和陡峭山坡上的激光点,因此以避免被误分类,Terra Scan 软件中增加了运算量。

(4)移动曲面拟合滤波算法

张小红(2007)提出的移动曲面拟合滤波算法的主要思想为:由于地形表面的复杂性,可以将其视为由多个独立曲面组成的空间曲面。在其局部范围内,可使用二次曲面方程完成拟合,具体方程如下式所示。

$$z_i = a_0 + a_1 x_i + a_2 y_i + a_3 x_i^2 + a_4 x_i y_i + a_5 y_i^2 \tag{8.28}$$

如果局部范围小到一定程度时,可由一个平面方程来表示,具体如下式所示。

$$z_i = a_0 + a_1 x_i + a_2 y_i \tag{8.29}$$

曲面拟合滤波算法根据拟合点数的多少可分为两类:平面法和曲面法。其中,平面法的主要过程如下。

①在分块内选取三个高程值最小且位置较近的点,利用选择的点拟合初始平面,根据不在一条直线上的三点可确定一个平面的原理,解算出平面方程的系数;

②把拟合平面附近的其他点代入平面方程,即可计算出相应的拟合值;

③计算当前点的高程真值与拟合值的差。如果差值在该区域设置的阈值范围内,则当前点为地面点,并将该点替换平面中最远点,然后重新拟合出新的平面;若差值大于该区域设定的阈值,则将其视为非地面点;

④不断重复步骤②和③,直到处理完区域内所有点,最终区分出地面点和非地面点(时培强,2018)。

曲面拟合算法的主要过程如下。

①首先构建初始平面,再将初始平面附近的其他点代入平面方程计算周围点到平面的距离与高程真值之差,进而根据差值与阈值的关系判断点的属性。如果差值小于阈值,则判断的点即为地面点,进而使用当前点和原始点共同拟合平面;

②重复步骤①,直至地面点数增加到 6 个时,便可用这 6 个地面点来拟合一个二次曲面,并通过曲面方程计算出系数,然后用当前曲面拟合周围的点。当判断点的拟合高程值与真实高程值的差值在设定的阈值范围内时,则用新的地面点替换最远的点,更新拟合面;

③不断重复步骤②,直到处理完区域内全部点云,从而实现地面点和地物点的分离。

曲面拟合算法的主要优点是不需要从原始数据中剔除离群点,也不需要重采样,即使原始数据的精度更高,且计算速度更快。但需满足地面要有一定的连续性和激光点尽可能均匀的要求,过滤阈值需要多次测试来确定。另外,曲面拟合算法通过更新地面点来改变拟合曲面,使其更加逼近真实地形,容易传递和积累误差,影响后续滤波效果(曹红新,2011;时培强,2018)。

当前,激光点云处理方法很多,在对于区分地面点和非地面点的概念或思路均不同,研究者们设计出不同的滤波算法。有些滤波算法可以直接以原始点云集重采样作为规则格网,然后使用数字图像处理技术再以辅助;有些滤波算法也可直接应用于不规则分布的点集,无需做任何预处理。从处理点的方式角度看,有些滤波算法可以应用于单点与单点之间;也有些算法可直接应用于单点与点集、点集与点集中；有些滤波算法是通过测量目标体的不连续测度（如目标体高差、坡度、结构面或到参数面的最小距离等）进而完成对点云的识别与分割。从算法处理的复杂度看，有些滤波算法单步处理即可完成，也有些算法需要迭代计算才可完成（Sithole et al.，2004）。虽然各类算法解决了不少问题，但仍面临着一些主要问题：如何在复杂环境下提高滤波精度、如何处理高程起伏区域内建筑物、如何处理不相邻地形且不改变地表的不连续性等。研究结果表明，在不太复杂的场景（坡度平缓，只包含小型建筑物，植被稀疏，能采集到大量地面点的区域）中所涉及的滤波算法表现较好。在复杂场景时（大型建筑物、陡坡、不连续地形），其可靠性明显下降。为了有效准确地实现滤波，可结合部分算法来提高算法的运算效率和滤波精度（管海燕，2009）（表8.2）。

表8.2 典型滤波算法的优缺点

滤波算法名称	优点	缺点
数学形态学滤波算法	规则格网化的点云数据。有利于查询数据和操作，滤波速度快，操作简单	窗口大小选择将对滤波结果产生影响，内插格网会产生数据损失，采用回归分析运算要求数据有序
基于坡度的滤波算法	能较好地保留地形形态，坡度计算难度低，计算所需参数较少	坡度阈值需要根据先验信息确定，坡度阈值的自适应性较差，且在地形突变地区滤波计算难度较大
三角网迭代加密滤波算法	可直接利用原始数据计算，内插产生精度损失低，算法的适应性较强	滤波计算量大，需要不断更新三角网，对不同的地形需要设置不同的阈值
移动曲面拟合滤波算法	通过点到平面或曲面的距离进行判断，不需要重采样，计算速度快	要求地面点连续，密度均匀，阈值的自适应性较差

8.3.2 点云分类

8.3.2.1 基于LiDAR数据直接分类

（1）高程纹理

在机载LiDAR测量系统中，不同目标的点云具有不同的性能特性，同一目标体（如植被、建筑物）在不同位置的实现特性差异很大，有利于进一步识别地面目标。Maas利用LiDAR点云高程的波动自动分割密集点云数据，并对建筑物、植被和道路进行分类。三维点云数据包含每个激光脚点的高程值，点云的高程在局部范围内变化，主要体现在对比度、均匀性等特点，即高程纹理。利用点云的局部高程纹理特性可以做进一步区分地物类别。

以下是几种常用的定义高程纹理的方式。

①原始LiDAR高程数据：LiDAR高程数据分类的出发点是将地物分为两部分：一是高特征地物，如建筑物、植被等；二是低特征地物，如街道。

②高程差：在一定的点云范围内，不同高度差的变化具有一定的特征。如果地物是街道，则高差的变化接近于0。如果是建筑物，内部高差变化接近于0，建筑物边缘变化剧烈，具有一定的几何规律。如果是植被，高差变化较大且不规则。

③地形坡度：对于相邻的点云数据，坡度大小由x、y分量方向的坡度决定。坡度概念可以用来区分倾斜建筑物和水平建筑物、街道、植被等地物。

（2）多次回波

在机载 LiDAR 采集的数据中，不仅可以得到目标体的坐标，还存在目标体的多次回波信息。通常，利用这些回波信息可完成各类目标体的分类。其中，首回波信息常用于提取植被，末回波信息则用于提取建筑物和道路。然而，对于建筑物的回波信息来说，建筑内部只有一次回波信息，而边缘处可以得到两次回波数据，边缘信息也由这两次回波信息得到。Abdullatif 等基于边缘的两次回波的特性，提出采用启发式滤波算法对原始 DSM 数据进行处理，以提取出建筑物的信息。他们认为首次回波信息包含了地面上所有物体（如植被、道路、建筑物等）的反射信息，末次回波信息主要记录了无法穿透的物体（如建筑物等）信息，由此可用减法处理得到建筑物的边缘信息。对于数据中的特殊噪声（如植被的信息），该算法还可以进行第二步滤波处理，通过计算 LiDAR 点云在局部窗口内的高程方差，将点云定位在对应于每个窗口的多个窗口中，并以最小均方偏差将点云分类到窗口中。在此基础上，利用均方差得到激光雷达点云的属性。最后，根据已经获取的先验知识，设置一定的高程和面积阈值，去除汽车等地物特征信息，得到最终的建筑物点云信息（陈永枫，2013）。

(3) 强度信息

由于不同的地物类型对特定激光波长的反射和吸收能力不同，激光强度信息在地物分类中也得到了广泛应用（程效军 等，2017；周鑫，2016）。LiDAR 系统不但可以获得回波次数，同时还可以收集回波强度信息。回波强度反映了不同目标对激光脉冲的响应，它取决于物体表面对激光的反射能力。实验结果表明，物体表面对激光脉冲的反射能力越强，物体的回波强度值越大。

回波强度受到多种因素的影响，总体而言，物体的反射率强弱与得到的回波强度值成正比，且物体的反射率强弱与物体表面的明暗度也成正比。诸如混凝土、植被和波动水面等反射率强的物体表面通常较明亮；如沥青、煤炭和平静水面等反射率弱的物体表面通常较灰暗。对于一般地面与道路，它们的点云特征相似性较强，区别难度大，且这二者属性材质不同，根据不同介质的激光反射强度存在差异这一特性，可利用强度信息从地面点集中提取道路信息（时培强，2018）。

在 2004 年的 ISPRS 会议上，许多研究人员利用激光雷达数据的强度信息来获得结果，但均是在没有考虑强度值受噪声影响的前提下进行初步试验的结果。刘经南等（2005）提出利用回波强度信息对原始点云数据进行分类，在相同采集条件下量化了不同介质表面的激光反射强度值，结果显示不同介质的物体对同一激光的反射能力不同。许多研究者也根据这一特性有效地分离了建筑物周围的植被。

机载 LiDAR 数据中还包含来自建筑物边缘或其他地物的多个回波，可用于分离植被点，但当建筑物附近有高差较小的植被时，不能利用多个回波信息来完成地物分类。回波强度受各种因素的影响，例如大气条件，激光脉冲和传感器本身。首、末两次得到的强度图像都将受到一定程度的干扰，因此无法直接从采集到的强度图像中得到有效信息。但随着各类传感器的不断发展，采集到的数据类型也越来越多样化，因此，多源数据相结合的方式将成为地物分类的趋势（时培强，2018）。

8.3.2.2 融合其他信息的数据分类

虽然机载 LiDAR 可以直接采集物体的三维点云，但难以直接获得物体表面的语义信息（Baltsavias，1999），也难以提取目标体的形状信息和拓扑关系。许多研究表明，利用机载激光扫描数据对地物进行智能化分类识别是困难的。航空遥感图像可以提供大量的语义信息，如空间信息、纹理特征等。然而,利用摄影测量和计算机视觉方法对地物分类与提取是一项耗时费力的工作,特别是处理数据量大时。不同来源的数据有自身的优点和局限,为了弥补不同来源数据的局限,多源数据融合是当前很热门的研究方向(Dowman,2004)。

机载 LiDAR 数据具有准确的三维信息,高分辨率卫星图像(如 IKONOS)具有丰富的纹理、几何形状和光谱信息。日本东京大学的 Guo 等(2003)根据机载 LiDAR 数据和高分辨率卫星图像的特性,融合机载 LiDAR 数据和高分辨率卫星影像,研究了多级移动曲面拟合滤波算法。结果表明,机载 LiDAR 数据比立体匹配在城市地区目标识别和分类能取得更好的效果,但是很难准确地识别地面目标元素,从而组合其他源数据进行由粗到细的城市分割。

Martin 等(2003)使用机载 LiDAR 数据和航空影像数据进行了相关研究。首先对航空影像进行数字图像处理,得到特征同类区和灰度边缘变化两种特征;然后利用机载 LiDAR 数据的回波数据获取图斑信息,利用高差信息得到建筑物边缘信息,进而获取建筑物顶部信息。最终组合这些特征可以获得建筑物的位置、形状信息。

仅使用 LiDAR 数据进行目标识别和分类的实质是根据 LiDAR 数据的高程信息、强度信息和多回波信息对点云进行分类和分割。Haala(1999)指出,由于 LiDAR 数据几何特性的限制和目标对象的多样性,仅利用 LiDAR 数据很难区分街道、土地利用类型等。传统上多光谱影像的信息用于区分人工地物和自然地物,但树木和草地的识别难度较大。因此,多光谱影像与 LiDAR 数据可作为地物分类的互补数据源。

特征在目标识别和分类中起着决定性的作用,特定的目标往往与相应的特征或多个特征相关联。通过选择合适的特征或特征组合可以将一目标与其他目标区分出来。因此,特征在遥感影像分析中具有重要的意义。由于空间分辨率的限制,传统的遥感影像分析技术只能依赖于影像像素的光谱特征。在分类技术方面,监督分类和非监督分类都依赖于不同像素组合的光谱数据的统计差异,但基于单像素分析的分类算法难以从高分辨率遥感数据中提取所需要的信息。例如,像素分析方法用于区分人为地物(如道路、建筑物等)和自然地物(如植被、土壤、水体等),将城市地面覆盖物的光谱复杂性限制在像素范围内。逐像元分析法常忽略的一个重要问题是影像上一个像元所代表的地面表观信号有很大一部分来自周边地物。因此,不仅要考虑单个像元的光谱特征,还要考虑周围像元的光谱特征。此外,确定均匀的像元区域还需要相邻近像元的空间特征信息,且在现实世界中,异物同谱或同谱异物现象比较普遍,仅依靠光谱特性来表达目标或者类别是不够的。因此,分析分类的结果也不理想。目前,能获得较为可靠结果的目标识别和分类方法是基于多源特征的分类方法(陈秋晓,2004;杨威,2011)。

8.3.2.3 基于深度学习的点云分类

深度学习通过构建类似人脑的层次网络模型结构,从底层到顶层逐层提取输入数据的特征,建立从底层信号到高层语义的映射关系。近年来,深度学习在图像识别、自然语言理解、语音识别等领域取得了突破性进展。许多学者开始逐渐将深度学习的思想引入到三维对象或点云对象的提取中(如 PointNet、PointNet+ +(Qi et al.,2017)、VoxelNet(Zhou et al.,2017)、PointCNN(Li et al.,2018)),有效地实现了对复杂目标的特征提取和自动分类(罗海峰 等,2018)。Wu 等(2015)利用卷积深度信念网络(CDBN)建立了 3D Shape Nets 模型,该模型可将三维几何表示为体素的概率分布,作为三维目标识别的描述符号。Garcia-garcis 等(2016)建立了基于卷积神经网络(3DCNN)的 VoxNet 模型来实现三维目标识别。Su 等(2015)提出了使用多视角卷积神经网络(CNN)进行三维目标识别。

利用深度学习技术进行三维点云数据处理目前存在的问题主要概括为以下四个方面：(1)点云输入的无序性，(2)点云数据的多样性，(3)点云的非结构性，(4)点云姿态变换的类别不变性。

点云的无序性：点云数据是一组无序的向量集合。如果不考虑颜色等其他因素，只考虑点的坐标，那么点云数据可表示为一组 $n×3$ 的集合。如果对这 n 个点按不同顺序读入时，无论是目标物体的分类还是分割，最终都会得到相同的结果。而对于二维图像中，因为点的位置是固定的，所以不存在无序性的问题，但是在点云数据中，点的输入组合中共有 $n!$ 种，所以必须进行处理。

点云数据的多样性：实际场景中得到的由特定空间内的一定数量的三维点云构成的物体多种多样，点云间的空间距离、密集程度以及大小差距都很大，模型能否处理不同尺度不同空间的点云也是非常大的挑战。同时目前的三维点云数据集相较于二维方面的数据集而言，数量以及内容涉及的方面还是有所欠缺的，这对于深度学习来说也是一个不小的挑战。

点云的非结构性：相比于二维图像，三维点云和多边形网格均是非结构化的，难以直接应用到深度学习网络中。因此，首先需将点云数据进行体素化，然后使用深度学习模型进行特征提取，结果虽然很好，但是由于这种方法占用太多内存，不适合较大分辨率的体素网格。

点云姿态变换的类别不变性：对三维空间中物体点云进行旋转和平移，虽然会改变点云的坐标，但是不能改变原始物体的属性。因此，在基于深度网络构建三维物体过程中，需要考虑神经网络是否对物体点云姿态变换时类别的不变性产生影响。

8.4 滑坡地质灾害巡查与应急应用

随着信息时代、数字化时代和全息化时代的到来，对三维空间信息的需求越来越迫切。传统的基于测距与测角的工程测量方法、新型的全站仪和 GNSS 设备虽然可以获取三维信息，但通常只能测量稀疏目标点的坐标。在 20 世纪末兴起的三维激光扫描技术，通过高速激光束扫描测量获取被测物体表面的三维坐标数据，并以逐点扫描的方式呈现被测物体的三维信息。测绘领域中，三维激光扫描技术最基本的应用是地形图的绘制，根据扫描的密集点云可直接生成三维地形模型，方便地提取等高线数据。同时，三维激光扫描技术可以提高测绘质量，完成传统测量方式无法完成的测量任务。

8.4.1 DEM 等高线的生成

利用三维激光扫描仪对大面积的地形进行扫描，在前期勘查时选择合适的站点架设位置即可获得目标地形各个角度的扫描数据。如图 8.9 所示，对外场业务采集数据经过一系列处理可生成数字高程模型（DEM）及等高线。其中，作业流程为：外场业务数据采集、点云数据拼接、点云数据噪音过滤、DEM 的生成、等高线的生成。

其步骤具体描述如下。

(1)外场业务数据采集后，通过 Z+F Laser Control 软件进行预处理之后，导出通用的 ASCII 格式的 XYZ 坐标文件，输入到 ArcGIS 中进行点云数据查看和进一步进行滤波处理（图 8.10）。

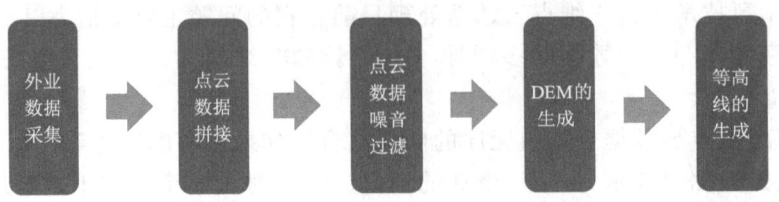

图 8.9 作业流程图

图 8.10 ArcGIS 导入点云数据

(2)将滤波后分类的地面点云要素生成 TIN(不规则三角网)模型,如图 8.11 所示。

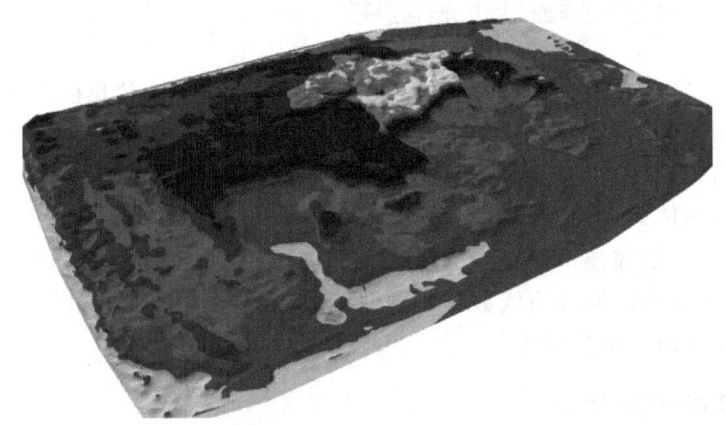

图 8.11 TIN 模型

(3)将步骤(2)中获得的 TIN 模型转换为栅格数据,进而得到 DEM 模型,如图 8.12 所示。

(4)根据生成的 DEM 模型,可生成等高线,如图 8.13 所示。

与目前的传统测量、摄影测量等测量方式相比,基于激光扫描技术的 DEM 生成有以下优点(李宝瑞,2012)。

①数据采样率高。相比于传统的测绘仪器,设备突破了单点模式,可采集高密度、高分辨率的海量点云数据,可以获得更多的物体空间信息。其中,脉冲激光扫描仪可以在几秒内采集上千个点,相位激光扫描仪可以达到数万点。

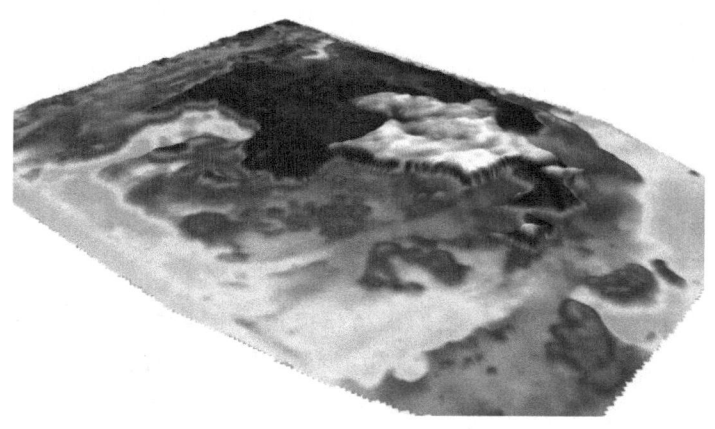

图 8.12　DEM 模型

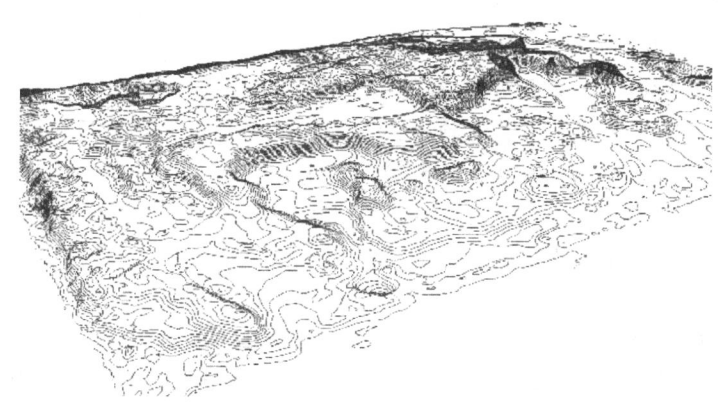

图 8.13　等高线模型

②精确度高。激光扫描仪的精度不但优于摄影测量的解析点精度,而且精度分布均匀,减缓了因表面近似误差的影响。

③适用范围广。激光扫描仪工作原理是通过自身发射的激光回波信号获取目标的数据信息。由此,激光扫描仪白天、黑夜均能够作业,也不像传统测量受环境影响大。

④非接触式测量。无需接触目标或反射棱镜,便可以实现危险目标和环境数据的采集。

⑤数字化程度高,设备兼容性好。采集的数字信号具有全数字特征,后期输出、处理、保存、共享比较方便。

⑥可以与 GNSS 系统、外置 CCD 相机搭配使用。

通过此次地形扫描,三维激光扫描仪为地形测绘提供了一个高效便捷的解决方案。相比使用传统的全站仪采集,只能进行逐点扫描,得到的原始数据很难表现地形的高低起伏,从而也会影响 DEM 和等高线的准确度。使用三维激光扫描仪,通过数亿点云构建的模型能够完全展现地形起伏状态,也能够快速地生成等高线。

8.4.2　山崖地质

山崖地质的边坡主要是指自然或者人工堆填的斜坡,多数形状呈规则台阶状,也有呈现下缓上陡或下陡上缓的凹形坡。当前,山崖边坡的滑动是一种重要的地质灾害,对人类生命安全和财产损失产生了威胁。

采用激光扫描仪检测山崖边坡,以山体为扫描对象,重点扫描山体的三维位置信息与岩石断层的颜色信息。检测区域为宽167 m、高50 m的山体断崖,露出了清晰的岩石断层。现场有许多杂草和树木,遮挡比较严重。为了能够获取山体的具体信息,在20 m、50 m、120 m等不同距离进行扫描,除此之外还做了标靶球拼接测试。

8.4.2.1 扫描

(1)120 m距离扫描。为了最大限度的提高扫描精度与点密度,本次扫描采用"区域精扫"的模式。"区域精扫"模式最大的优势就是在短时间内将最关心的区域加密扫描,使较远处的也能保持相当高的点密度,高度还原物体表面的三维信息。扫描参数如下:

①扫描角度:区域精细扫描;
②扫描分辨率:Ultrahigh模式;
③扫描质量:Normal模式;
④单站扫描时间:7分20秒。

(2)50 m左右现场扫描。采用了正常的360°×320°全景扫描,并开启内置同轴相机。同轴内置I-Can相机采用了Z+F扫描仪独有的HDR技术(同一角度多次曝光,消除曝光不足或过度所带来的颜色纹理细节丢失)。扫描参数如下:

①扫描角度:360°×320°;
②扫描分辨率:Superhigh模式;
③扫描质量:Normal模式;
④单站扫描时间:3分20秒。

(3)20 m左右现场扫描。20 m采用多站扫描,测试仪器拼接情况。采用了球标靶拼接的方式,在测试中共使用三个标靶球。其中,两个标靶做拼接,一个标靶作为多余观测,进行平差计算提高拼接精度。扫描参数如下:

①扫描角度:360°×320°;
②扫描分辨率:Superhigh模式;
③扫描质量:Normal模式;
④单站扫描时间:3分20秒。

8.4.2.2 数据预处理

在数据预处理中,使用Z+F LaserControl软件的蒙版工具对点云数据进行滤波处理。目前常用的过滤工具有抽稀过滤器、单像元过滤器、混淆像元过滤器、距离过滤器、无效点过滤器、强度过滤器等(图8.14)。

8.4.2.3 获取点云数据的质量分析

(1)120 m左右点云质量分析(图8.15)。
(2)50 m左右点云质量分析(图8.16)。
(3)20 m左右点云质量分析(图8.17)。

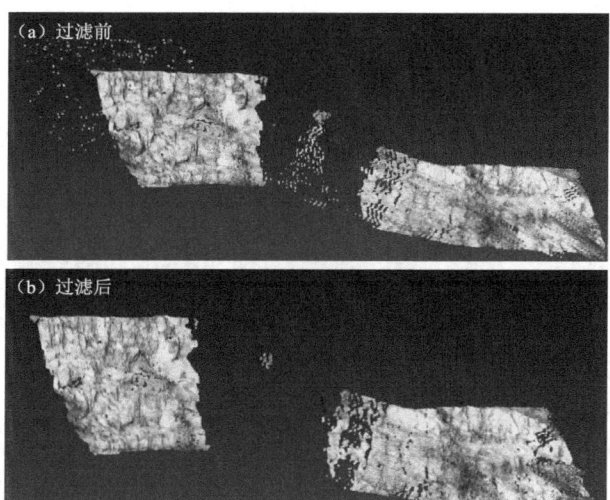

图 8.14　山崖边坡数据滤波处理

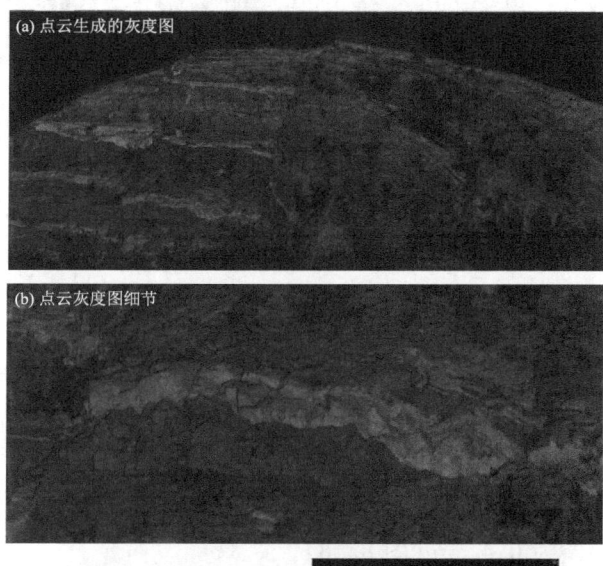

图 8.15　120 m 扫描距离的点云数据质量分析

图 8.16　50 m 左右点云质量分析

8.4.2.4　点云拼接

本次扫描采用球标靶拼接,将不同位置的标靶作唯一编号,然后利用 Z+F LaserControl 以最小二乘算法将点云拼接到一起。

根据点云拼接精度报告,在 X、Y、Z 三个方向上三个标靶球的平均偏差为 0.3 mm,标准偏差为 0.2 mm,最大偏差为 0.4 mm(图 8.18)。

8.4.2.5　模型贴图

将点云成果导入 Geomagic Studio 软件,就可以进行自动构建三角网,建立三角网模型(图 8.19)。

8.4.3　边坡支护

8.4.3.1　项目概述

边坡支护作为山体开挖之后进行建筑施工的必备工作,山体的各项数据,以前是通过全站仪碎步测量的方式或者 GNSS 设备间隔打点的方式获取,全站仪受通视条件以及转站的制约,测量速度很慢,效率很低,RTK 测量速度相较全站仪要快,但是精度有限,陡峭位置不能去,三维激光扫描仪的出现彻底解决这二者的问题。

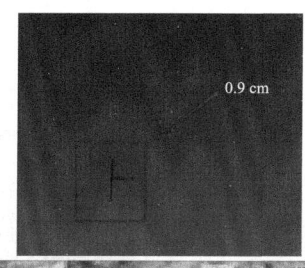

(a) 三维彩色点云　　　　　　　　　(b) 28 m 处 Superhigh 模式点间距约0.9 cm

图 8.17　20 m 左右点云质量分析

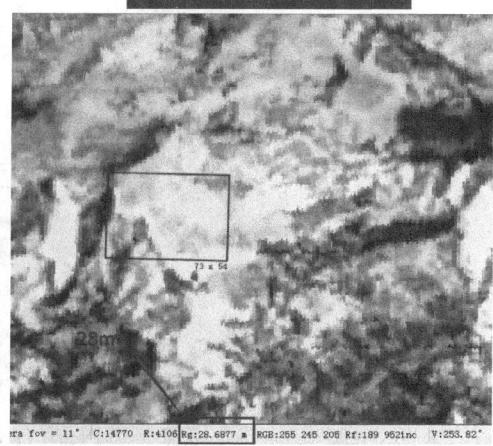

图 8.18　拼接精度报告

研究地区主体青澳湾位于汕头南澳县,有东方夏威夷之称,山体位于海湾西侧,由于山体陡峭,山路蜿蜒向上,受制于全站仪和 GNSS 设备局限,本次测量采用的型号为 Z+F 5010C 的三维激光扫描仪。其中,Z+F5010C 三维激光扫描仪是目前全新的设备,扫描速度是 1016000 点/s,拥有 187 m 超远测程,360×320 基本无死角的扫描视野,在本次边坡支护工作实施前,对开挖山体进行了全方位扫描。

8.4.3.2　具体实施

在扫描前,需在山脚准备好控制点,以便给扫描仪定绝对坐标。控制点做好之后,采用多站扫描的方式对山体进行扫描,共计扫描 25 站,扫描完成后,通过 LaserContral 软件进行拼接、染色、预处理去噪,然后代入控制点坐标,得到点云信息具有当地绝对坐标,可以进行后期处理。为了对山体进行全景拍照,本次使用的 5010C 扫描仪具有 8000 万带 HDR 全景相机,能够对山体进行细节拍摄,如图 8.20 所示。图 8.21 为激光点云数据和全局影像配准后的彩色点云数据模型。

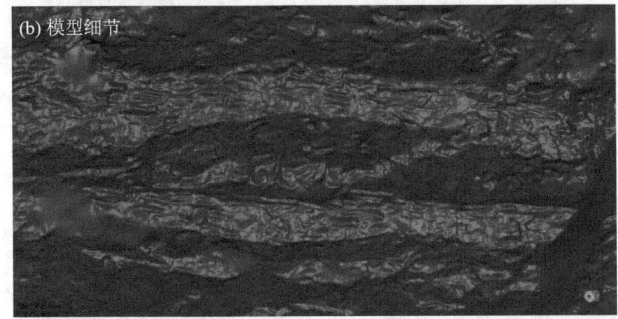

图 8.19 断崖边坡的模型重建

图 8.20 边坡全景照片

图 8.21 三维点云效果图

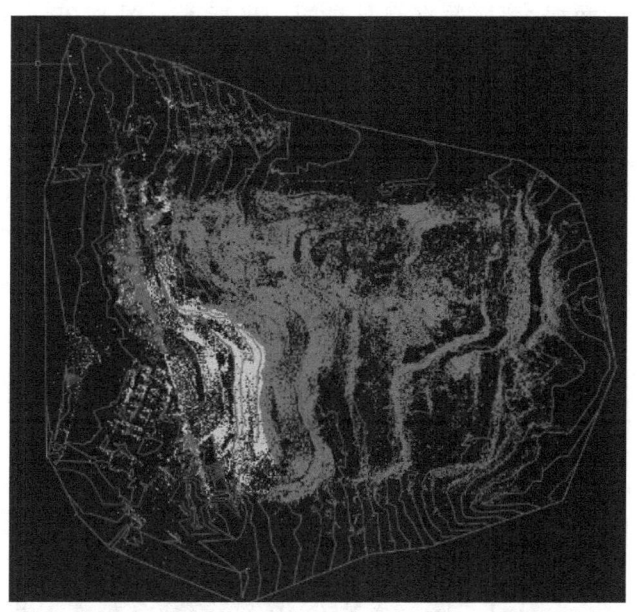

图 8.22 三维点云数据处理后 DEM,等高线数据

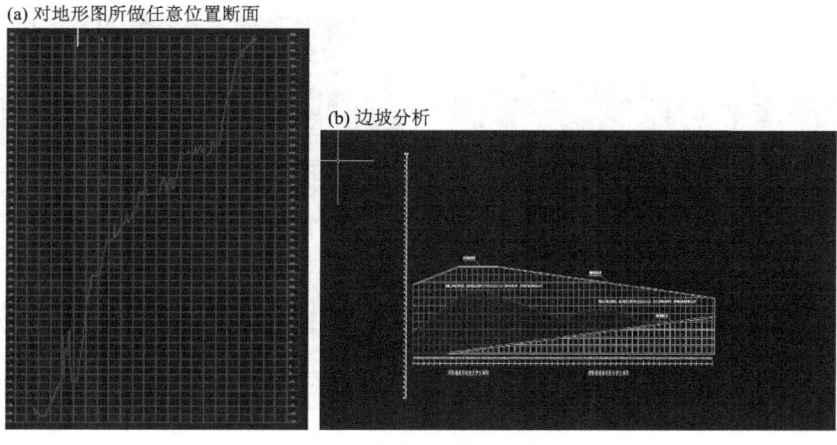

图 8.23 边坡支护分析

对点云数据进行滤波等处理,得到利用率高的地面点数据,然后生成地面的 DEM 模型,进一步获得等高线数据,如图 8.22 所示。图 8.23a 利用剖面工具对点云数据进行数据检查,图 8.23b 为边坡分析,可获得边坡关键参数。在实地测试中,相比于传统测量仪器,三维激光扫描仪采集结果精度高,数据获取速度快,一天完成外场业务扫描,半天得出边坡支护需要的各项数据,大大地缩短了测量时间。

8.4.4 水土模型仿真

水土模型对于比如水土流失区域致力的宏观决策、规划等具有十分重要的意义。可以通过水土模型结合水土各方面因子分析区域内的自然特征,从而有利于对区域水土模型参数评价。因此,针对此次数据分析要求,对图 8.24 所示区域进行了两次外界扫描,通过全站仪配合的方式获取两次扫描的数据,两次数据都是在同一坐标下。图 8.25 是其一次扫描数据细节显示。

图 8.24 扫描现场

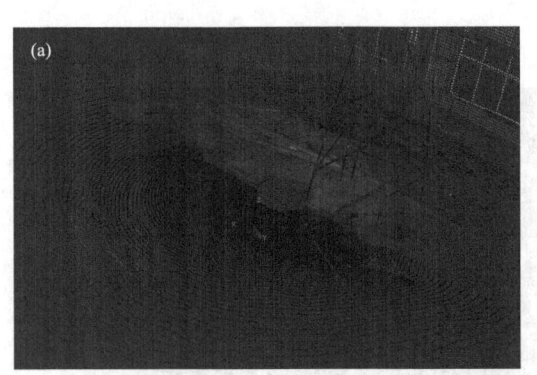

图 8.25 细节数据

通过 LaserContral 软件,将两次数据拼接好,其中,第一、二次数据为图 8.26,代入全站仪坐标,去噪,导出点云数据。再把通用格式点云数据导入相应的软件。

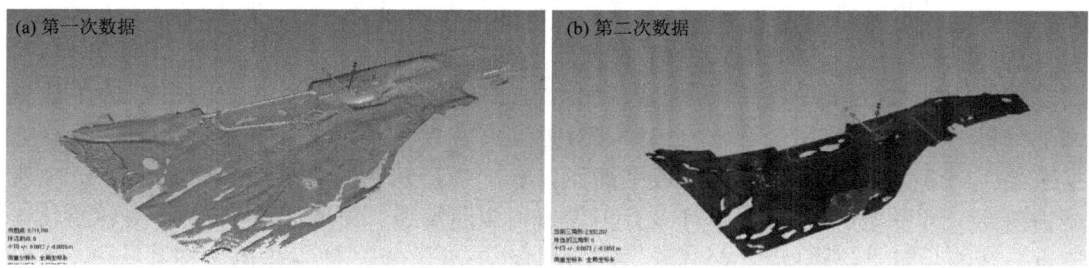

图 8.26 两期数据

根据图 8.27、8.28 的模型对比分析结果来看,三维激光扫描仪数据质量和成果精度较高,且三维激光扫描技术能有效地提高作业效率,弥补传统点测量方式的缺点,成为当前进行三维分析辅助的最好方法。

图 8.27 模型对比分析

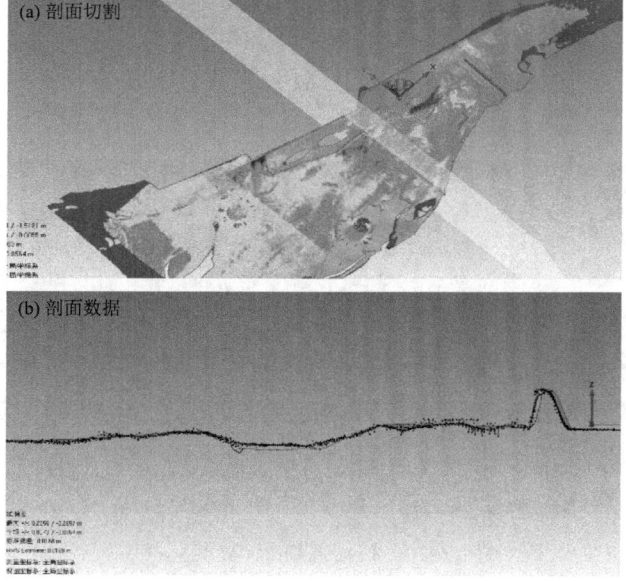

图 8.28 2 维断面分析

8.4.5 地形沉降监测

地形沉降是指由地下开采区顶板的冒落所造成的地面变形。研究的主体位于无锡光明村附近,由于受村外两座大山的地壳运动,致使光明村地表开裂,上下起伏变化,房屋开裂,对当地建筑物破坏较大,为了尽可能减少损失,地质检测站对光明村进行了地质调查,为了能更加全面地分析地质灾害,使用三维激光扫描仪对地质灾害频发且危害较严重的区域进行全方位数据采集。图 8.29 是无锡光明村区域平面图,图 8.30 所示为扫描现场全景图,图 8.31 所示是受损房屋三维激光点云,从图中可以看出建筑物表面裂缝。图 8.32 所示是受损建筑物通过三维点云数据中可直接获取在 X、Y、Z 三个方向的形变。为了进一步确定形变大小,可对形变区域建筑物进行截面测量,其测量精度达到了 0.2 mm 左右,如图 8.33 所示,可通过其截面量取其形变量,通过建筑物三维点云数据可以量测其受损建筑物倾斜角度,从而测量实形变量,如图 8.34 所示。

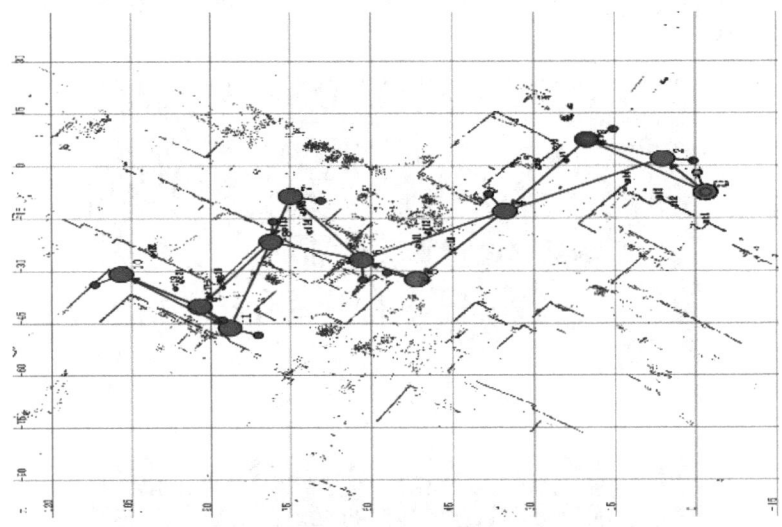

图 8.29 扫描平面示意

图 8.30 扫描现场 2D 灰度全景

图 8.31　扫描裂隙点云

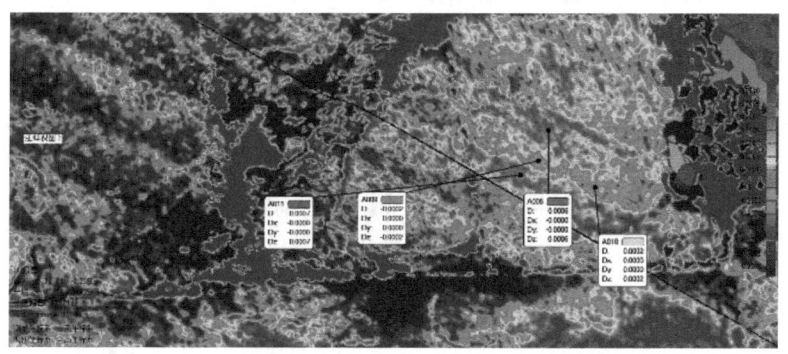

图 8.32　形变色谱图标注

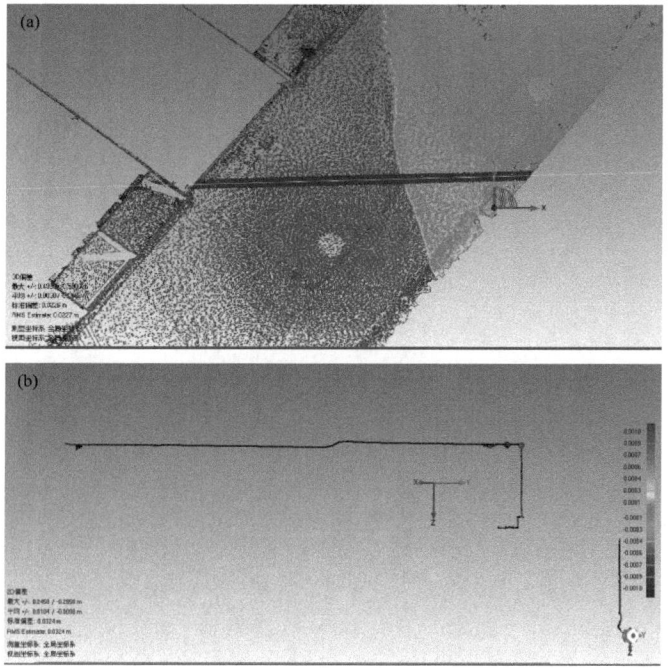

图 8.33　形变区域断面分析

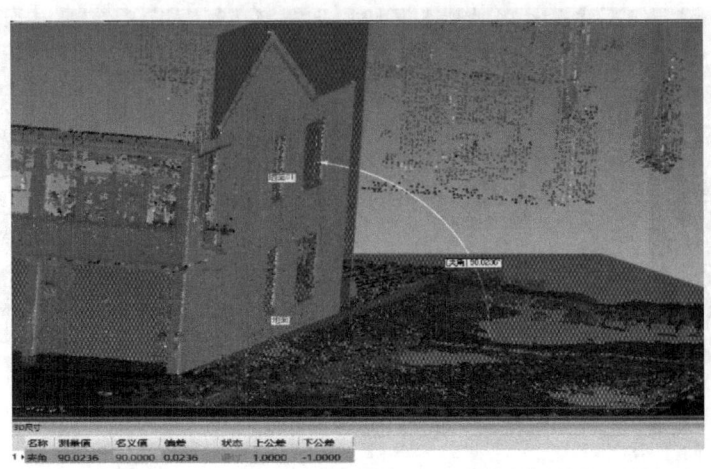

图 8.34 墙体倾斜分析

由此可知,在地形沉降监测中,与传统测量方法相比,三维激光扫描技术能够对整体监测物体进行分析且能形象和准确地反映物体的三维偏差;监测精度高,最高时可达到 0.2 mm。另外,由于它受环境干扰少,主动性高,在工作过程中不需要人为干预,可实现一键式操作,有效地提高了工作效率。

第 9 章 基于"北斗＋滑坡"实时在线监测预警云平台

目前国内部分地区山体滑坡事故频发,鉴于山体滑坡带来人员伤亡、财产损失、交通严重堵塞等问题,因此摸清山体滑坡发生和发展的规律,对其给出准确预报具有理论意义和实践意义。由于山体滑坡时间的不确定性,滑坡过程短暂且迅速等原因,在山体滑坡中采集数据难度较大,如果能对不同坡面滑坡时收集到的数据进行科学分析,将为日后的准确预报提供科学依据。同时,农业、水利、城乡建设、交通、林业、矿产等部门也迫切需要这样的成果作为规划、管理等依据。本章将主要围绕基于北斗导航设计出的低成本山体滑坡监测及预警系统,它可实时记录、上传滑坡体状态参数,对山体的变化形态进行实时监控,同时在即将发生滑坡时紧急报警,给相关部门和人员发送通知。

9.1 系统总体设计

9.1.1 系统组成与架构

北斗智能安全监测与预警中心由监测子系统、数据中心子系统、客户端子系统和网络通讯子系统四个部分组成,如图 9.1 所示。

(1)监测子系统

由 GNSS 天线、GNSS 接收机、太阳能电池板、蓄电池、4G/5G 通信设备、雨量计、摄像头传感器等部分组成。该系统功耗低,仅为 10 W,先由太阳能系统将光能转化为电能,并传输给蓄电池存储,再由蓄电池给监测设备提供电能。除此以外系统还可直接连接 220 V 交流电,多种电力保障可以实现 24 小时无人值守运行。GNSS 天线接收卫星信号,GNSS 接收机测量点位坐标数据,向数据中心发送各种观测值文件。整个监测子系统能够实时地监测站点的点位坐标,并且能够通过局域网实时将监测数据传输到数据中心,如图 9.2 所示。

(2)数据中心子系统

由机柜、服务器、基站等硬件和数据中心软件系统组成。机柜以及服务器为数据中硬件基础;基准站可以为监测站提供差分数据;软件可以对收集到的监测信息进行处理分析,通过建立数学模型,可以直观显示和生成各类图形结果,并将得出的各类图形结果以及报表传输给客户端子系统,并且实现对变形的预测,如图 9.3 所示。

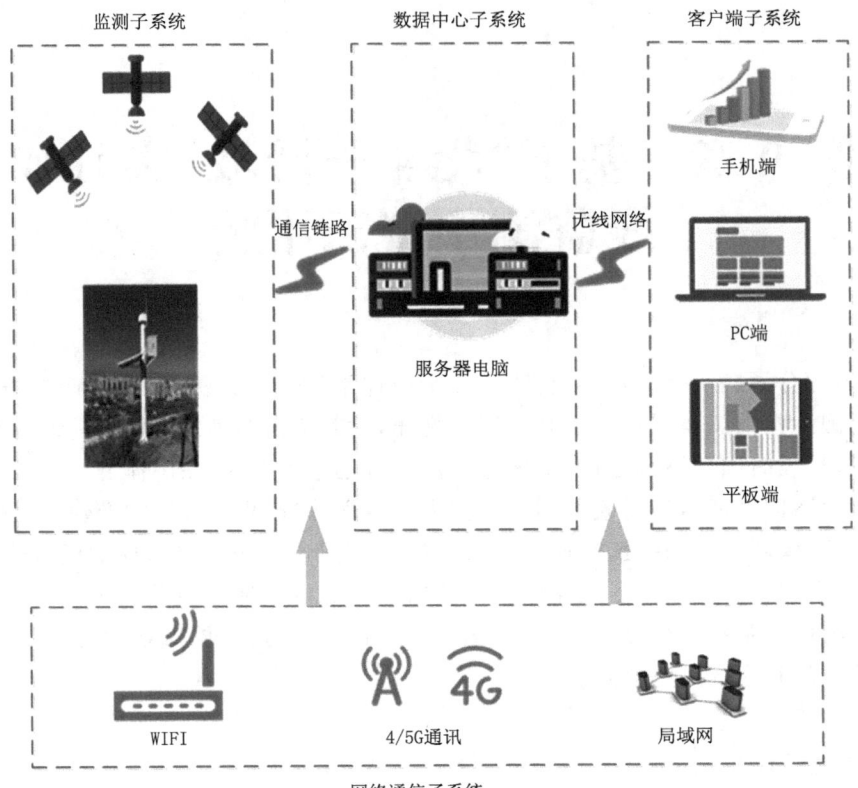

图 9.1 北斗智能安全监测与预警中心

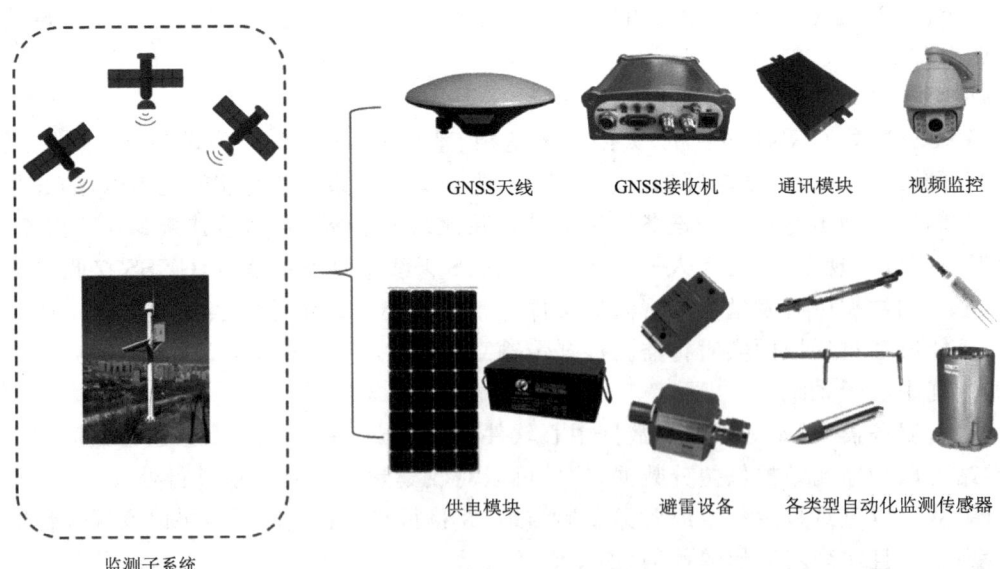

图 9.2 监测子系统

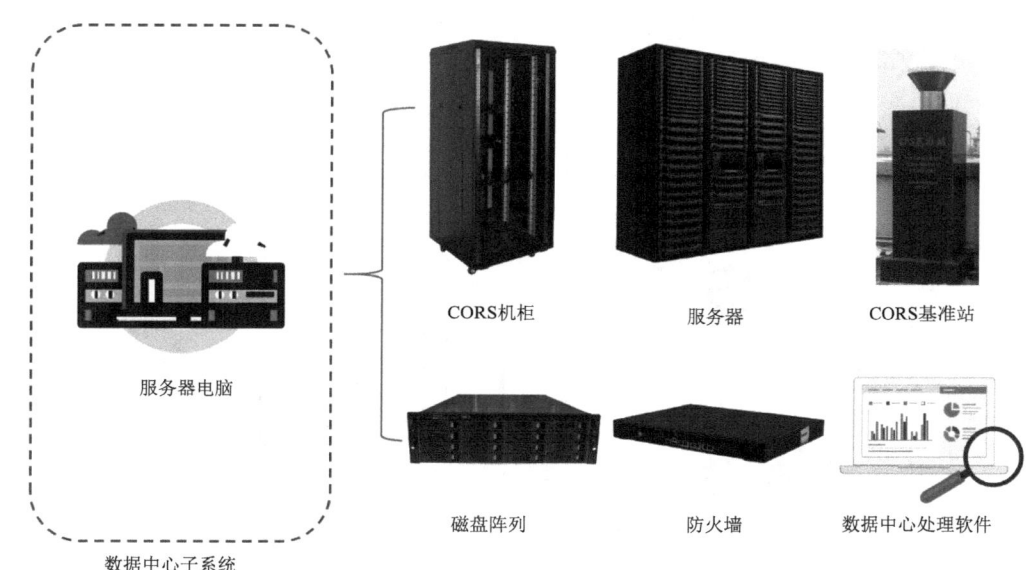

图 9.3 数据中心子系统

(3) 客户端子系统

客户端子系统包括 PC 端以及个人平板、手机客户端。用户在 PC 端可通过浏览器输入平台网址登陆到平台界面，可以实时远程查看监测物的变形情况。同时可以使用平板或手机进行查看，方便用户远程获取数据中心服务器的数据等信息。如监测数据发生异常情况，系统会通过短信、邮件等方式将预计信息发布，用户可以及时获悉现场各监测物的安全健康状态，如图 9.4 所示。

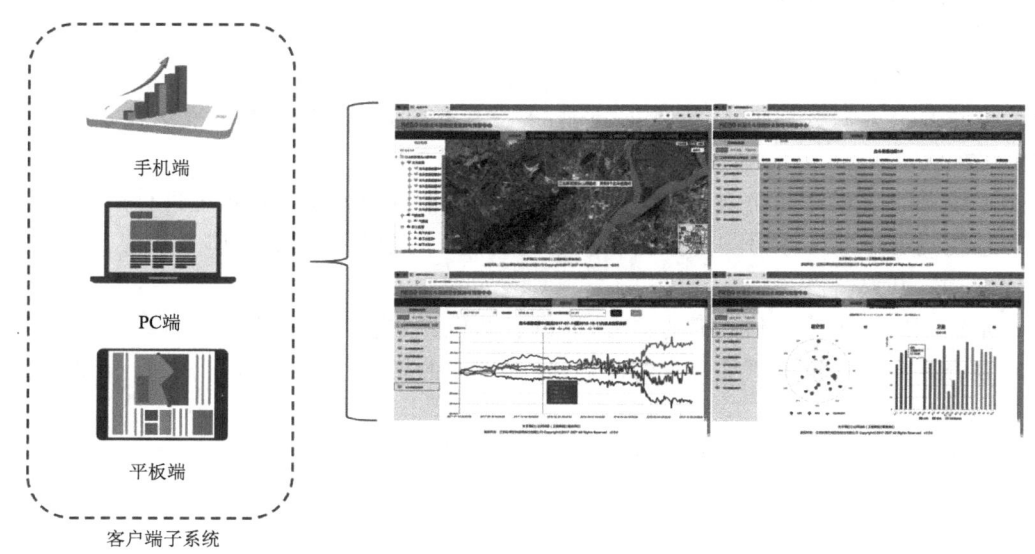

图 9.4 客户端子系统

(4) 网络通讯子系统

网络通讯子系统包括局域网系统以及互联网（Internet）系统，局域网子系统由网桥以及数据中心路由器构成；互联网系统由 Internet 网络构成（图 9.5）。

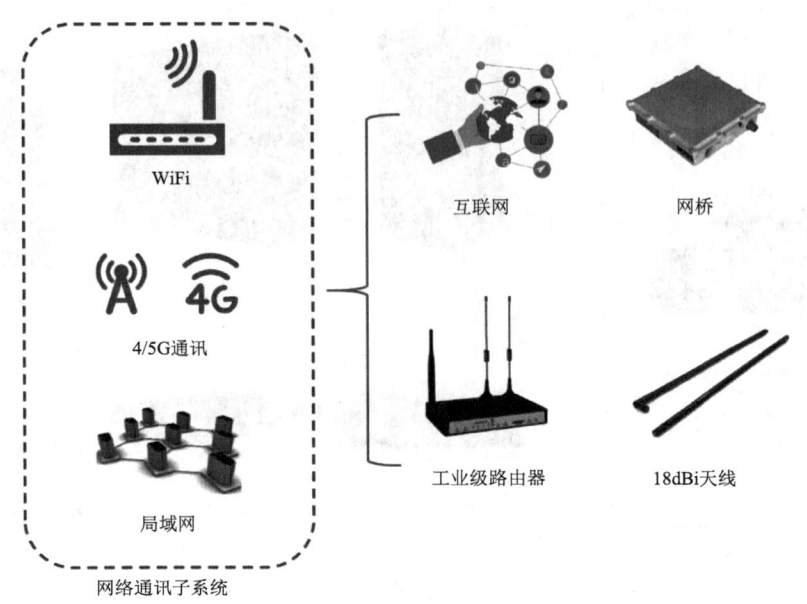

图 9.5 网络通讯子系统

局域网系统通过局域网方式建立各个站点与数据中心子系统的网络,各站点可以实时通过局域网安全的使监测数据出入数据中心子系统;互联网(Internet)系统能够使用户通过 Internet 网络实时远程访问监测数据。

9.1.2 系统功能与特点

9.1.2.1 系统功能

(1)系统具有多源数据采集、大数据处理、多样化数据库存储、数据可视化显示、数据自主预警等功能;

(2)系统具有远程访问功能,在浏览器中输入系统平台网址便可对系统进行远程访问;

(3)系统具有 7×24 小时实时监测与预警的功能,一旦发现数据异常,系统便自主预警,有效地提高预警的时效性;

(4)系统可定期进行观测数据的整编,为以后的设计、施工、管理提供资料;

(5)系统具有自主汇编总结报告的功能,根据用户的模板,自主填写日报、月报和年报并发送至指定的电子邮箱;

(6)系统具有良好的防雷抗干扰特性,确保系统不因雷击而损坏。

9.1.2.2 系统特点

(1)系统兼容。系统兼容北斗、GPS、GLONASS,预留 Galileo;

(2)多源融合。系统融合岩土传感器和气象传感器,实现多源数据信息采集与融合;

(3)无人值守。系统可实现 7×24 小时无人值守连续运行,供电方式多元化、互补性强;

(4)兼容性强。数据处理结果存储至数据库 SQL SERVER,可为其他数据库处理软件提供接口和标准数据共享协议;

(5)算法先进。系统采用独创的似单差历元解算方法,实时动态监测平面,高程精度高;

（6）管理方便。系统根据用户的操作习惯定制开发，接收机设备支持远程访问、控制和升级，现场实现远程可视化，支持 PC/Web/Mobile 三种终端的远程管理模式；

（7）数据丰富。系统不仅提供相对位移、绝对位移、下沉值、变形曲率、倾角变化率等变形信息，自动制作相关数据报表和图形；

（8）监测灵活。系统支持实时监测与周期性监测，降低项目建设成本。

9.2 数据传输与安全控制

9.2.1 数据格式

NMEA-0183 标准应用于 GPS 方面时，数据串以"＄GP"开头，主要有 GGA、GLL、ZDA、GSV、GST、GSA、ALM 等格式。其中 GGA 数据输出 GPS 的定位信息，是使用最广的数据。以＄GPGGA 标准语句为例（付先国 等，2010）。

＄GPGGA,<1>,<2>,<3>,<4>,<5>,<6>,<7>,<8>,<9>,M,<10>,M,<11>,<12>,<13>

<1>:定位时的 UTC 时间,hhmmss.sss,(时分秒)格式；

<2>:所选基准下的纬度 ddmm.mmmm(度分)格式；

<3>:纬度 N(北半球)或 S(南半球)；

<4>:所选基准下的经度 dddmm.mmmm(度分)格式；

<5>:经度 E(东经)或 W(西经)；

<6>:GPS 状态为 1＝非差分定位,2＝差分定位,4＝RTK 固定解,5＝RTK 浮动解；

<7>:用于定位计算的卫星数量；

<8>:HDOP 水平精度因子；

<9>:海拔高度；

<10>:大地水准面差距；

<11>:差分 GPS 数据龄期(秒)；

<12>:差分站 ID 号；

<13>:校验值。

9.2.2 传输协议

9.2.2.1 TCP/IP 传输协议

TCP/IP 传输协议，即传输控制/网络协议，也叫作网络通讯协议（毛焕章，2006）。它是在网络使用中最基本的通讯协议。TCP/IP 传输协议对互联网中各部分进行通讯的标准和方法进行了规定。并且，TCP/IP 传输协议是保证网络数据信息及时、完整传输的两个重要的协议。TCP/IP 传输协议是由一个四层的体系结构,应用层、传输层、网络层和链路层都包含其中，如图 9.6 所示（李建慧，2007）。

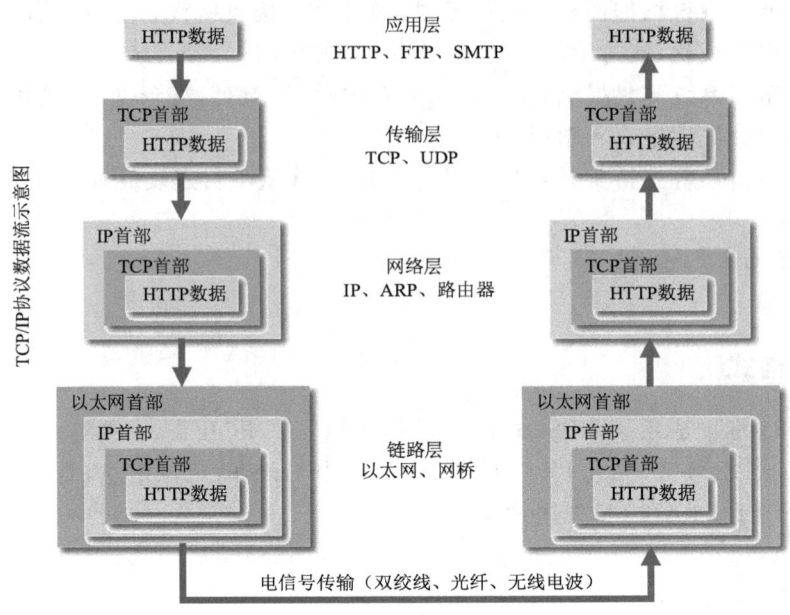

图 9.6　TCP/IP 基本框架图

当通过 HTTP 发起一个请求时,该请求会被应用层、传输层、网络层和链路层的相关协议依次进行包装并被携带对应的首部,最终在链路层生成以太网数据包,以太网数据包通过物理介质传输给对方主机,对方接收到数据包以后,再依次根据对应的相关协议进行拆包,最后把应用层数据交给应用程序处理(段晓忠,2017)。

9.2.2.2　Ntrip 协议

CORS(Continuously Operating Reference Stations)就是网络基准站,通过网络收发 GNSS 差分数据。用户可以直接访问 CORS 系统,即可实现 GNSS 流动站的差分定位,省去了自己建立 GNSS 基准站的步骤。

访问 CORS 系统,就需要网络通讯协议。Ntrip(Networked Transport of RTCM via Internet Protocol)是 CORS 系统的通讯协议之一(图 9.7)。

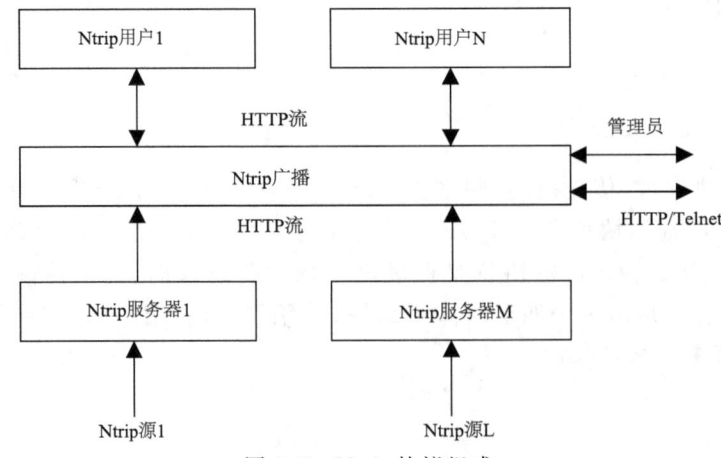

图 9.7　Ntrip 协议组成

NtripSource:负责产生 GNSS 差分数据,并将差分数据提交给 NtripServer;
NtripServer:负责将 GNSS 差分数据提交给 NtripCaster;
NtripCaster:GNSS 差分数据中心,负责将 GNSS 差分数据进行接收和发送;
NtripClient:登录 NtripCaster 后,负责接收 NtripCaster 发过来的 GNSS 差分数据。

一般情况下,NtripSource 和 NtripServer 已全部集成到一台 GNSS 基准站设备内,GNSS 基准站先产生差分数据(扮演着 NtripSource 的角色),然后再将差分数据通过网络发送给 NtripCaster(扮演着 NtripServer 的角色)。

NtripSource 和 NtripServer 也可以单独存在:GNSS 基准站产生差分数据(扮演着 NtripSource 的角色),然后通过 RS232 串口通信(扮演着 NtripServer 的角色),并由电脑程序接收,该程序再将差分数据发送给 NtripCaster。

一般情况下,NtripCaster 是一台具有固定 IP 的服务器,它负责接收、发送差分数据。发送差分数据有两种工作方式:第一种是直接转发 NtripSource 产生的差分数据;第二种是将多个 NtripSource 产生的差分数据进行计算,计算出一个虚拟的基准站,再将虚拟基准站的差分数据转发给 NtripClient。

一般情况下,NtripClient 就是 GNSS 流动站。GNSS 流动站在登录 NtripCaster 后,会主动将自身的定位坐标发送至 NtripCaster。NtripCaster 将 GNSS 差分数据转发至 NtripClient。最后 GNSS 流动站即可实现高精度的差分定位。

9.2.3 数据安全加密

(1)数据传输安全

数据安全的传输可以保障所传输数据不泄露或不被更改,应用系统在采集重要的原始数据时可以采用原始数据加密、网络加密传输以及数据中心的数据库加密技术(曹阳,2003)。

(2)数据存储安全

被存储的数据采用加密算法进行数据加密,只有合法的用户才能查看解密后的正常数据,非法用户无法查看解密后的正常数据(赵旭芳,2013)。

(3)原始数据的安全

为了保证原始数据的原始性,原始数据一旦被保存,便不能更改。针对需要修改或修正的数据,只能增加一条修正记录以此来达到修正的目的,同时应做好修正日志,日志中记录数据修正的人员、时间以及原因(王宏,2011)。

(4)DES 加密算法

DES(Data Encryption Standard)的特点就是加密和解密使用的是同一个密钥。DES 是一种分组加密算法,每次对固定长度的数据段进行加密。DES 分组的大小是 64 位,如果加密的数据长度不是 64 位的倍数,可以按照某种具体的规则来填充位。DES 算法主要对明文数据进行一系列的排列和替换操作来实现数据加密。先从给定的初始密钥中得到 16 个子密钥的函数,然后每个子密钥按照顺序(1—16)以一系列的排列和替换操作施加于数据上,每个子密钥一次,一共重复 16 次。在对密文进行解密的时候需要采用同样的步骤,只是子密钥是按照逆向的顺序(16—1)对密文进行解密,如图 9.8、图 9.9 所示(黄怡然,2006)。

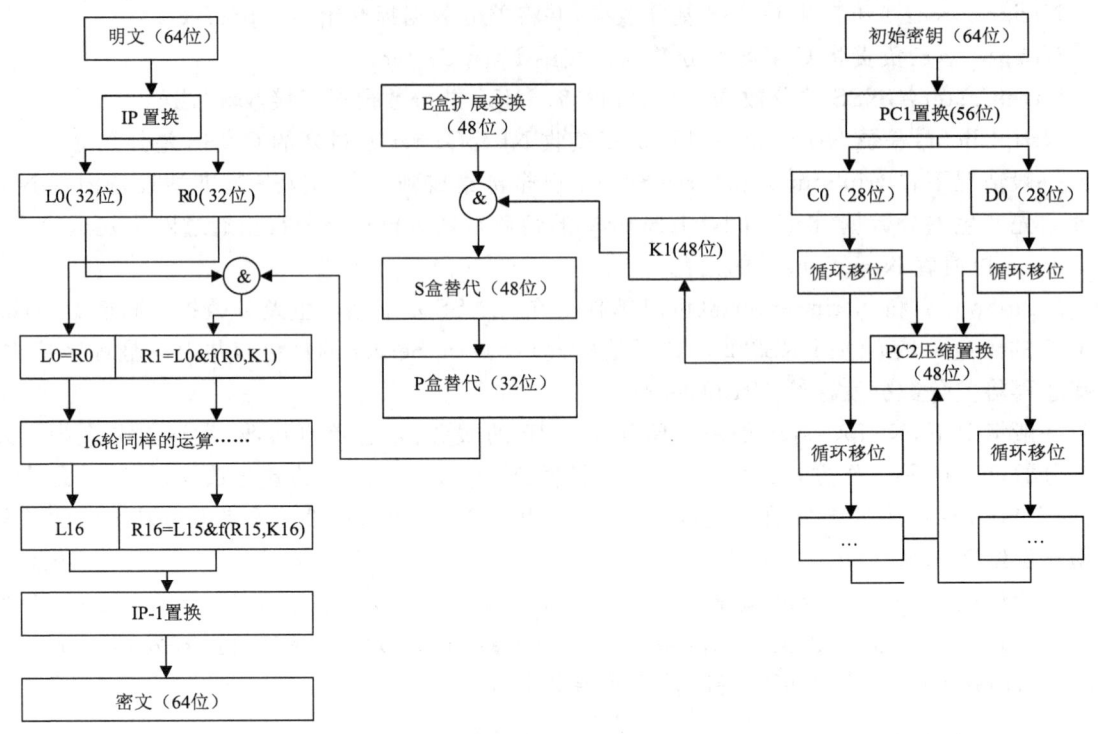

图 9.8 DES 加密算法流程

```
1  package xin.dreaming.des;
2
3  import java.security.SecureRandom;
4  import java.util.Arrays;
5
6  import javax.crypto.Cipher;
7  import javax.crypto.SecretKey;
8  import javax.crypto.SecretKeyFactory;
9  import javax.crypto.spec.DESKeySpec;
10 import javax.crypto.spec.IvParameterSpec;
11
12 import org.junit.Test;
13 /**
14  *
15  * @author DREAMING.XIN
16  *
17  */
18 public class DESUtils {
19
20     /**
21      * 生成随机密钥
22      *
23      * @param size
24      *            位数
25      * @return
26      */
27     public static String generateRandomKey(int size) {
28         StringBuilder key = new StringBuilder();
29         String chars = "0123456789ABCDEF";
30         for (int i = 0; i < size; i++) {
31             int index = (int) (Math.random() * (chars.length() - 1));
32             key.append(chars.charAt(index));
33         }
34         return key.toString();
35     }
36
37     /**
38      * DES加密
39      *
40      * @param key
41      *            密钥信息
42      * @param content
43      *            待加密信息
```

图 9.9 DES 加密算法部分代码

(5)Base64 加密算法

Base64 是一种用于传输 8 bit 字节码的编码方式,是一种基于 64 个可打印字符来表示二进制数据的方法。Base64 编码是从二进制到字符的过程,可用于在 HTTP 环境下传递较长的标识信息。例如,在 Java Persistence 系统 Hibernate 中,就采用了 Base64 来将一个较长的唯一标识符(一般为 128-bit 的 UUID)编码为一个字符串,用作 HTTP 表单和 HTTP GET URL 中的参数。在其他应用程序中,也常常需要把二进制数据编码为适合放在 URL(包括隐藏表单域)中的形式。此时,采用 Base64 编码具有不可读性,需要解码后才能阅读。

Base64,就是使用 64 个可打印字符来表示二进制数据的方法。Base64 的索引图 9.10 与对应字符的关系为:Base64 编码可用于在 HTTP 环境下传递较长的标识信息。Base64 也经常用作一个简单的"加密"来保护某些数据,每 6 bit 为一组,第一组转换后为字符"U",第二组末尾补 4 个 0 转换后为字符"w"。剩下的使用"="替代。即字符"S"通过 Base64 编码后为"Uw=="(图 9.11)。

索引	对应字符	索引	对应字符	索引	对应字符	索引	对应字符
0	A	17	R	34	i	51	z
1	B	18	S	35	j	52	0
2	C	19	T	36	k	53	1
3	D	20	U	37	l	54	2
4	E	21	V	38	m	55	3
5	F	22	W	39	n	56	4
6	G	23	X	40	o	57	5
7	H	24	Y	41	p	58	6
8	I	25	Z	42	q	59	7
9	J	26	a	43	r	60	8
10	K	27	b	44	s	61	9
11	L	28	c	45	t	62	+
12	M	29	d	46	u	63	/
13	N	30	e	47	v		
14	O	31	f	48	w		
15	P	32	g	49	x		
16	Q	33	h	50	y		

图 9.10 Base64 索引表

```
1
2   final Base64.Decoder decoder = Base64.getDecoder();
3   final Base64.Encoder encoder = Base64.getEncoder();
4   final String text = "字串文字";
5   final byte[] textByte = text.getBytes("UTF-8");
6   //编码
7   final String encodedText = encoder.encodeToString(textByte);
8   System.out.println(encodedText);
9   //解码
10  System.out.println(new String(decoder.decode(encodedText), "UTF-8"));
11
12  final Base64.Decoder decoder = Base64.getDecoder();
13  final Base64.Encoder encoder = Base64.getEncoder();
14  final String text = "字串文字";
15  final byte[] textByte = text.getBytes("UTF-8");
16  //编码
17  final String encodedText = encoder.encodeToString(textByte);
18  System.out.println(encodedText);
19  //解码
20  System.out.println(new String(decoder.decode(encodedText), "UTF-8"));
```

图 9.11 Base64 加密算法

9.3 信息采集终端安装与运维

9.3.1 安装与调试

在选定地址开挖到冻土层(0.7 m)以下,开挖尺寸根据项目设计书执行,具体施工严格按照图纸(GNSS 观测墩设计图纸)和规范要求施工。同时,钢筋的加工、连接及安装应按照《混凝土结构工程施工质量验收规范》标准进行施工。

施工注意事项如下。

(1)观测墩底座采用现浇混凝土工艺,混凝土强度等级 C30。搅拌现场必须配有合格的称量器具,严格按照设计配合比下料。

(2)水泥要求:普通硅酸盐水泥,强度等级为 P.O 42.5 级;砂子种类:中砂、石子最大粒径 40 mm;水要求:饮用水。根据施工情况混凝土需加拌外加剂如:早强剂、防冻剂、引气剂等,质量必须合格,不得使用含氯盐的外加剂(李青,2012)。考虑到耐久性要求,混凝土按 C30 强度设计,根据以往施工经验,推荐表 9.1 中配合比。

表 9.1 每立方米混凝土材料参考用量表

材料名称	水	水泥	中砂	石子(最大粒径 40 mm)
用量(kg)	180	300	600	1226
用量(m³)	0.18	0.30	0.44	0.82

(3)拆模时间根据实际情况决定。一般条件下,拆模时间建议大于 24 h。

施工步骤如下。

(1)观测墩底座开挖尺寸为:长×宽×深:1 m×1 m×2 m 的长方体(图 9.12)。

(2)在底座框架开槽完成后,为了保证位移监测点的稳定性,需要在槽的底部用钢筋网进行铺设,同时还要在内部加入钢筋笼(图 9.13)。

图 9.12　观测墩底部混凝土尺寸　　　　图 9.13　钢筋网及钢筋笼示意

(3)浇筑前要在钢筋网上进行避雷针与地线的连接(图 9.14)。

图 9.14　地线安装示意

(4)钢筋笼须用水平尺进行初步整平(图 9.15)。

图 9.15　土体表面观测墩施工示意

(5)在对观测墩下的混凝土进行浇筑完成并凝固后,即可进行观测墩的安装:将预制好的观测墩下部的法兰与之前浇筑好的对中钢筋进行连接,然后用螺母将钢筋与观测墩进行固定连接;将之前预留的避雷针线穿过空心观测墩然后通过避雷针管道与避雷针进行固定连接,在连接的过程中,避雷针与避雷针管道之间要进行绝缘处理;将太阳能支架和仪器箱与观测墩进行固定连接;将 GNSS 天线与对中盘进行连接,然后将天线罩进行固定,整体结构便完成了安装(图 9.16)。

图 9.16　观测墩安装示意

(6)观测墩整体安装完成后,再安装太阳能板。太阳能支架已经预留了太阳能上面的安装孔,只需要将两者对孔进行固定连接即可。同时将相应的线路进行连接,将相应的设备进行调试,即完成北斗表面位移监测设备的施工安装(图9.17)。

图9.17 监测站设备安装成果图

9.3.2 供电保障

天-空-地一体化监测预警系统支持220 V常用市电或者太阳能+蓄电池方式供电。

使用220 V常用市电给设备供电,此种供电方式可以保证设备的稳定运行,不易受天气等其他环境影响,能较好满足系统的长期运行(图9.18)。

采用太阳能+蓄电池模式供电(图9.19),白天太阳能对设备供电,同时给蓄电池充电;晚上蓄电池对设备供电(在连续阴雨天的情况下,至少保证一周以上的系统正常供电)。

图 9.18 市电供电示意

图 9.19 太阳能+蓄电池供电示意

9.3.3 数据存储

由于监测数据量庞大,对天-空-地一体化监测预警系统选用 Hbase 作为大数据存储器,其作为分布式列存储数据库性能已得到业界广泛认可,且其可运行在廉价设备之上、扩展方便、可充分满足任何项目的需要。

监测设备通过数据传输模块将数据加密后传回到服务器,服务器按照传回的数据格式对数据进行分类并存储(图 9.20、图 9.21)。

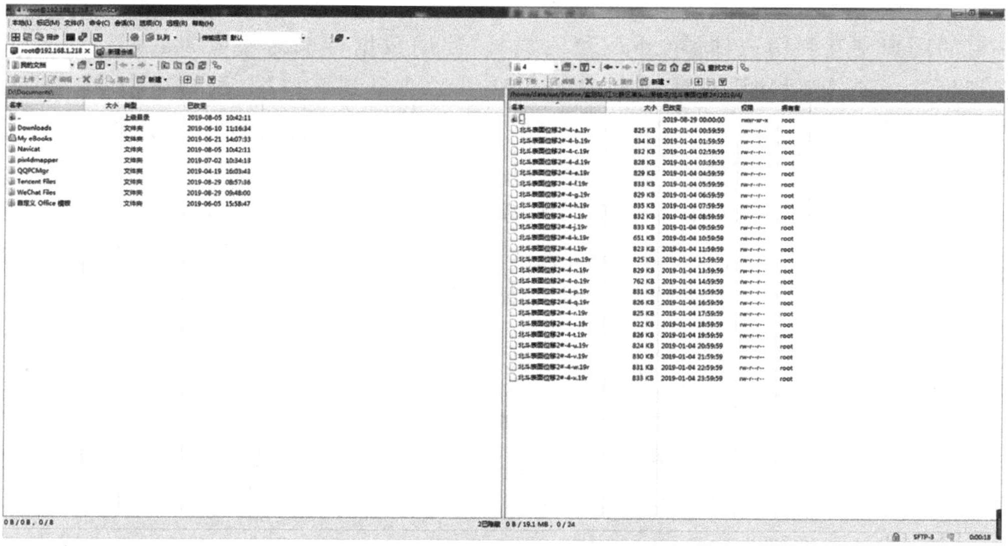

图 9.20 服务器后台存储数据

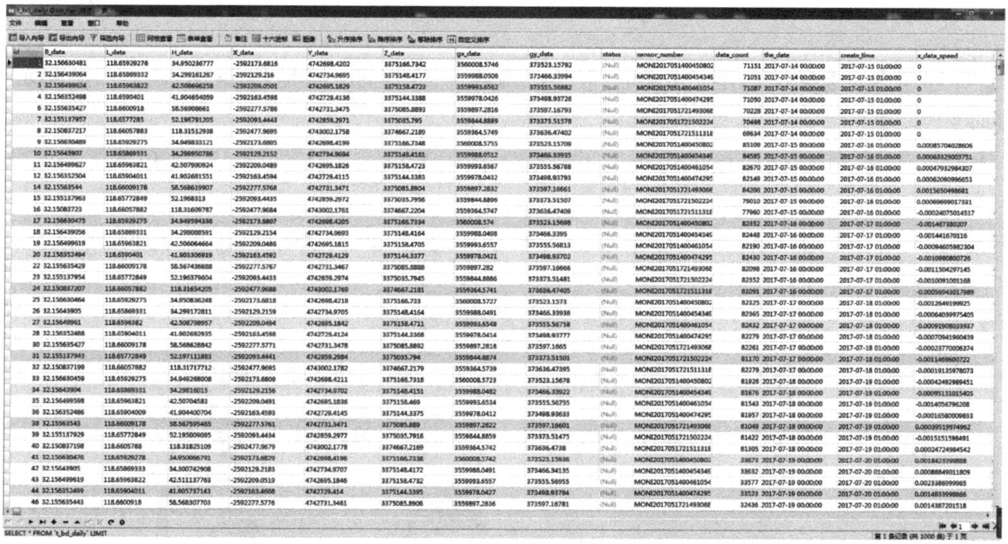

图 9.21 服务器后台解算存储数据

9.4 滑坡地质与气象灾害监测预警云平台

9.4.1 平台架构

软件架构的方式采取分层架构设计。分层架构是最常见的架构,也被称为 N 层架构。根据需要和软件的复杂程度,可以将架构设计成 N 层,每一层都扮演着程序中特定的角色,结合软件的实用性以及后期的维护成本,大多数应用程序只使用 3~4 层。

在滑坡地质与气象灾害监测预警云平台中,分层包括表现层、业务和数据访问层。表现层负责平台的用户交互和用户体验(外观和视觉)。使用数据传输对象(Data Transfer Object)将数据带到这一层,然后使用视图模型(View Model)渲染到客户端,用户可以直观地看到数据图表等展示效果。业务层负责接收请求并执行业务规则。数据访问层负责操作各种类型的数据库,每个访问数据库的请求都要经过这一层。

各个分层由于扮演着程序中特定的角色,所以业务层无需知道数据访问层查询数据库的方法,而业务层在调用数据层数据时,只需关注需要部分数据或是全部数据。这就是关注点分离,是非常强大的功能,每层各司其职,职责明确,工作效率高。

分层架构分析具有如下特点。

(1)敏捷性:随着环境的不断变化而做出相对的反应能力。整体风格的性质决定了它无法完全应对通过所有层的变化,所以需要注意依赖性和分层分离。

(2)易于部署:大型软件平台的部署比较复杂和麻烦,即使一个小需求,都可能在部署时影响到整个软件平台。所以在设计之初需要注意软件平台架构的合理性。

(3)可测试性:在测试工具中,使用 Mocking 和 Faking 两种不同的语法和 api,软件平台的每一层都可以独立测试,因此可测试性非常强。

(4)性能:分层软件平台表现较好,然而请求需要经过多个分层,所以在性能方面需要做好合理的安排。

(5)可伸缩性:通常情况下,分层软件平台很难进行伸缩,但是将分层进行独立部署,就可以实现伸缩能力。

(6)易于开发:分层架构模式普遍性广,是一种主流的架构方式,大多数开发者都能够快速上手。

本项目采用自主研发的云平台作为该项目的系统软件,软件架构如图 9.22 所示。

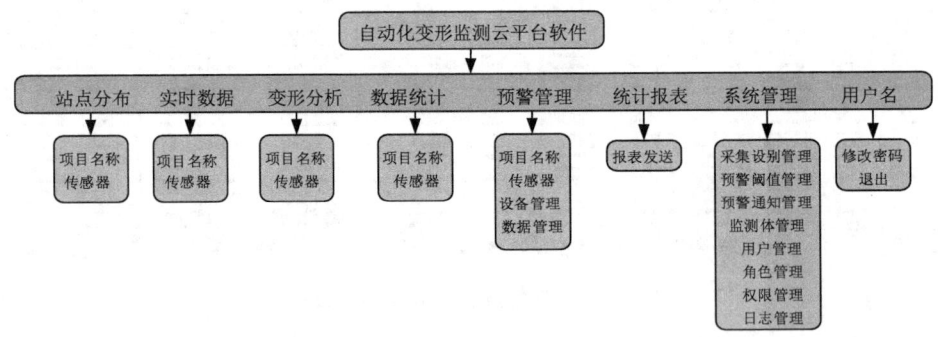

图 9.22　系统软件架构

9.4.2　平台介绍

系统平台在服务器部署完毕后即可通过浏览器进行平台的访问。为了更好地体验网站,建议使用谷歌、火狐、360 极速模式等高版本的浏览器,并使用分辨率为 1920×1080 的显示器(显示的缩放与布局设置为 100%)。

9.4.2.1 平台后台管理系统

平台后台管理系统主要用于新建项目信息,如承接项目的组织机构、项目负责人、项目类型(滑坡、边坡、隧道和桥梁等)、GNSS 基站信息以及前端展示页面自定义设置。新建项目信息完毕之后,再由前端展示页面添加各类监测设备,方可将项目数据接入平台使用。

(1)登录界面

打开浏览器,输入对应的网址即可访问平台的后台管理系统登录界面,在用户登录栏中输入系统已授权的【账号】和【密码】,点击【登录】即可进入到平台后台管理系统中,首次登陆使用平台后台管理系统提供的初始【账号】和【密码】,系统登录界面如图 9.23 所示。

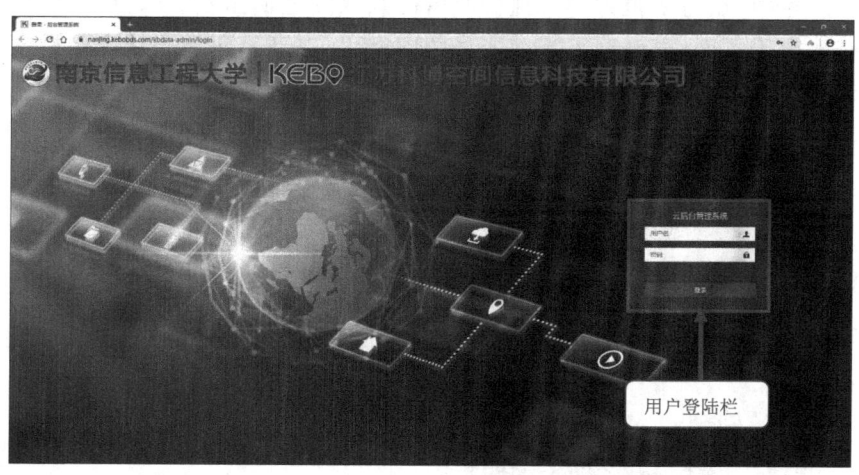

图 9.23 后台登录页面

(2)登录界面

平台后台管理系统的主界面由五个区域组成,分别为账号信息栏区、功能区、菜单栏区、显示区和系统语言区,如图 9.24 所示。

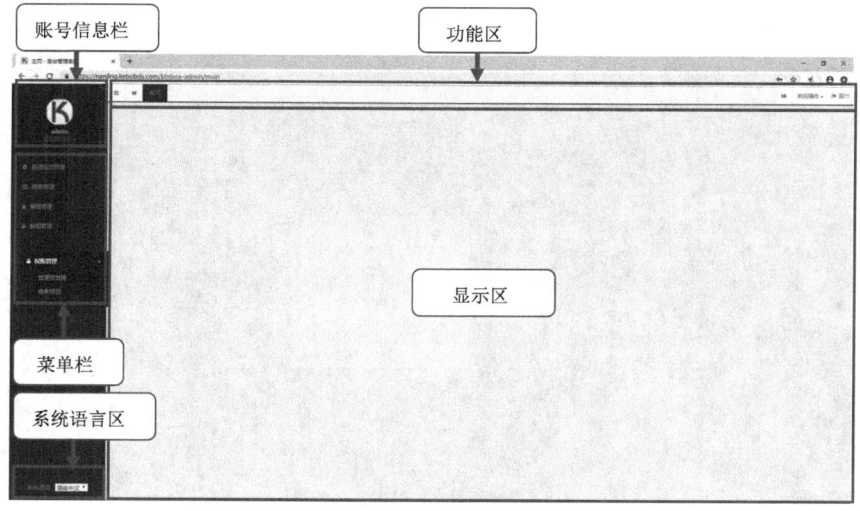

图 9.24 后台展示界面

账号信息栏区：展示账号信息和权限信息，具有修改密码功能。

功能区：展示当前功能模块信息。

菜单栏区：以树状图的形式展示各项功能菜单。基础信息管理菜单中分为组织机构管理、用户管理、监测物信息管理、采集设备管理、基准站信息管理和项目管理六个功能模块；权限管理菜单中分为管理员管理和角色管理两个功能模块。

显示区：展示功能模块中的详细内容。

系统语言区：可以切换界面语言，语言种类有简体中文和English。

(3) 修改密码

在账号信息栏中，点击下拉键，弹出【修改密码】和【安全退出】选项，点击【修改密码】，在显示区中弹出修改密码页面，正确输入当前账号的旧密码，在新密码和确认密码栏中输入相同的新密码，点击【确定】即可完成修改密码操作，如图9.25所示。

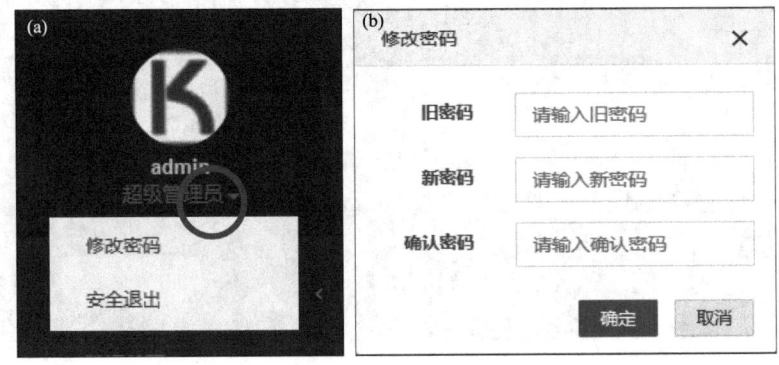

图 9.25　修改密码

(4) 组织机构管理

组织机构管理功能主要用于添加承接项目的组织机构信息，点击【新增】，在显示区中弹出新增组织机构信息页面，可输入对应的组织机构名称、地址、组织机构描述以及对应的服务开始时间，点击【确定】即可完成组织机构的添加管理，如图9.26所示。

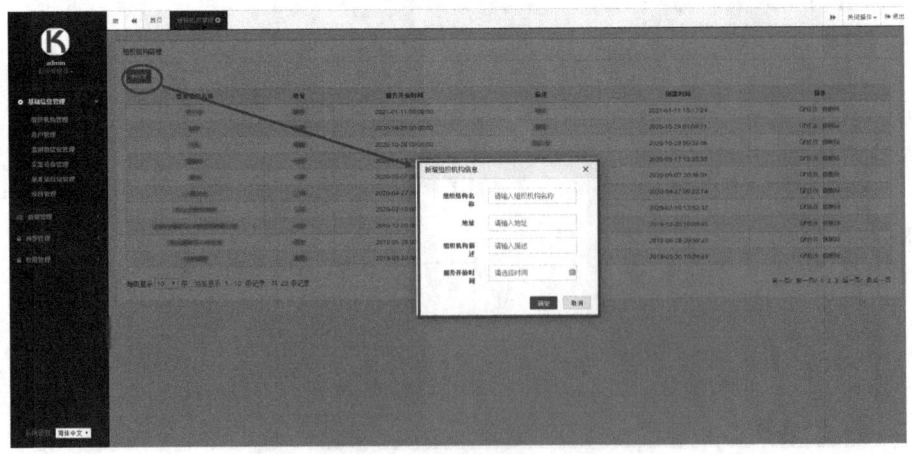

图 9.26　新增组织机构

点击【修改】,在显示区中弹出修改组织机构信息页面,可对组织机构的地址和机构描述进行修改,点击【确定】即可完成组织机构的修改,如图 9.27 所示。

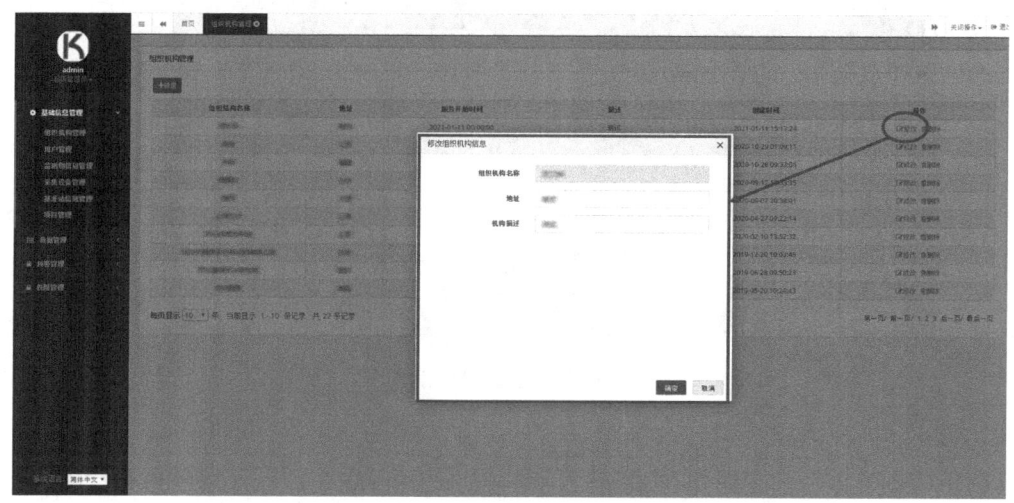

图 9.27　修改组织机构

(5)用户管理

用户管理功能主要用于添加对应项目的用户人员信息,点击【新增】,在显示区中弹出新增用户信息页面,可输入对应的用户名、真实姓名、手机号码并选择所属组织机构,点击【确定】即可完成用户信息的添加管理,如图 9.28 所示。

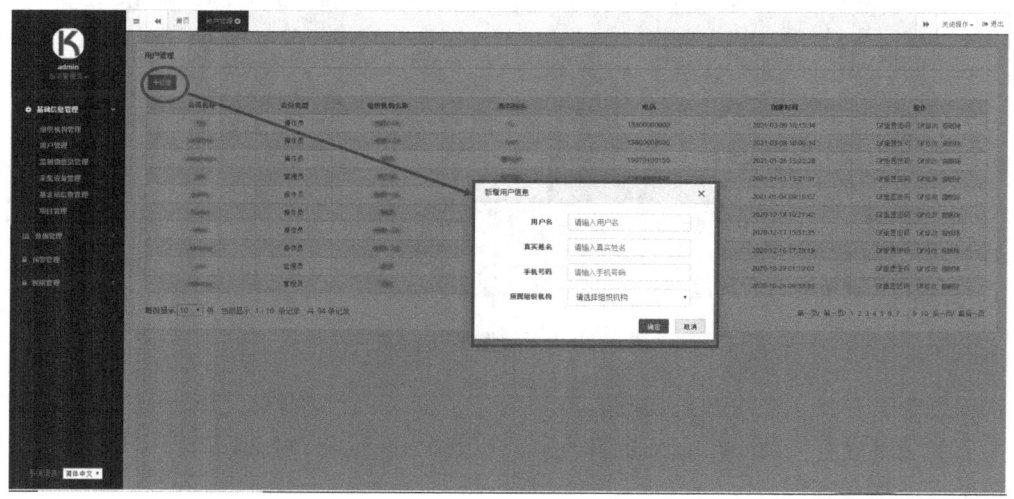

图 9.28　新增用户信息

点击【修改】,在显示区中弹出修改用户信息页面,可对用户名、真实姓名、手机号码以及所属组织机构进行修改,点击【确定】即可完成用户信息的修改,如图 9.29 所示。

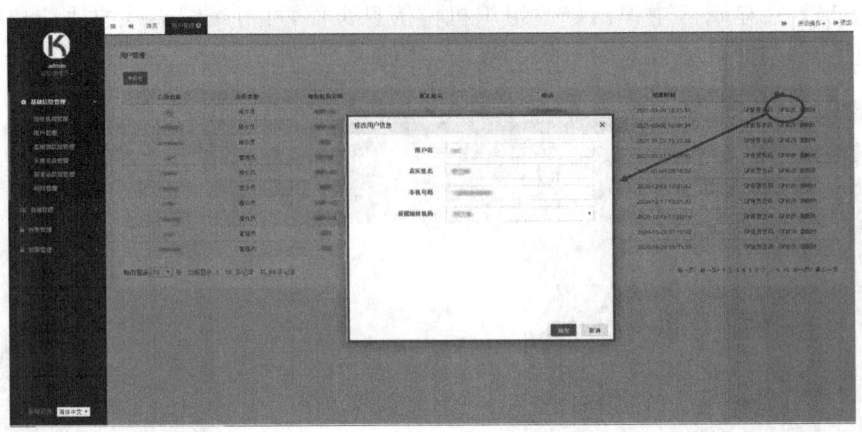

图 9.29 修改用户信息

(6) 监测物信息管理

监测物信息管理功能主要用于添加对应项目的监测物信息,点击【新增】,在显示区中弹出新增监测物页面,可输入对应的监测物名称、选择监测物类型(桥梁、隧道、边坡、基坑等)、选择所属组织机构、输入经度、输入纬度、选择地图缩放级别,点击【确定】即可完成监测物的添加管理,如图 9.30 所示。

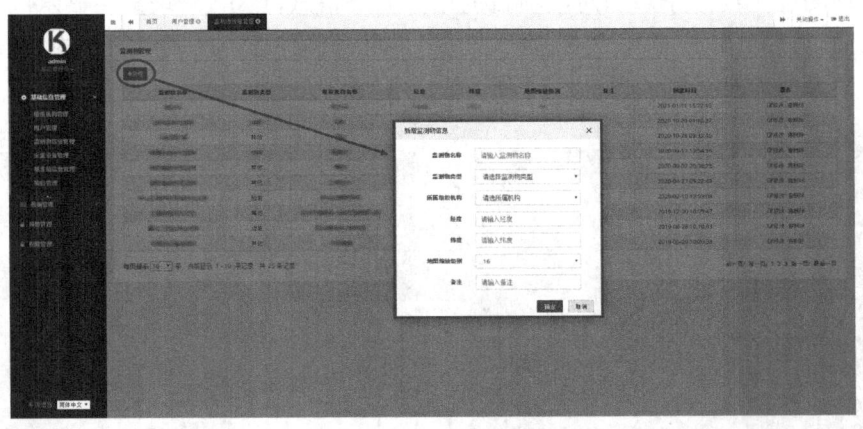

图 9.30 新增监测物信息

点击【修改】,在显示区中弹出修改监测物信息页面,可对监测物类型、组织机构、经度、纬度、地图缩放级别进行修改,点击【确定】即可完成组织机构的修改,如图 9.31 所示。

(7) 基准站信息管理

基准站信息管理功能主要用于添加对应项目的基准站信息,点击【新增】,在显示区中弹出新增基准站信息页面,选择基准站、选择监测物类型(桥梁、隧道、边坡、基坑等)、选择所属组织机构、输入经度、输入纬度、选择地图缩放级别,点击【确定】即可完成监测物的添加管理,如图 9.32 所示。

点击【修改】,在显示区中弹出修改基准站信息页面,可对基准站名、基准站 IP、基准站端口号、登录名、登录密码以及是否鉴权进行修改,点击【确定】即可完成基准站信息的修改,如图 9.33 所示。

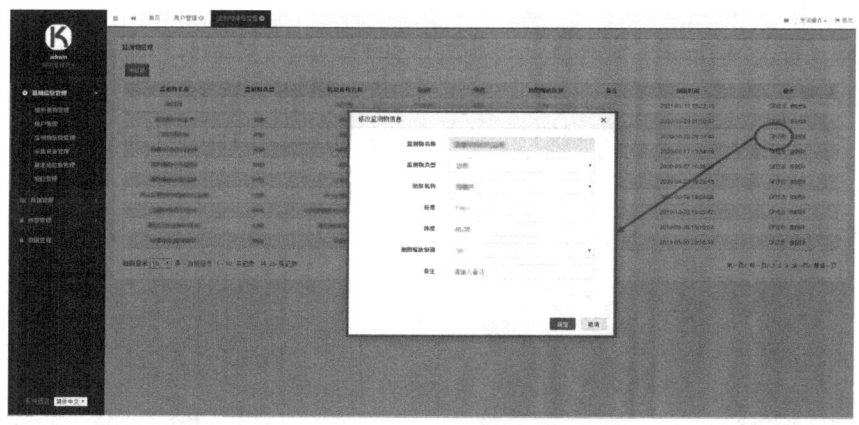

图 9.31　修改监测物信息

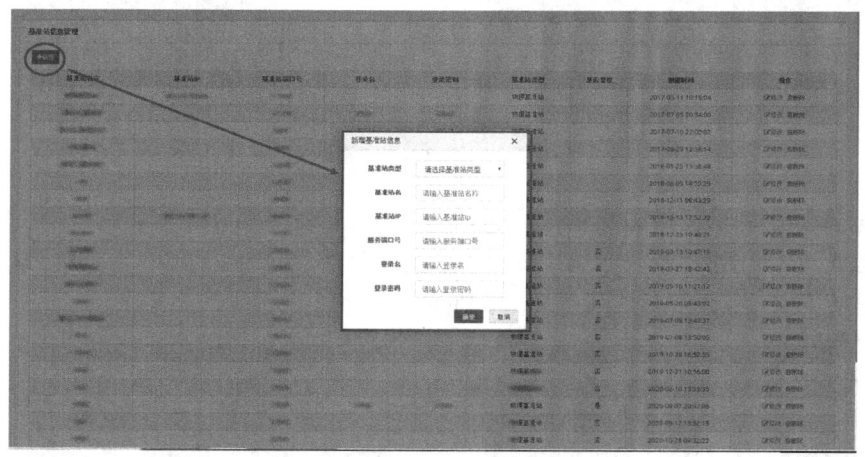

图 9.32　新增基准站信息

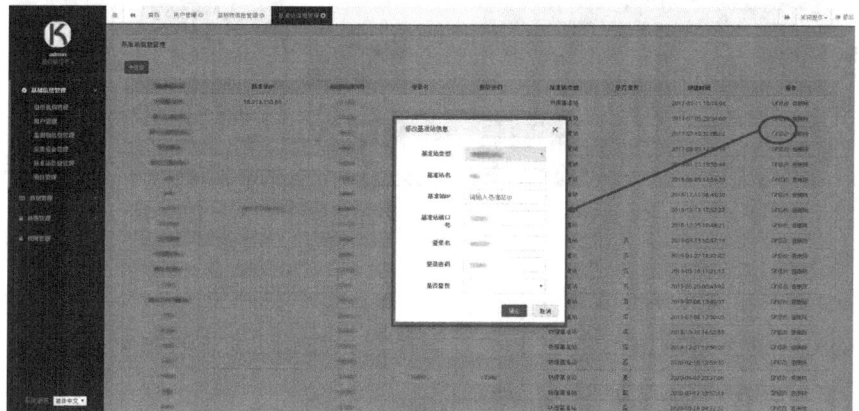

图 9.33　修改基准站信息

(8)项目管理

项目管理功能主要用于添加对应项目的基本信息,点击【新增】,在显示区中弹出新增项目信息页面,输入项目名称、项目编号、项目别名、平台名称、语言选择、选择地图类型、上传登录页LOGO、上传登录页背景、上传系统内页LOGO,点击【确定】即可完成项目的添加管理,如图9.34所示。

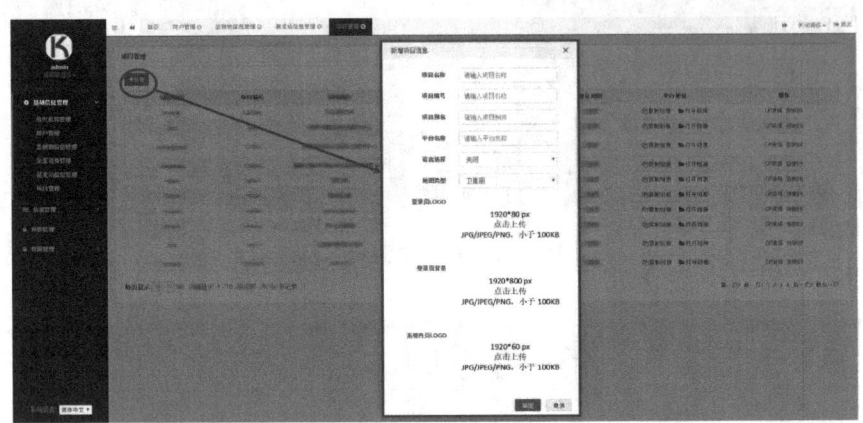

图 9.34 新增项目管理

点击【编辑】,在显示区中弹出修改项目信息页面,可对项目名称、项目编号、项目别名、平台名称、语言选择、地图类型、登录页LOGO、登录页背景、系统内页LOGO进行修改,点击【确定】即可完成基准站信息的修改,如图9.35所示。

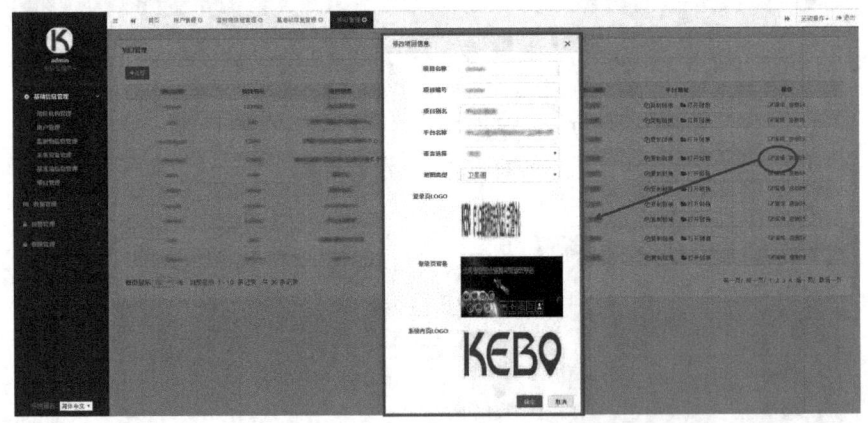

图 9.35 修改项目信息

9.4.2.2 平台前端操作系统

平台前端操作系统主要用于管理、查看项目信息,如添加项目的相关设备、接收并存储各类数据、多元数据融合分析、数据可视化展示等。

(1)登录界面

打开浏览器,输入对应的网址即可访问平台的显示的登录界面,在用户登录栏中输入已授权的【账号】【密码】和【验证码】,点击【登录】就可以进入到平台系统中,系统登录界面如图

9.36所示。

图9.36 平台登录界面

用户名:平台注册过的用户名。
密码:平台注册过的用户名对应的密码。
验证码:网页随机刷出的4位数字密码,输入与图片验证码相符的字符。
(2)界面布局
平台主要由五个区域组成,分别是LOGO区、天气显示区、功能区、菜单栏区和显示区,如图9.37所示。

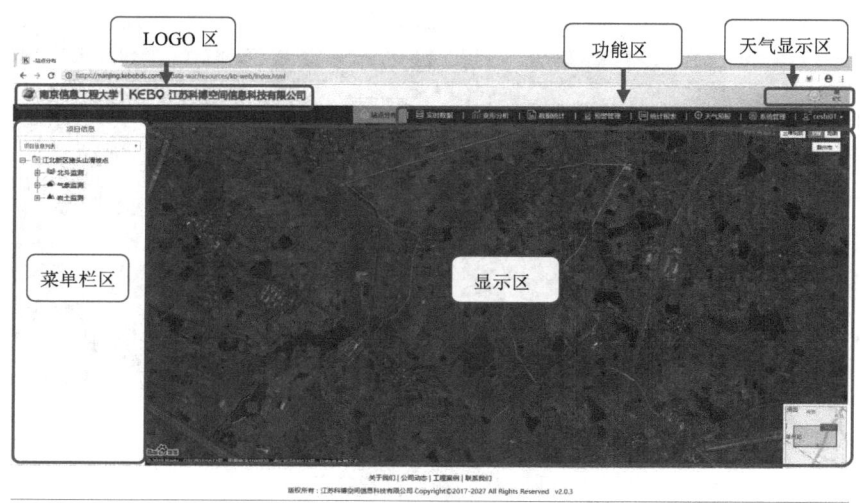

图9.37 界面布局

LOGO区:展示平台相关的LOGO信息,根据项目信息自定义设置。
天气显示区:展示项目所在地的当前天气情况。
功能区:七大功能模块,分别为【站点分布】【实时数据】【变形分析】【数据统计】【预警管理】【统计报表】和【系统管理】。

菜单栏区:以树状图的形式展示三大监测要素的点号信息。
显示区:展示七大功能模块的详细功能。
(3)站点分布

站点分布包含两种类型显示的地图:一种是卫星地图,一种是普通地图,两种地图都是基于百度地图研发的,点击如图9.38所示【卫星】【普通】可进行切换。

图9.38 站点分布

左侧菜单栏可以查看对应监测要素的站点信息,点击站点名称可以查看点位的具体位置信息以及变化情况(图9.39)。

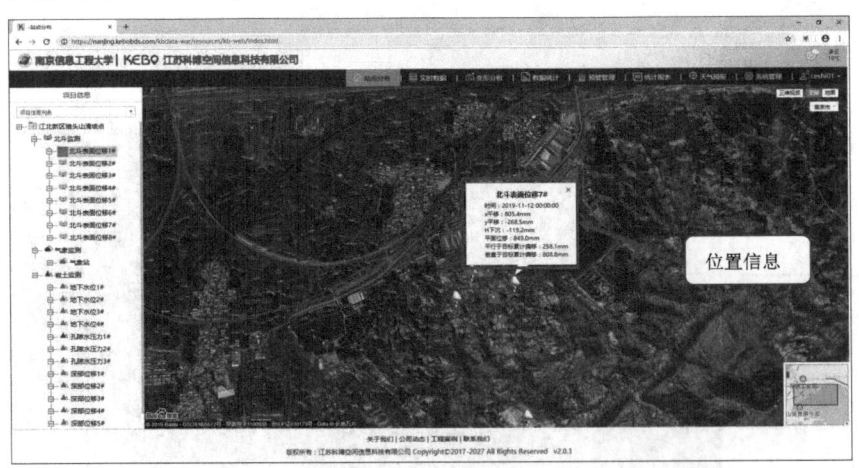

图9.39 站点位置信息

(4)实时数据

实时数据主要用于展示监测物实时监测并上传的数据流信息(图9.40)。

点击显示区右上角的【曲线图】可查看实时数据的曲线图(图9.41)。

点击显示区右上角的【卫星状况】可查看北斗站点的实时星空图以及卫星信噪比图(图9.42、图9.43),可以实时了解当前接收的GPS、BDS、GLONASS卫星数。

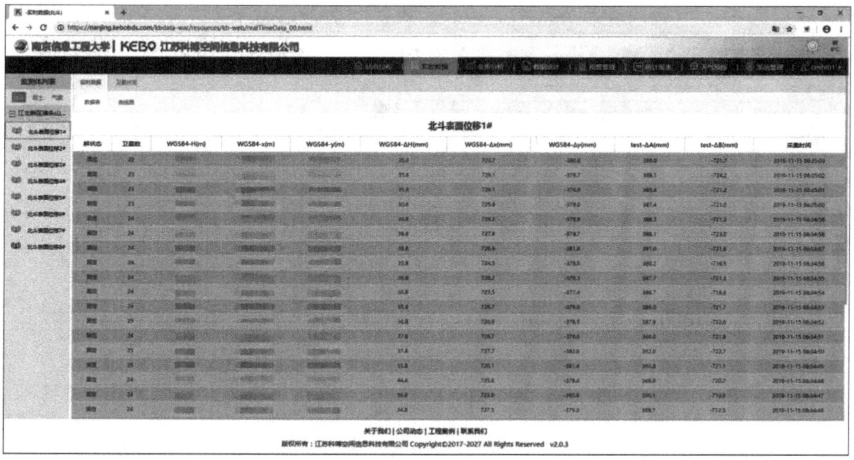

图 9.40 北斗实时数据

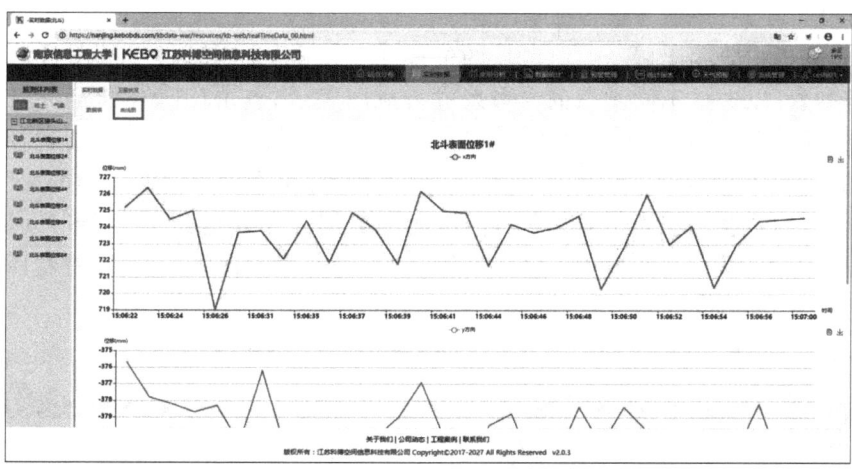

图 9.41 实时数据曲线

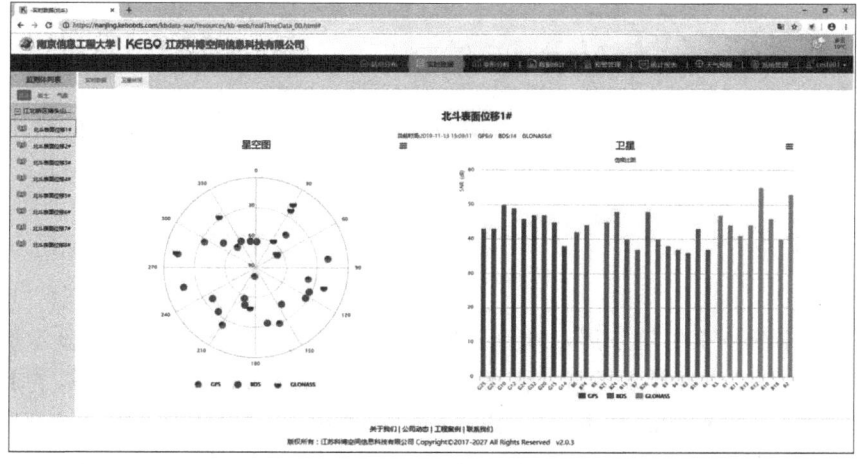

图 9.42 卫星状况

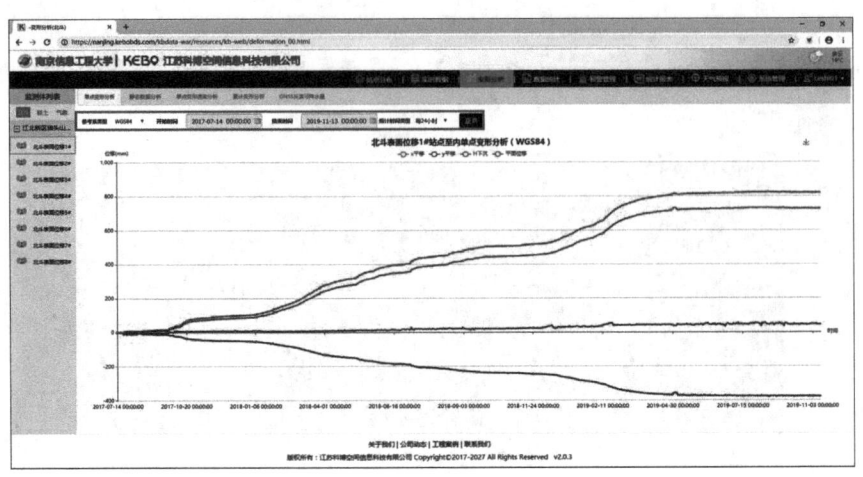

图 9.43 北斗站点变形分析

(5) 变形分析

单点变形分析主要用于展示监测区域的位移变化情况,直观地进行成图显示。点击显示区【参考系类型】可以选择不同类型的参考系进行成图展示,点击【开始时间】可以选择所需的起始时间,点击【结束时间】可以选择所需的结束时间,点击【统计时间类型】可选择所需时间段内的统计数据(如 24 h、12 h、6 h、2 h、1 h),点击【查询】即可查看所需时段内的成图展示数据。

静态数据分析主要用于展示原始数据后处理的数据。点击显示区【开始时间】可以选择所需的起始时间,点击【结束时间】可以选择所需的结束时间,点击【查询】即可查看所选时间段内的静态解算数据(图 9.44)。

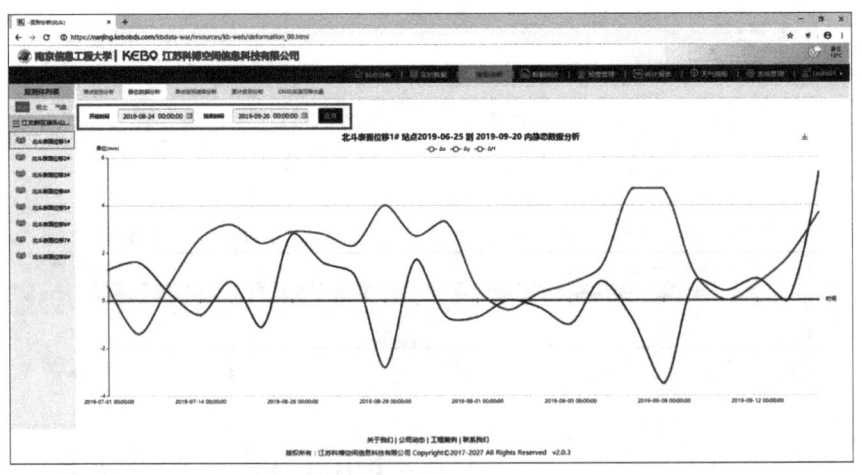

图 9.44 静态数据分析

单点变形速率分析主要用于展示监测区域站点的变化速率情况。点击显示区【参考系类型】可以选择不同类型的参考系进行成图展示,点击【开始时间】可以选择所需的起始时间,点击【结束时间】可以选择所需的结束时间,点击【统计时间类型】可选择所需时间段内的统计数据(如 24 h、12 h、6 h、2 h、1 h),点击【查询】即可查看所需时间段内的速率变化情况(图 9.

45)。

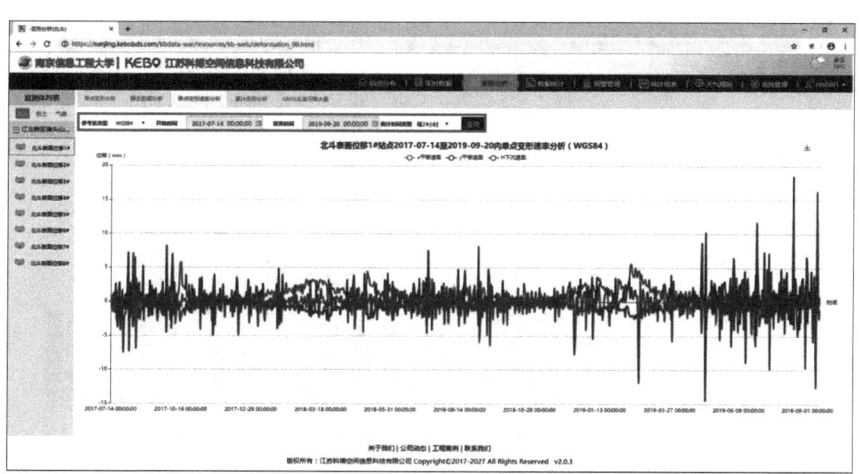

图 9.45　单点变形速率

累计变形分析主要用于展示监测区域站点的累计变化量。点击显示区【参考系类型】可以选择不同类型的参考系,点击【开始时间】可以选择所需的起始时间,点击【结束时间】可以选择所需的结束时间,点击【查询】即可查看所选时段内的累计变化量(图 9.46)。

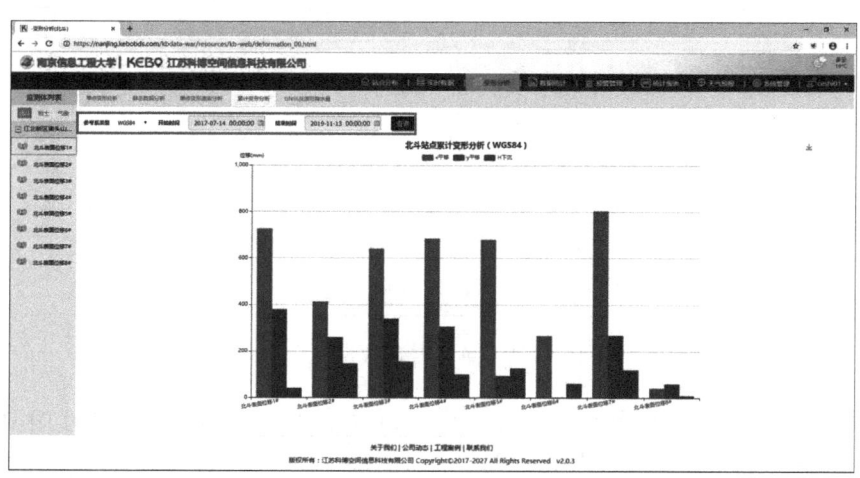

图 9.46　累计变形分析

GNSS 反演可降水量主要用于展示 GNSS 数据处理后的 PWV 值。点击显示区【开始时间】可以选择所需的起始时间,点击【结束时间】可以选择所需的结束时间,点击【查询】即可查看所选时间段内的 PWV 值(图 9.47)。

(6)数据统计

数据统计主要用于查看和导出监测站点的历史监测数据。点击【开始时间】可以选择所需的起始时间,点击【结束时间】可以选择所需的结束时间,点击【统计时间类型】可选择所需时间段内的统计数据(如 24 h、12 h、6 h、2 h、1 h),点击【查询】即可查看所需时间段内的统计数据,点击【导出】即可下载所需时间段内的统计数据(图 9.48)。

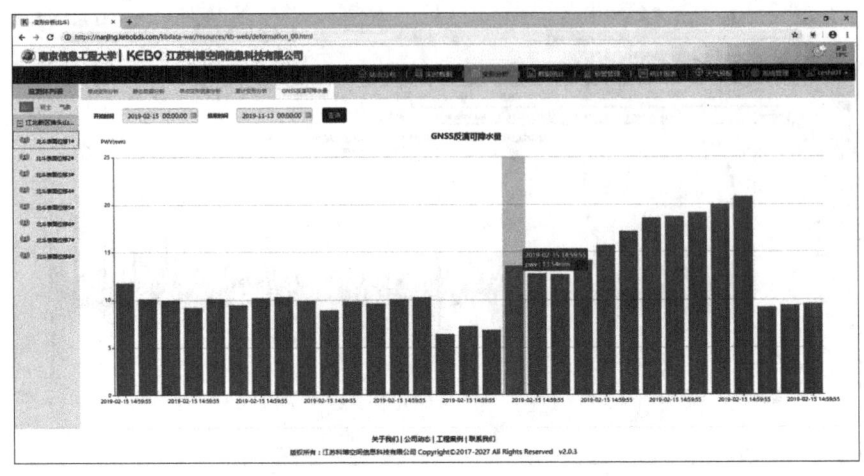

图 9.47　GNSS 反演可降水量

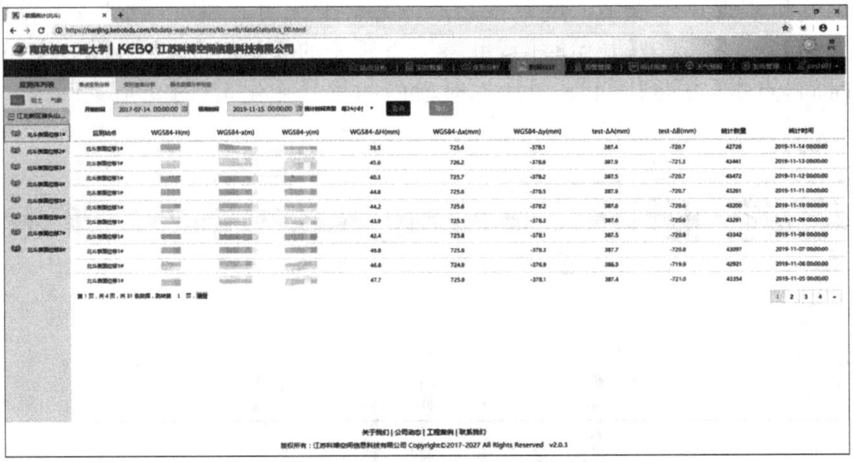

图 9.48　单点变形数据统计

变形速率分析主要用于查看和导出监测点 x、y、h 的变化速率。点击【开始时间】可以选择所需的起始时间,点击【结束时间】可以选择所需的结束时间,点击【统计时间类型】可选择所需时间段内的统计数据(如 24 h、12 h、6 h、2 h、1 h),点击【查询】即可查看所需时间段内的统计数据,点击【导出】即可下载所需时段内的统计数据(图 9.49)。

静态数据分析检验主要用于查看和导出监测站点事后分析的历史数据。点击【开始时间】可以选择所需的起始时间,点击【结束时间】可以选择所需的结束时间,点击【统计时间类型】可选择所需时间段内的统计数据(如 24 h、12 h、6 h、2 h、1 h),点击【查询】即可查看所需时间段内的统计数据,点击【导出】即可下载所需时段内的统计数据(图 9.50)。

图 9.49　变形速率分析统计

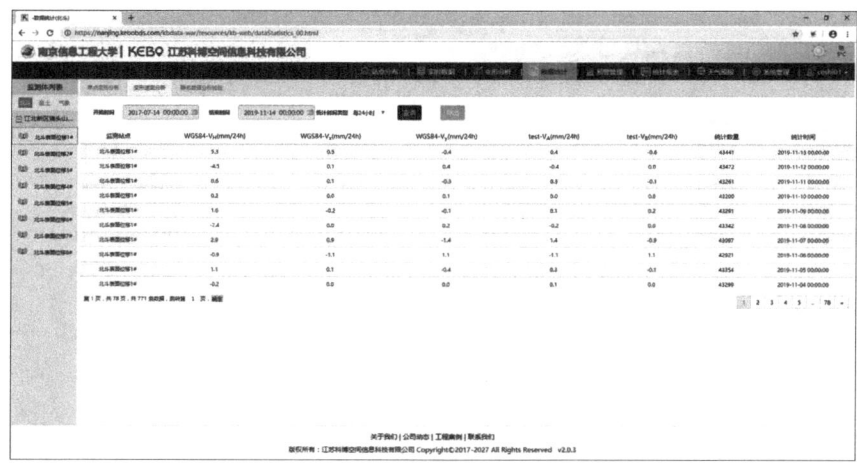

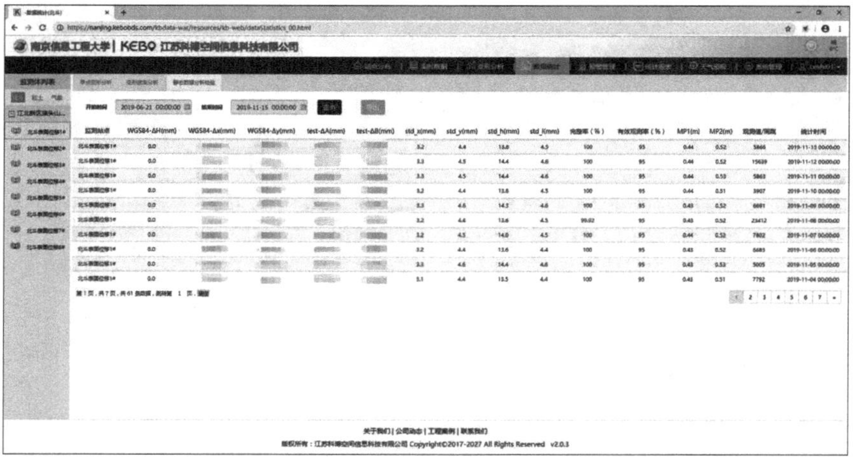

图 9.50　静态数据分析检验

（7）预警管理

预警管理主要用于管理监测设备的在线情况以及数据是否出现异常，一旦出现异常后，将通过邮件、短信的方式进行预警。数据预警主要用于查看数据是否超出预警值，并及时给客户反馈预警信息（图 9.51）。

设备预警主要用于查看设备在线情况，当设备掉线后，会第一时间给客户反馈信息（图 9.52）。

数据预警日志主要用于记录站点数据发生预警的内容、预警的时间、处理方式、处理用户以及处理时间（图 9.53）。

设备预警日志主要用于记录站点设备发生预警的内容、预警的时间、处理方式、处理用户以及处理时间（图 9.54）。

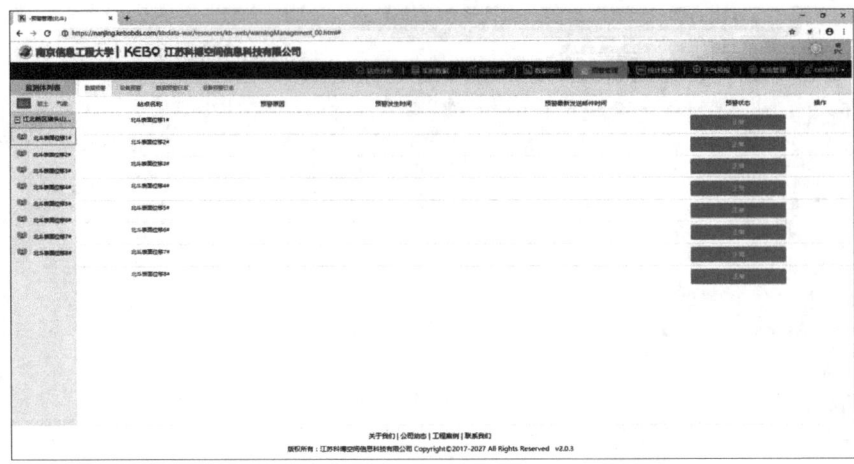

图 9.51　数据预警

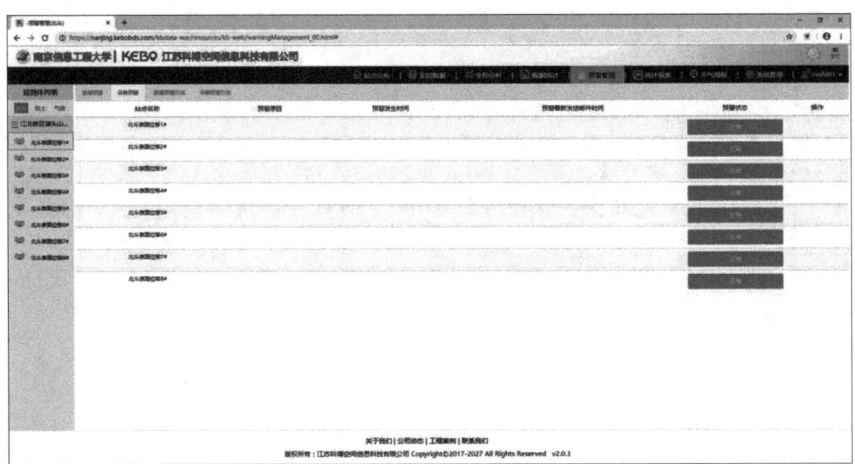

图 9.52　设备预警

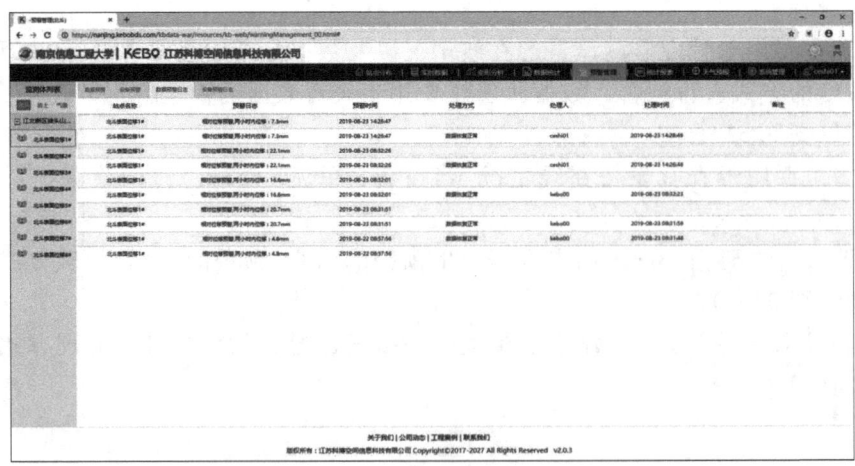

图 9.53　数据预警日志

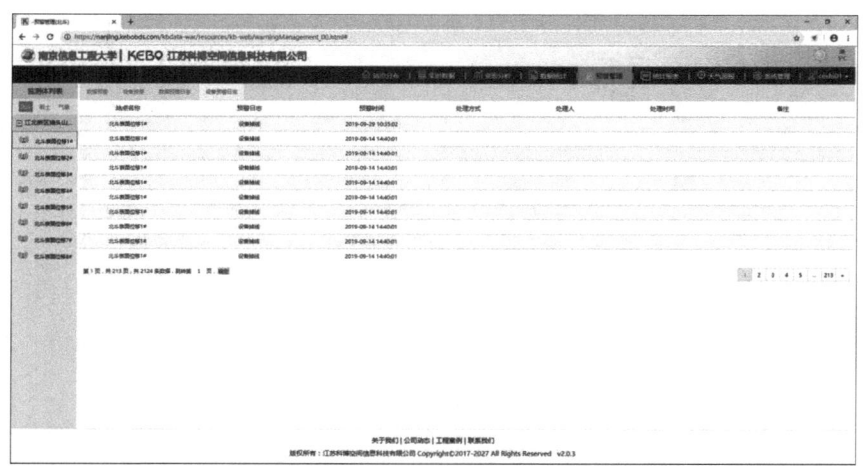

图9.54　设备预警日志

(8)统计报表

统计报表主要用于设置每日报表的样式。点击【选择监测项】选择对应的监测项目,【报表发送邮箱】输入收件人的邮箱地址,【报表标题】输入所需报表的标题,【报表测试单位】输入报表监测单位的名称,【工程概况】输入项目工程的基本情况,【作业依据】根据项目设计书输入项目的作业依据,【技术路线】输入项目的技术路线,【监测网布设】输入项目布设的站点数量及位置信息,【监测网布设图上传】上传监测网的布点图,【预警值设置及预警方式】输入预警值及预警方式,【邮件标题】输入发送邮件的标题内容,【邮件正文内容】输入邮件正文内容(图9.55)。

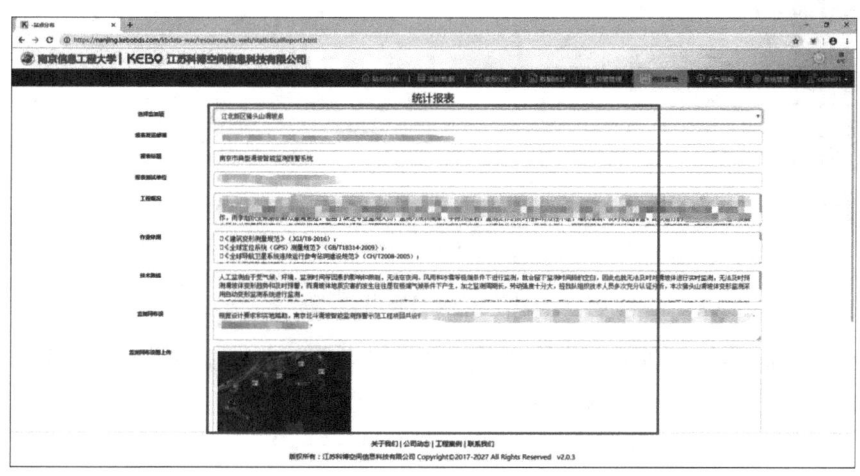

图9.55　统计报表

(9)天气预报

天气预报主要用于查看监测区域一周内的天气情况,提前为突发状况做好准备(图9.56)。

(10)系统管理

系统管理主要用于整个平台的一些基础设置,包括【采集设备管理】【预警阈值管理】【预警

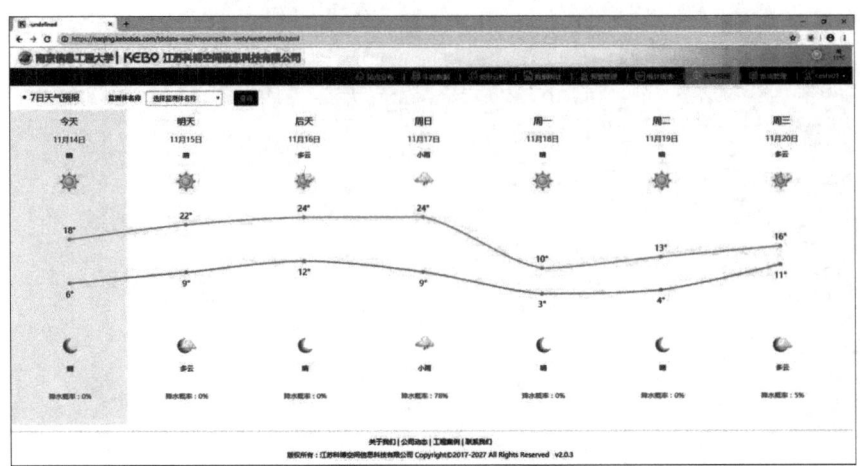

图 9.56 天气预报

通知管理】【监测体管理】【参考系管理】【坐标系参数管理】【数据下载】【用户管理】【角色管理】【权限管理】【日志管理】【版本更新】,方便用户更加熟悉了解平台(图 9.57)。

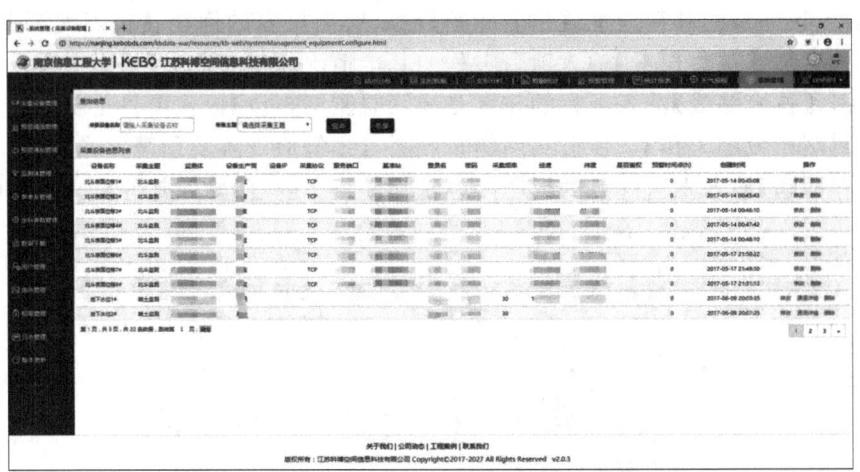

图 9.57 系统管理

【采集设备管理】主要根据不同的监测要素增加不同类别的设备,对监测设备进行记录绑定。点击【新增】在显示区中弹出新增采集设备页面(图 9.58)。

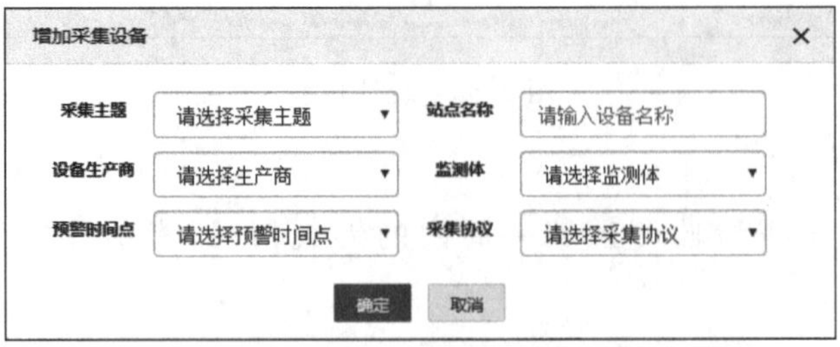

图 9.58 新增采集设备

①采集主题:根据监测要素选择主题北斗、岩土、气象;
②站点名称:点位的名称信息;
③设备生产商:根据监测要素选择不同的生产厂家;
④监测体:对应项目的监测信息;
⑤预警时间点:选择预警的时间点;
⑥采集协议:选择 TCP 或 NTRIP 协议。

【预警阈值管理】主要用于设置监测点位的累计预警值、相对值、中误差预警值。点击【新增】在显示区中弹出新增阈值页面(图 9.59)。
①采集设备名称:根据阈值需求选取不同的采集设备;
②采集设备标识:平台自动生成的设备标识号;
③监测体名称:对应项目的监测信息;
④Δx 上限:x 方向的阈值上限;
⑤Δy 上限:y 方向的阈值上限;
⑥ΔH 上限:H 方向的阈值上限。

【预警通知管理】主要用于增加接收预警信息人员的邮件信息。点击【新增】在显示区中弹出新增阈值页面(图 9.60)。

图 9.59　新增阈值

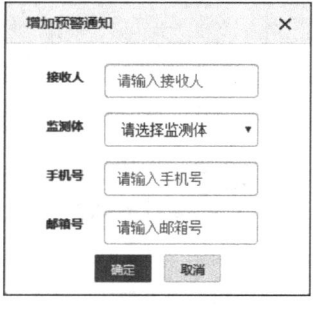

图 9.60　新增预警通知

①接收人:接收预警信息的人员姓名;
②监测体:对应项目的监测信息;
③手机号:接收预警信息人员的手机号;
④邮箱号:接收预警信息人员的邮箱号。

【监测体管理】主要用于增加对应项目的监测体信息。点击【新增】在显示区中弹出新增监测体页面(图 9.61)。
①监测体名称:对应项目的监测体名称;
②经度:对应监测体的经度;
③纬度:对应监测体的纬度;
④地图缩放级别:根据需求选取不同的缩放级别;
⑤视频展示:现场视频监控;

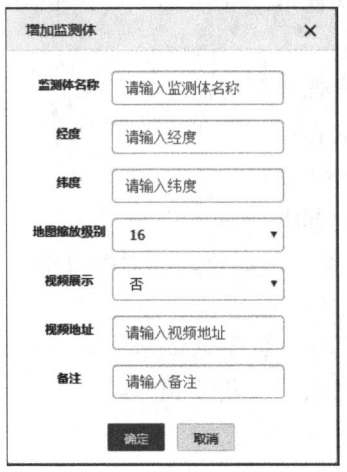

图 9.61 新增监测体

⑥视频地址:监控视频的 IP 地址;

⑦备注:填写备注项。

【参考系管理】主要用于增加独立参考系坐标,便于用户直观的了解监测点相对于现场的变化情况。点击【新增】在显示区中弹出新增参考系页面(图 9.62)。

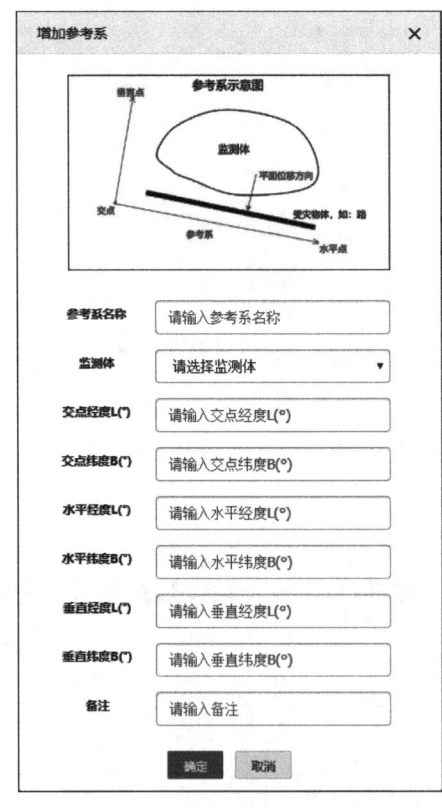

图 9.62 新增参考系

图 9.63 新增坐标系参数

①参考系名称:对应参考系的命名;
②监测体:对应项目的监测信息;
③交点经度 L°:交点计算的经度;
④交点纬度 B°:交点计算的纬度;
⑤水平经度 L°:水平方向计算的经度;
⑥水平纬度 B°:水平方向计算的纬度;
⑦垂直经度 L°:垂直方向计算的经度;
⑧垂直纬度 B°:垂直方向计算的纬度;
⑨备注:备注信息。

【坐标参数管理】主要用于增加七参数,方便用户进行坐标系统的转换。点击【新增】在显示区中弹出新增坐标参数页面(图 9.63)。

①监测体:对应项目的监测信息;
②数据类型:静态数据和 RTK 数据;
③X 坐标平移量:X 坐标变化量;
④Y 坐标平移量:Y 坐标变化量;
⑤Z 坐标平移量:Z 坐标变化量;
⑥X 轴旋转角:X 方向旋转角度;
⑦Y 轴旋转角:Y 方向旋转角度;
⑧Z 轴旋转角:Z 方向旋转角度;
⑨比例因子:尺度变化 K;
⑩中央子午线经度:项目当地的中央子午线经度。

【数据下载】主要用于下载服务器存储的历史数据。点击【监测体】选择对应项目的监测信息,点击【传感器类型】选择对应的传感器,点击【开始时间】选择所需的时间段,点击【整点】选择几点的数据,点击【下载】即可进行数据的下载(图 9.64)。

图 9.64 数据下载

【用户管理】主要用于添加项目人员信息,并给用户设置相应的权限。点击【新增】在显示区中弹出新增用户页面(图 9.65)。

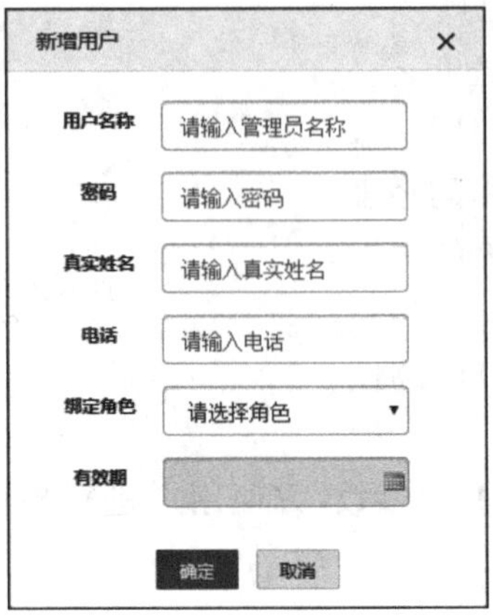

图 9.65 新增用户

①用户名称:用于登录平台的账号名;
②密码:用于登录平台的密码;
③真实姓名:项目的人员姓名;
④电话:项目人员的电话号码;
⑤绑定角色:根据人员信息给予不同的角色;
⑥有效期:账户的使用时间。

【角色管理】主要用于添加角色,并赋予角色。点击【新增】在显示区中弹出新增用户页面(图 9.66)。

①角色名称:使用名称;
②角色描述:角色的使用权限。

【权限管理】主要用于给不同角色添加不同的使用权限。点击【修改权限】在显示区中弹出修改权限页面(图 9.67)。

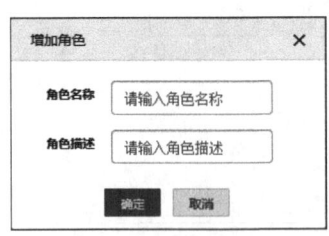

图 9.66 新增角色

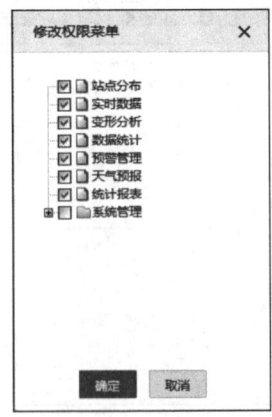

图 9.67 修改权限

【日志管理】主要用于查看不同用户使用平台的情况。输入【用户名】,点击【开始时间】可以选择所需的起始时间,点击【结束时间】可以选择所需的结束时间,点击【查询】即可查询所需时间段的用户使用平台信息(图9.68)。

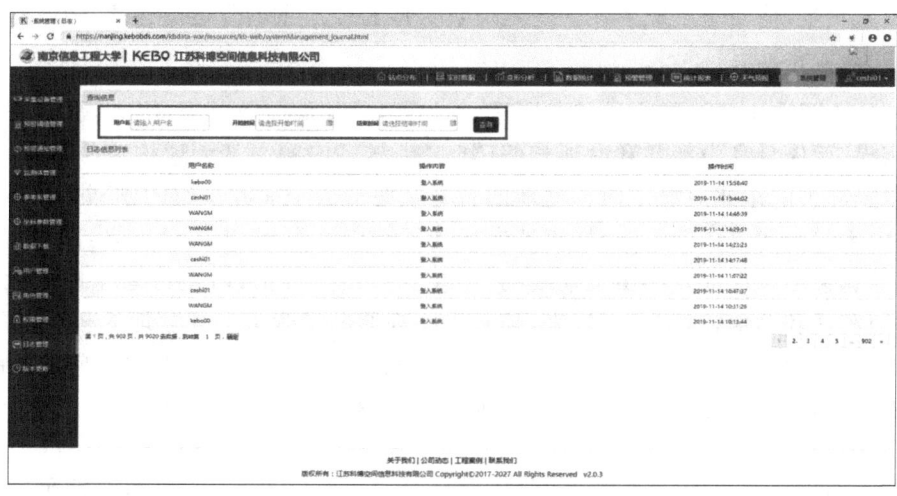

图 9.68　日志管理

【版本更新】主要用于记录系统平台更新的内容(图9.69)。

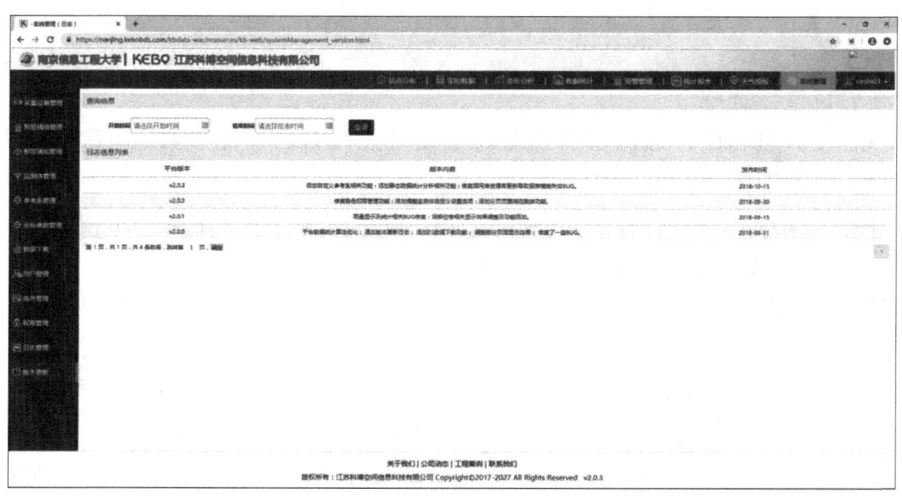

图 9.69　版本更新

9.5　典型滑坡应用

9.5.1　西北—青海西宁

西宁市是青海省省会,是全省政治中心,同时也是全省的经济、文化、科教、交通中心(李慧婷,2010)。西宁市处于黄土高原与青藏高原过渡带,四山环抱,长江、黄河、澜沧江三江会聚,扼青藏高原东方之门户。西宁市是一个典型的山间河谷型城市,主要分布在湟水及其支流所在的平原区。西宁市地形、地貌条件较为复杂,地质环境脆弱,晚期构造运动存在差异,又由于近期人类频繁的工程活动,导致西宁市城区边缘地带斜坡严重失稳。滑坡、泥石流、崩塌等自然灾害的频繁发生,使西宁市成为我国受地质灾害威胁较严重的省会城市之一(李硕,2013)。

9.5.1.1 工程地质条件

西宁市位于祁连山褶皱带中生代的断陷盆地之中,南靠拉脊山,北依大阪山,东邻小峡与民和盆地相隔,西倚日月山和共和盆地相邻(刘亚斌 等,2018)。从大地构造位置上,西宁市地处青藏高原隆起带的东北边缘。西宁盆地的古老基底形成于前震旦纪的剧烈造山运动和加里东运动期,中生代受印支运动影响,拗陷地带接受了碎屑沉积,燕山运动以来,随着青藏高原总体隆起,盆地轮廓逐渐形成。燕山运动晚期,小峡老爷山一带抬升,使古老盆地分化为大通盆地、西宁盆地和民和盆地,自第三纪以来,随着青藏高原的继续上升和盆地的相对沉降,盆地沉积了厚层的红色岩系,喜山运动中在继承性抬升的同时,伴随着断裂构造的继承性活动,使盆地普遍发生褶皱,早更新世以来广泛遭到剥蚀,随着间歇性抬升作用,则形成了当今的地貌景观(郭岐山,2011)。

南山隧道西出口位于南山西坡半山腰,设计标高 2294.86 m,地势东高西低,坡势陡峭。在过去几十年中,南山西坡多次发生滑坡,造成了人民群众伤亡和财产损失。由于南山西坡西侧毗邻交通十分繁忙的南川东路,一旦发生滑坡地质灾害,极易造成人员伤亡和财产损失,因此采用自动变形监测、预警系统进行监测。

9.5.1.2 监测设计

(1)监测项目仪器选型

基于实际情况,监测设计选用仪器设备时必须考虑设备的性能参数、施工工艺以及造价的合理性。因此,仪器选型遵循以下几个原则。

①实用性。仪器设备必须性能稳定可靠,同时满足防水、防潮、防磁、防雷电等要求,确保在复杂环境下仪器设备能够长期正常运行(刘明,2009)。

②适用性。仪器设备必须要根据每个滑坡体的实际情况选择合适的精度和量程(唐然,2007)。

③实时性。监测设备应配有实时数据传输模块,即时将数据传回服务器。

根据项目设计要求和实地踏勘,南山西坡滑坡体自动化监测项目共建设 25 套北斗表面位移监测站(图 9.70),11 个自动化裂缝监测站、3 个深部位移监测站、1 个雨量监测站和 1 个视频监测站。该项目从运行至今,一直稳定运行,并在滑坡发生之前提前成功预警,避免了人员伤亡。

(2)监测仪器的布置与实施

根据南山西坡地质灾害专项治理方案及设计技术要求以及滑坡的变形特点、主滑方向,本次位移监测点共布置 3 条观测断面,总体呈 5 横 3 纵网络分布格局,共布置各类监测点 20 个,其中 11 个点设在防滑桩顶上,第一排防滑桩设置 5 个,第二排防滑桩设置 6 个,其他 9 个点分两排设置在防滑桩上部(图 9.71)。

图 9.70 西宁南山现场监测图

图 9.71 监测网布设

9.5.1.3 监测数据处理与分析方法

(1) 数据预处理

数据的精准度直接影响滑坡稳定性评价和预警发布的准确性。由于滑坡体经常受天气、地质活动以及人类工程活动等因素影响,同时滑坡监测设备也存在仪器误差,所以监测到的数据是由真实信息和各种误差相累加而成(李秀珍,2004)。因此,在对监测数据进行分析前,必须要对监测数据进行预处理操作。数据的预处理主要包括数据的误差修改、平滑、补插等方法,处理方法是需要根据具体项目情况而定。

(2) 监测成果分析

JC-02 监测点:JC-02 站 2016 年 9 月 22 日至 2019 年 11 月 13 日变形如图 9.72 所示。

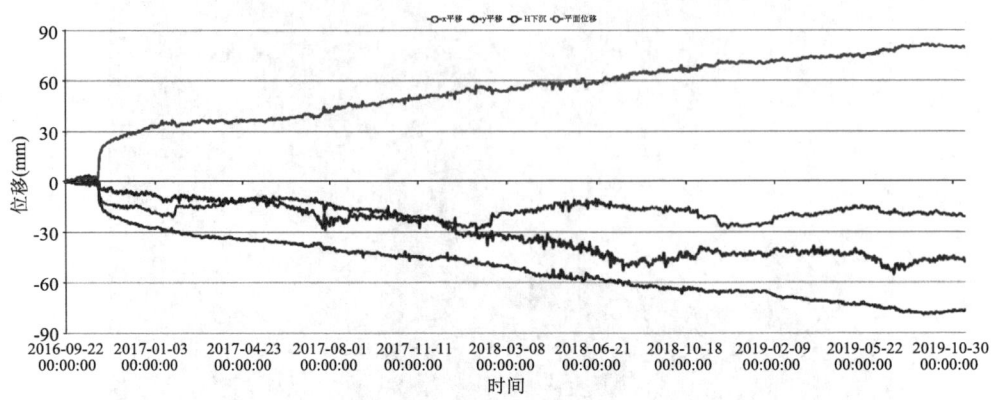

图 9.72 JC-02 累计位移

JC-02 站点的总位移为 x 方向位移 -20.9 mm, y 方向位移 -77.3 mm, H 方向位移 -45.5 mm。其中站点总位移平面位移超出预警值，且 H 方向达到预警值的 75%，属于危险点位。根据累计变形图，JC-02 点位 y 方向和 H 方向上一直处于稳定变化整体，速率分别为 0.06 mm/d 和 0.07 mm/d，在安全范围内。综上 JC-02 点位位移超出预警值但变化趋势稳定，处于临界状态，需要关注其是否会进入加速滑动状态。

JC-06 监测点：JC-06 站 2016 年 9 月 22 日至 2019 年 11 月 13 日位移如图 9.73 所示。

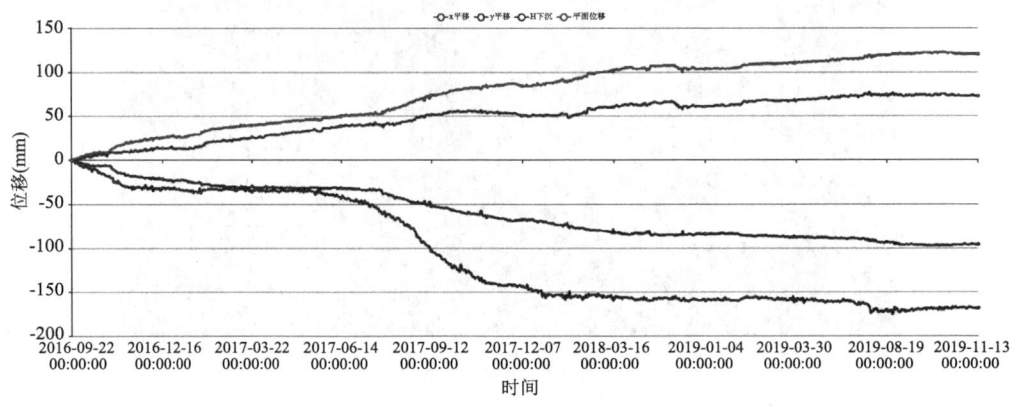

图 9.73 JC-06 累计位移

JC-06 站点的累计位移为 x 方向位移 72.3 mm, y 方向位移 -95.8 mm, H 方向位移 -168.8 mm，平面位移已经超出预警值设置。从累计位移分析，JC-06 站点 2016 年 9 月 22 日至 2017 年 7 月 20 日处于在 x、y、H 方向上一直处于匀速变化状态，位移变化速率为 x 方向 0.13 mm/d, y 方向 0.11 mm/d, H 方向位移 0.19 mm/d。2017 年 7 月 20 日至 2017 年 11 月 8 日之间处于加速变形阶段，位移变化速率为 x 方向 0.12 mm/d, y 方向 0.29 mm/d, H 方向位移 0.74 mm/d，可见该加速阶段主要以下沉为主。2017 年 11 月 8 日至 2019 年 11 月 12 日，该变形体再次处于匀速较稳定变形阶段，位移变化速率为 x 方向 0.02 mm/d, y 方向 0.04 mm/d, H 方向位移 0.04 mm/d。但该点累计位移值较大，需要继续保持持续监测。

9.5.2 西南—云南拉金神古

拉金神古滑坡位于云南省德钦县燕门乡谷扎村,为横断山脉中段、澜沧江上游右岸的一处古滑坡(图9.74)。自6月7日开始,该滑坡体后缘发生开裂,后缘裂缝向两侧自上向下不断发展。截至7月9日,滑坡后缘及两侧边界形变愈加强烈,裂缝横向宽15～80 cm,上下错动5～380 cm,沿后缘及两侧延伸长约1200 m,滑坡后缘及北侧裂缝现已全部贯通,南侧裂缝也已延伸至中下部。滑坡前缘的蓝青西古悬索吊桥受滑坡体前缘挤压发生变形,桥面中部向上隆起约2 m。该滑坡目前处于变形发展阶段,稳定性较差,若持续发展,有失稳入江可能,为了保障周边人民的生命和财产安全,同时可以实时监测危险区域的变化情况,决定对云南省澜沧江乌弄龙水电站拉金神古边坡进行自动化变形监测。

图9.74 拉金神古现场

9.5.2.1 工程地质条件

拉金神谷坡体位于乌弄龙水电站库区澜沧江右岸,工程场地50 a超越概率10%的基岩水平地震动峰值加速度为0.15 g,相应的地震基本烈度为Ⅶ度,区域性近东西向的石底断裂、北北西向的茨姑－学矿底断裂和燕门－南路卡断裂于坡体范围内通过。坡体顶部高程约2800 m,前缘位于库水位以下;高程2500 m左右地形平缓,平均坡度约23°,2290～2500 m高程平均坡度约44°,2100～2290 m高程平均坡度约28°,2100 m高程以下至江边坡体总体坡度为36°。坡体表部覆盖层发育,以块碎石土为主,下伏基岩以二叠系砂岩、泥质板岩为主,岩层软硬相间、陡倾坡内,正常岩层产状东北10°～20°西北70°～80°,为纵向谷、反向坡。

9.5.2.2 监测设计

(1)监测项目仪器选型

在实际情况下,监测设计选用仪器设备时必须考虑设备的性能参数、施工工艺以及造价的合理性。因此,仪器选型遵循以下几个原则。

①实用性。仪器设备必须性能稳定可靠,同时满足防水、防潮、防磁、防雷电等要求,确保在复杂环境下仪器设备能够长期正常运行(刘明,2009);

②适用性。仪器设备必须要根据每个滑坡体的实际情况选择合适的精度和量程(唐然,2007);

③实时性。监测设备应配有实时数据传输模块,即时将数据传回服务器。

根据项目设计要求和实地踏勘,云南省澜沧江乌弄龙水电站拉金神古边坡监测项目共建设 1 套北斗表面位移基准站,2 套北斗表面位移监测站(图 9.75),该项目运行至今,一直稳定,时刻为拉金神古边坡保驾护航。

图 9.75 拉金神古边坡现场监测

(2)监测仪器的布置与实施

根据拉金神古滑坡的变形特点、主滑方向,本次共布置位移监测点 2 个(图 9.76)。

9.5.2.3 监测数据处理与分析方法

(1)数据预处理

数据的精准度直接影响着滑坡稳定性评价和预警发布的准确性。由于滑坡体经常受天气、地质活动以及人类工程活动等因素影响,同时滑坡监测设备也存在仪器误差,所以监测到的数据是由真实信息和各种误差相累加而成(李秀珍,2004)。因此,在对监测数据进行分析前,必须要对监测数据进行预处理操作。数据的预处理主要包括数据的误差修改、平滑、补插等方法,处理方法是需要根据具体项目情况而定。

(2)监测成果分析

GZ1 站点:GZ1 站 2019 年 7 月 12 日至 2019 年 11 月 13 日变形如图 9.77 所示。

图 9.76 监测网布设

GZ1 站点的总位移为 x 方向位移 -59.8 mm，y 方向位移 -1135.3 mm，H 方向位移 -695.9 mm。该站点变形点极大，属于高危险点位。根据累计变形图，GZ1 点位 2019 年 7 月 12 日到 2019 年 8 月 26 日，x 方向一直处于稳定状态，y 方向，H 方向速率分别为 25.05 mm/d 和 15.12 mm/d。2019 年 8 月 26 日至 2019 年 11 月 13 日，x，y，H 方向均处于稳定状态，可以视为无位移，综上 GZ1 点位位移超出预警值，但目前变化趋势稳定，需要关注其是否会进入加速滑动状态。

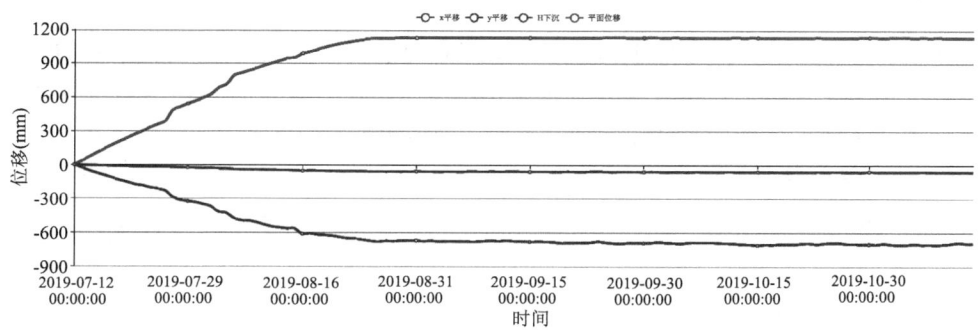

图 9.77 GZ1 累计位移

GZ2 站点：GZ2 站 2019 年 7 月 12 日至 2019 年 11 月 13 日变形如图 9.78 所示。

GZ2 站点的总位移为 x 方向位移 -262.0 mm，y 方向位移 -1055.0 mm，H 方向位移 -915.1 mm。该站点变形点极大，属于高危险点位。根据累计变形图，GZ2 点位 2019 年 7 月 12 日到 2019 年 8 月 26 日之间，x 方向一直处于缓慢变形状态，x 方向，y 方向，H 方向速率分别为 5.76 mm/d、23.04 mm/d 和 20.21 mm/d。2019 年 8 月 26 日至 2019 年 11 月 13 日，x，y，H 方向均处于稳定状态，可以视为无位移，综上 GZ2 点位位移超出预警值但目前变化趋势稳定，需要关注其是否会进入加速滑动状态。

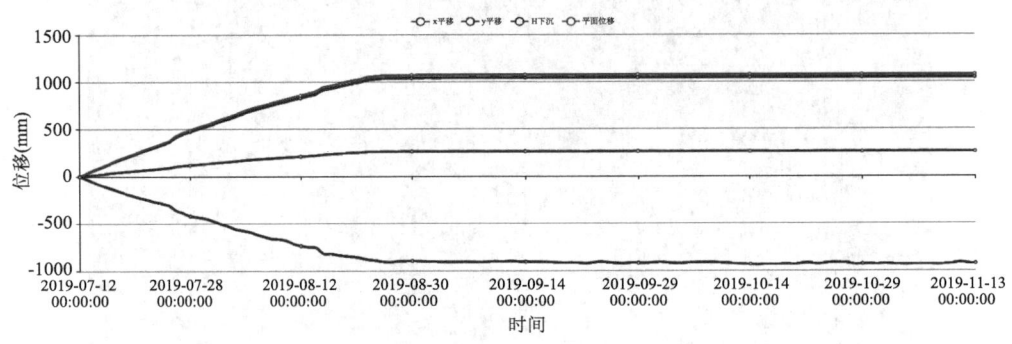

图 9.78　GZ2 累计位移

9.5.3　华东—猪头山

永宁镇猪头山是江苏省南京市浦口区唯一的大型地质灾害隐患点，属典型的大型土质滑坡群，滑坡体量大。该滑坡隐患点长期处于缓慢蠕变状态，尤其受到季节性雨季影响时，滑坡的变形速率也会随之变大，严重威胁到滑坡体坡脚 46 户住户及 2 家生产企业的生命与财产安全，威胁人员约 300，威胁财产约 8000 万元。为做好猪头山地质灾害防治工作，浦口区每年都投入大量的人力、物力，组建群测群防网络实施巡查、监测等工作，雨季组织受威胁的群众撤离避险，但由于缺乏专业监测人员、监测方法较简单、手段较落后，监测工作的及时性和有效性得不到保障，难以准确、及时发出预警。此次运行的滑坡地质灾害早期识别与实时在线监测预警工程深度融合了 GNSS 卫星导航定位、多源数据传感器、网络通讯、预警预报等技术为一体，能实现对滑坡体的水平位移、沉降、地下水位、气象要素等多因素进行实时、无人值守、高精度观测。

9.5.3.1　工程地质条件

南京市浦口区永宁镇猪头山位于浦口区老山山脉的东侧，受到猪头山断裂控制的影响，在猪头山西北坡沉积了一套第三系的砂层。20 世纪 70 年代，该区域有过大规模的开采砂矿活动，并大量的堆填了人工填土，增加了坡体的荷载，改变了地下水的循环条件，2000 年之后，由于土地资源的紧张，坡脚土地陆续被利用，在土地利用过程中，由于不合理的切坡取土导致坡体多次产生滑动，坡脚和坡体上多处房屋毁坏，造成了较大的财产损失，受滑坡威胁人员众多。

9.5.3.2　监测设计

（1）监测项目仪器选型

在实际情况下，监测设计选用仪器设备时必须考虑设备的性能参数、施工工艺以及造价的合理性。因此，本次仪器选型遵循以下几个原则。

①实用性。仪器设备必须性能稳定可靠,同时满足防水、防潮、防磁、防雷电等要求,确保在复杂环境下仪器设备能够长期正常运行(刘明,2009)。

②适用性。仪器设备必须要根据每个滑坡体的实际情况选择合适的精度和量程(唐然,2007)。

③实时性。监测设备应配有实时数据传输模块,即时将数据传回服务器。

根据设计要求和实地踏勘,南京北斗滑坡智能监测预警示范工程项目共设有1个北斗位移基准站、8个北斗位移监测站(图9.79)、6个测斜监测点、4个水位监测点、3个孔隙水压力监测点、1个雨量监测点、1个土壤墒情监测点和2个视频监控点。

图9.79 监测网布设

(2)监测仪器的布置与实施

①表面位移监测:山顶1号、2号与3号平台布设3个表面位移监测点,山下滑坡区域布设5个表面位移监测点,共布设8个监测点,另外需设1个位移监测参考站。参考站设置在周围稳定地质上(图9.80)。

②地下水位与孔隙水压力监测点点位:共布设1个监测纵断面,4个地下水位监测点,3个孔隙水压力监测点,共布设7个监测点。

③深层水平位移监测点点位:布置在滑坡体的滑坡方向和垂直滑坡方向两个方向上面,共计布设6个深部水平位移监测点。

④雨量监控点点位:布置在滑坡体坡脚附近无遮挡的位置,与土壤湿度计相邻布设。

9.5.3.3 监测数据处理与分析方法

(1)数据预处理

数据的精准度直接影响着滑坡稳定性评价和预警发布的准确性。由于滑坡体经常受天气、地质活动以及人类工程活动等因素影响,同时滑坡监测设备也存在仪器误差,所以监测到的数据是由真实信息和各种误差相累加而成(李秀珍,2004)。因此,在对监测数据进行分析前,必须要对监测数据进行预处理操作。数据的预处理主要包括数据的误差修改、平滑、补插等方法,处理方法是需要根据具体项目情况而定。

图 9.80 猪头山滑坡现场监测

(2) 监测成果分析

北斗表面位移 1#站点:北斗表面位移 1#站 2019 年 7 月 12 日至 2019 年 11 月 13 日变形如图 9.81 所示。

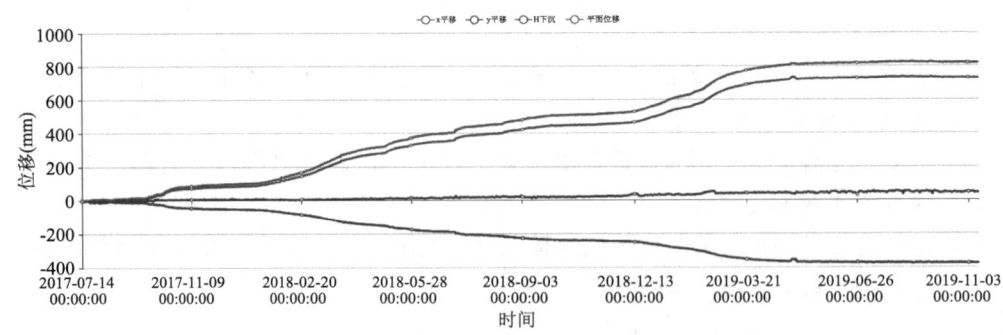

图 9.81 北斗表面位移 1#累计位移

北斗表面位移 1#站点的累计位移为 x 方向位移 725.7 mm, y 方向位移 −378.2 mm, H 方向位移 40.3 mm,平面位移已经超出预警值设置。北斗表面位移 1#站点 2017 年 7 月 14 日至 2017 年 9 月 21 日处于在 x、y、H 方向上一直处于缓慢匀速变化状态,位移变化速率为 x 方向 0.14 mm/d, y 方向 0.19 mm/d, H 方向位移 0.04 mm/d。2017 年 9 月 21 日至 2017 年 10 月

28 日之间处于加速变形阶段,位移变化速率为 x 方向 1.56 mm/d,y 方向 0.77 mm/d,H 方向位移 0.07 mm/d,可见该加速阶段主要以平面位移为主。2017 年 10 月 28 日至 2018 年 1 月 6 日,该变形体再次处于匀速较稳定变形阶段,位移变化速率为 x 方向 0.31 mm/d,y 方向 0.19 mm/d,H 方向位移 0.03 mm/d。2018 年 1 月 6 日至 2018 年 12 月 12 日期间,该变形体再次进入快速变形期,位移变化速率为 x 方向 1.1 mm/d,y 方向 0.57 mm/d,H 方向位移 0.08 mm/d。尤其在 2018 年 12 月 12 日至 2019 年 3 月 21 日期间,变形体位移速率进一步加快达到:x 方向 2.25 mm/d,y 方向 1.07 mm/d,H 方向位移 0.08 mm/d。但在 2019 年 3 月 21 日至 2019 年 11 月 13 日,位移速率放缓,x 方向 0.17 mm/d,y 方向 0.1mm/d,H 方向位移 0.02 mm/d。但该点累计位移值较大,需要继续保持持续监测。

北斗表面位移 7♯ 站点:北斗表面位移 7♯ 站 2019 年 7 月 12 日至 2019 年 11 月 13 日变形如图 9.82 所示。

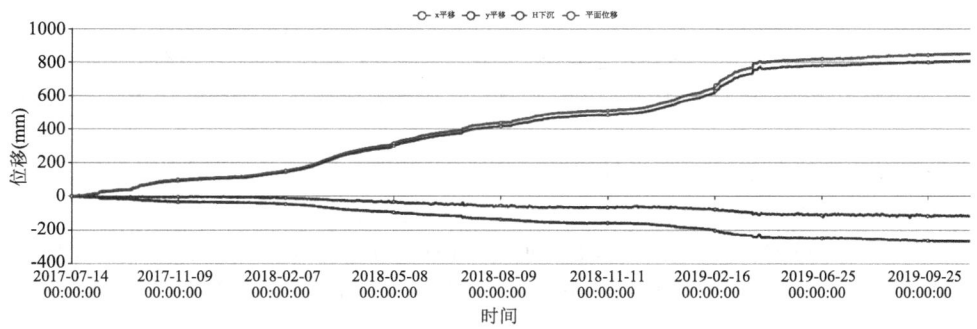

图 9.82　北斗表面位移 7♯ 累计位移

北斗表面位移 7♯ 站点的累计位移为 x 方向位移 805.9 mm,y 方向位移 −268.9 mm,H 方向位移 −117.7 mm,平面位移已经超出预警值设置。北斗表面位移 7♯ 站点 2017 年 7 月 14 日至 2018 年 2 月 6 日处于在 x、y、H 方向上一直处于匀速变化状态,位移变化速率为 x 方向 0.69 mm/d,y 方向 0.23 mm/d,H 方向位移 0.05 mm/d。2018 年 2 月 6 日至 2018 年 9 月 27 日处于加速变形阶段,位移变化速率为 x 方向 1.39 mm/d,y 方向 0.46 mm/d,H 方向位移 0.24 mm/d,可见该加速阶段主要以平面位移为主。2018 年 9 月 27 日至 2018 年 12 月 10 日,该变形体处于缓慢变形阶段,位移变化速率为 x 方向 0.42 mm/d,y 方向 0.09 mm/d,H 方向位移 0.00 mm/d。2018 年 12 月 10 日至 2019 年 5 月 2 日,该变形体再次进入快速变形期,位移变化速率为 x 方向 1.91 mm/d,y 方向 0.48 mm/d,H 方向位移 0.30mm/d。尤其在 2019 年 5 月 2 日至 2019 年 11 月 13 日,变形体进入稳定阶段:x 方向 0.18 mm/d,y 方向 0.20 mm/d,H 方向位移 0.05 mm/d。但该点累计位移值较大,需要继续保持持续监测。

参考文献

安健,2013.深层水平位移监测技术的实践应用[J].工程质量,31(5):64-68.
鲍李峰,陆洋,王勇,等,2007.由ERS-1波形重构确定我国近海平均海平面[J].地球物理学进展(2):427-431.
曹红新,2011.机载LIDAR数据滤波方法研究[D].成都:西南交通大学.
曹美,徐晓辉,苏彦莽,2015.温度对FDR土壤湿度传感器的影响研究[J].节水灌溉(1):17-19+23.
曹阳,2003.电子公文传输系统设计与实现[D].成都:四川大学.
陈炳贵,方宏伟,2008.论赤平极射投影在山口岩水利工程中的应用[J].地球物理学进展,23(2):631-635.
陈德乾,肖诗荣,明成涛,等,2014.三峡库区卧沙溪滑坡变形影响因素分析[J].三峡大学学报(自然科学版),36(3):66-70.
陈立强,张志军,2012.图解法和数值分析法在露天矿边坡稳定性评价中的应用[J].有色金属,64(2):73-77.
陈强,罗容,杨莹辉,等,2015.利用SAR影像配准偏移量提取地表形变的方法与误差分析[J].测绘学报,4(3):301-308.
陈秋晓,2004.基于多特征的遥感影像分类方法[J].遥感学报,8(3):239-245.
陈松涛,2006.长周期塑料光纤光栅的传感特性研究[D].杭州:浙江大学.
陈永枫,2013.基于机载LiDAR点云数据的建筑物重建技术研究[D].郑州:解放军信息工程大学.
程根银,曹健,唐晶晶,2017.分布式光纤传感系统在煤矿采空区火灾监测中的应用[J].华北科技学院学报,14(2):1-6.
程滔,单新建,2007.CR、PS干涉测量联合解算算法研究[J].地震,27(2):64-71.
程效军,郭王,李泉,等,2017.基于强度与颜色信息的地面LiDAR点云联合分类方法[J].中国激光,44(10):267-274.
程正逢,王盛才,石克,等,2003.航空激光扫描测量系统在国外工程中的应用[J].地理空间信息(3):40-43.
迟婷婷,2013.连续波激光雷达测距新方法的研究[D].天津:天津理工大学.
褚飞飞,2006.非饱和土坡降雨入渗规律的试验与数值研究[D].南京:河海大学.
戴加东,2005.基坑工程中地基土m值的反演及光纤技术研究[D].南京:南京工业大学.
戴永江,2002.激光雷达原理[M].北京:国防工业出版社.
但岱霖,陈谭丽,2013.自动气象站常见故障的判断和维修[J].北京农业(9):145-146.
邓国仕,郑万模,杨桂花,等,2011.四川丹巴县甲居滑坡GPS监测结果及分析[J].沉积与特提斯地质,31(2):99-104.
丁晓利,黄丁发,殷建华,等,2003.新一代多天线GPS系统研制[J].测绘通报(12):13-15.
杜磊,陈洁,李敏敏,等,2019.机载激光雷达技术在滑坡调查中的应用——以三峡库区张家湾滑坡为例[J].国土资源遥感,31(1):180-186.
杜全叶,2010.无地面控制的航空影像与LiDAR数据自动高精度配准[D].武汉:武汉大学.
杜圣波,2011.矿井脉冲激光测距仪的研制[D].南京:南京航空航天大学.
杜新生,王印杰,戈福军,2017.城市下穿隧道结构监测技术研究[J].建材与装饰(49):250-251.
段金平,2008.北京市地面沉降监测网站预警预报系统(二期)项目主要工作基本完成[J].城市地质(3):33.
段晓忠,2017.基于Android平台手机用户隐私信息保护系统的设计与实现[D].广州:中山大学.
冯聪慧,2007.机载激光雷达系统数据处理方法的研究[D].郑州:解放军信息工程大学.
冯玉涛,肖盛燮,2009.崩滑流地质灾害链式机理及其优化防治[J].灾害学,24(3):22-23.

参考文献

付先国,刘建敏,2010.GPS测量应用中常用标准数据格式分析与说明[J].城市勘测(1):62-64.
甘桂琴,2012.机载LiDAR点云数据滤波方法研究[D].长沙:中南大学.
高鹏伟,罗晓薇,朱海亚,等,2010.振弦式多点位移计在穿黄隧洞工程F3断层施工中的应用[J].海河水利(3):50-53.
高雅萍,冯晓亮,2007.一种快速建立GPS滑坡监测网卡尔曼滤波模型的方法研究[J].工程勘察(02):54-56.
古林玉,2010.机载LiDAR点云构建高精度DSM的关键技术研究[D].焦作:河南理工大学.
谷国涛,2012.基于机载LIDAR点云的建筑物三维建模技术研究[D].南昌:东华理工大学.
管海燕,2009.LiDAR与影像结合的地物分类及房屋重建研究[D].武汉:武汉大学.
归金娟,2011.雨量计自动校验仪设计[D].南京:南京信息工程大学.
郭岐山,2011.西宁市区工程地质研究[J].青海大学学报(自然科学版),9(1):73-77.
国土资源部,2016.全国地质灾害防治"十三五"规划[Z].北京:国土资源部.
韩文心,2004.地质灾害遥测台网监测三峡库区重庆市巫山县残联滑坡变形分析[J].地壳构造与地壳应力文集(S1):146-153.
韩晓峰,2018.基于LiDAR数据的建筑物快速提取方法研究[D].太原:中北大学.
何锦雄,林瑞荣,郭兆华,等,2012.潜在地质灾变体监测系统在输电线路的应用[J].全国商情(理论研究)(6):92-94.
何秀凤,华锡生,丁晓利,等,2002.GPS一机多天线变形监测系统[J].水电自动化与大坝监测(3):34-36.
贺晓平,李玲钰,2010.GPS在杨木村滑坡地表位移监测中的应用[J].黑龙江科技信息(9):20.
胡李敏,2012.基于强度解调的光纤多参量传感器研究[D].杭州:中国计量学院.
黄丁发,丁晓利,陈永奇,2000.多天线GPS自动变形监测系统[J].铁道学报(6):90-94.
黄润秋,赵松江,宋肖冰,等,2005.四川省宣汉县天台乡滑坡形成过程和机理分析[J].水文地质工程地质,32(1):13-15.
黄怡然,2006.基于混沌理论的信息安全研究[D].保定:华北电力大学(河北).
回英超,2013.激光雷达的激光自动聚焦控制系统研究[D].长春:长春理工大学.
贾建华,姚应生,1995.GPS在铜川矿区滑坡治理工程中的应用[J].陕西煤炭技术(2):21-23.
赖旭东,2006.机载激光雷达数据处理中若干关键技术的研究[D].武汉:武汉大学.
雷方贵,姚应生,1994.GPS在矿区滑坡治理工程中的应用[J].矿山测量(2):10-12.
雷运波,2005.光纤传感技术在土木工程中的应用[D].成都:四川大学.
李宝瑞,2012.地面三维激光扫描技术在古建筑测绘中的应用研究[D].西安:长安大学.
李犇,2012.点云数据滤波处理及特征提取研究[D].北京:首都师范大学.
李长冬,唐辉明,胡新丽,等,2012.三峡库区滑坡治理工程中抗滑桩综合优化研究[J].武汉理工大学学报,34(2):91-95.
李广伟,2014.半导体氧化物热线气体传感器[D].郑州:郑州大学.
李慧婷,2019.西宁市"十一五"期间绿地系统现状调查与分析[D].杨凌:西北农林科技大学.
李建慧,2007.基于OMAP5910的远程控制图象显示系统的设计与实现[D].天津:天津大学.
李劲峰,1996.GPS应用于监测岩崩滑坡[J].长江流域资源与环境,5(3):284-288.
李晶,2014.北斗/GPS接收机设计与实现[D].上海:华中师范大学.
李烈荣,2003.中国地质灾害与防治[M].北京:地质出版社.
李猛,2013.重庆市南城隧道病害监测及安全评估方法研究[D].重庆:重庆交通大学.
李青,2012.钢管高强混凝土剪力墙压弯性能试验研究[D].广州:华南理工大学.
李全宝,2007.GPS技术在地质灾害预警中的应用研究——以新沂市马陵山为例[J].城市勘测(6):69-70.
李硕,2013.西宁林家崖危岩体变形破坏及运动特征研究[D].北京:中国地质大学(北京).
李松营,2010.新安煤田小浪底水库下采煤地表水防治技术研究[D].武汉:中国地质大学.

李铁锋,徐岳仁,潘懋,等,2007.基于多期SPOT-5影像的降雨型浅层滑坡遥感解译研究[J].北京大学学报(自然科学版),43(2):204-210.

李秀珍,2004.滑坡灾害的时间预测预报研究[D].成都:成都理工大学.

李远宁,冯晓亮,2007.GPS在三峡水库区云阳县滑坡监测中的应用[J].中国地质灾害与防治学报,15(1):124-127.

林孝松,郭跃,2001.滑坡与降雨的耦合关系研究[J].灾害学,16(2):87-92.

林月冠,范一大,王薇,等,2014.激光雷达技术在综合减灾业务中的应用分析[J].地理信息世界,21(3):43-47.

刘根友,薛怀平,郝晓光,等,2009.三峡库区秭归GPS滑坡监测网数据分析[J].大地测量与地球动力学,29(3):70-73.

刘经南,张小红,2005.利用激光强度信息分类激光扫描测高数据[J].武汉大学学报(信息科学版),30(3):189-193.

刘磊,2016.三峡水库万州区库岸滑坡灾害风险评价研究[D].武汉:中国地质大学.

刘明,2009.瀑布沟水电站放空洞围岩的稳定性监测与位移反分析研究[D].成都:成都理工大学.

刘明坤,贾三满,褚宏亮,2012.北京市地面沉降监测系统及技术方法[J].地质与资源,21(2):244-249.

刘万林,张勤,王利,2001.黑河水库库岸滑坡GPS监测网布设中的若干技术问题[J].测绘技术装备,3(4):22-26.

刘新荣,傅晏,王永新,等,2009.水-岩相互作用对库岸边坡稳定的影响研究[J].岩土力学,30(3):613-616.

刘亚斌,胡夏嵩,余冬梅,2018.西宁盆地黄土区2种灌木植物根-土界面微观结构特征及摩擦特性试验[J].岩石力学与工程学报,37(5):1270-1280.

刘一霖,黄海军,刘艳霞,等,2016.短基线集InSAR技术用于黄河三角洲地面沉降监测与人为因素影响[J].海洋地质与第四纪地质,36(5):173-180.

刘玉涛,2014.基于分布式光纤传感技术的新旧路基沉降变形监测研究[D].南京:南京航空航天大学.

刘振东,2007.翻斗雨量计误差试验研究及改正措施[D].南京:河海大学.

龙万学,林剑,许湘华,等,2008.Verhulst反函数模型滑坡起始预测时刻的选择[J].岩石力学与工程学报(S1):3298-3304.

卢昊,2017.全波形机载激光雷达林区点云数据精细分类[D].北京:中国林业科学研究院.

卢立波,2014.光纤铁路信号微机监测系统数据前端设计[D].石家庄:石家庄铁道大学.

陆业海,吴定洪,1995.GPS空间测量新技术在岩崩滑坡中的应用[J].大坝观测与土工测试,19(6):33-36.

路家一,2013.浅谈机载LiDAR数据特点及处理方法[J].测绘与空间地理信息,36(8):177-179.

路聚峰,2014.时间序列高分辨率COSMO-SkyMed影像地表形变监测研究[D].阜新:辽宁工程技术大学.

罗海滨,何秀凤,2011.PS-DInSAR时序差分干涉图公共主影像选取方法[J].河海大学学报(自然科学版),39(3):344-347.

罗海滨,何秀凤,刘焱雄,2008.利用DInSAR和GPS综合方法估计地表3维形变速率[J].测绘学报(2):168-171.

罗海峰,2018.浅析Lidar数据的滩涂、海岸带主要地物提取方法[J].工程建设与设计(8):269-270.

吕广磊,武国营,单广斌,2018.海上平台保温管线腐蚀控制技术研究[A].中国腐蚀与防护学会石油化工腐蚀与安全专业委员会、美国腐蚀工程师协会NACE STAG P72炼化防腐蚀技术专家委员会:中国化工学会,2018:6.

满其霞,2015.激光雷达和高光谱数据融合的城市土地利用分类方法研究[D].上海:华东师范大学.

毛焕章,2006.虚拟旅游环境中的行为造型[D].长春:吉林大学.

茅志强,2013.基于BOTDA的光纤分布式传感研究[D].南京:南京邮电大学.

苗胜军,蔡美峰,来兴平,等,2007.基于Verhulst模型改进的"斋藤法"变形趋势预报研究[J].中国矿业,16

(4):46-50.

闵从军,周瑛,刘海滨,2018.北斗/GPS大坝实时监测与预警系统精度测试研究[J].勘察科学技术(2):19-22.

欧阳祖熙,张永庆,张宗润,等,2000.全球定位技术在三峡库区滑坡监测中的应用[J].地壳构造与地壳应力文集(0):185-191.

庞世燕,2015.三维信息辅助的建筑物自动变化检测若干关键技术研究[D].武汉:武汉大学.

彭令,徐素宁,彭军还,2014.三峡库区滑坡规模与发育特征研究[J].现代地质(5):1077-1086.

秦四清,卢世宗,林韵梅,1990.用 Markov 链状预测方法估价岩质边坡变形发展的趋势[J].东北大学学报(自然科学版),1990(5):440-445.

邱海军,曹明明,刘闻,2013.地质灾害的幂律相依性:以宁强县为例[J].地质科技情报,32(3):183-187.

尚大帅,2012.机载 LiDAR 点云数据滤波与分类技术研究[D].郑州:解放军信息工程大学.

佘骏宽,2015.分布式传感光纤与土体界面力学性质的试验研究[D].南京:南京大学.

沈世伟,2010.吉林省东南部山区地质环境及边坡稳定性研究[D].长春:吉林大学.

沈云中,张洪宇,1995.上海三维形变监测 GPS 试验网的建立[J].上海地质(2):62-64.

沈云中,张洪宇,1996.GPS 三维监测试验网的两期成果分析[J].上海地质(3):58-63.

师亚龙,陈礼伟,郑波,2014.含水量对季节性冻土区隧道衬砌开裂影响分析[J].路基工程(5):214-219.

时培强,2018.机载 LiDAR 点云数据滤波及分类研究[D].绵阳:西南科技大学.

宋淑丽,朱文耀,丁金才,等,2004.上海 GPS 综合应用网的初步监测结果及其应用展望[J].自然杂志(2):118-121.

孙琪真,2008.分布式光纤传感与信息处理技术的研究及应用[D].武汉:华中科技大学.

孙增生,1996.滑坡深层位移的监测、计算及分析方法[J].路基工程(3):5-9.

唐然,2007.监测技术及其在滑坡防治过程中的应用研究[D].成都:成都理工大学.

唐天国,陈春华,刘浩吾,2007.分布式光纤传感用于大坝基座裂缝监测(英文)[J].传感技术学报(10):2357-2360.

陶干强,任凤玉,王孝存,2002.灰色理论 Verhulst 模型用于滑坡预测的研究[J].矿业研究与开发,22(4):11-13.

童恒金,2014.桩基分布式光纤检测技术规范初探[D].南京:南京大学.

童立强,郭兆成,2013.典型滑坡遥感影像特征研究[J].国土资源遥感,25(1):86-92.

汪发武,张业明,王功辉,等,2007.三峡库区树坪滑坡受库水位变化产生的变形特征(英文)[J].岩石力学与工程学报(3):509-517.

王宏,2011.基于异常检测的网络安全技术的研究[D].无锡:江南大学.

王化光,2007.GPS 技术在西攀高速公路滑坡监测中的应用研究[D].成都:西南交通大学.

王静,2017.GNSS 单历元基线解算方法研究[D].淮南:安徽理工大学

王立伟,2015.基于 D-InSAR 数据分析的高山峡谷区域滑坡位移识别[D].北京:北京科技大学.

王利,张勤,管建安,等,2011.基于 GPS 技术的滑坡动态变形监测试验结果与分析[J].武汉大学学报(信息科学版),36(4):422-426.

王培建,2003.龙羊峡水电站近坝库岸 GPS 滑坡监测[J].青海电力(2):46-48+58.

王士天,王思敬,1997.大型水域水岩相互作用及其环境效应研究[J].地质灾害与环境保护,8(1):69-89.

王腾,2010.时间序列 InSAR 数据分析技术及其在三峡地区的应用[D].武汉:武汉大学.

王卫东,钟晟,2009.基于 GIS 的 Logistic 回归模型在地质灾害危险性区划中的应用[J].工程勘察,37(11):5-10.

王燕花,2009.新型光纤传感系统的研究与实现[D].北京:北京交通大学.

王永平,2006.机载激光扫描测高数据的应用与试验[D].北京:中国测绘科学研究院.

王永全,苏军,2011.尾矿坝位移在线监测技术及其发展方向[J].有色金属(矿山部分),63(5):4-7.

武继广,2009.基于LIDAR与遥感影像融合的地物提取研究[D].北京:首都师范大学.
夏元友,朱瑞赓,1997.边坡稳定性分析专家系统研制[J].灾害学,12(4):10-14.
肖彬,2010.激光测距方法探讨[J].地理空间信息,8(4):162-164.
肖胜昌,王冲,丁学智,等,2006.GPS一机多天线实时监测系统在小湾水电站中的应用[J].水力发电,(11):22-23+27.
谢全敏,2004.滑坡灾害风险评价及其治理决策方法研究[D].武汉:武汉理工大学.
辛麒,2009.基于机载激光雷达数据构建DEM的精度分析[D].西安:长安大学
熊福文,朱文耀,李家权,2006.GPS技术在上海市地面沉降研究中的应用[J].地球物理学进展,21(4):1352-1358.
熊攀,2009.小波方法在地震遥感信息提取中的应用[D].北京:中国地震局地震预测研究所.
熊先才,岳仁宾,彭军还,等,2008.GPS技术在万州明镜滩滑坡监测中的应用[J].测绘科学(3):149-150+145.
徐绍铨,李征航,柳太康,等,1998.隔河岩大坝外观变形GPS自动化监测系统的建立[J].武汉测绘科技大学学报,23(增刊):1-4.
徐晓辉,闫焕娜,苏彦莽,2014.FDR土壤水分传感器的快速校准与验证[J].节水灌溉(3):66-68.
许斌,何秀凤,桑文刚,2005.GPS一机多天线技术在小湾电站边坡监测中的应用[J].水电自动化与大坝监测,(3):64-67.
许建聪,尚岳全,王建林,2006.松散土质滑坡位移与降雨量的相关性研究[J].岩石力学与工程学报(S1):2854-2860.
许言,杨天亮,焦珣,等,2017.上海地面沉降监测技术应用实践[J].上海国土资源,38(2):31-34.
薛东剑,郑洁,李成绕,等,2018.利用L波段星载重复轨道干涉SAR提取DEM及大气效应分析[J].测绘工程,27(1):5-9+14.
薛志宏,卫建东,金新平,2007.GPS在雅碧江卡拉电站滑坡监测中的应用[J].测绘工程,16(2):65-68.
闫焕娜,2014.土壤湿度传感器的智能化研究[D].天津:河北工业大学.
晏同珍,1988.滑坡统计预测方法.滑坡文集[M].北京:中国铁道出版社.
杨成伟,陈千颂,林彦,等,2003.脉冲激光测距时间间隔测量及误差分析[J].红外与激光工程,32(2):124-127.
杨胜发,张西君,尹亚东,2014.GPS技术在湖北罗针田滑坡变形监测中的应用[J].南方国土资源(6):44-46.
姚宜斌,胡羽丰,余琛,2015.一种改进的全球对流层天顶延迟模型[J].测绘学报,44(3):242-249.
易庆林,曾怀恩,黄海峰,2010.基于GPS监测数据的某滑坡变形分析[J].地质科技情报,29(6):106-109.
易庆林,王尚庆,涂鹏飞,1996.崩塌滑坡监测方法适用性分析[J].中国地质灾害与防治学报(S1):93-101.
易武,孟召平,易庆林,2011.三峡库区滑坡预测理论与方法[M].北京:科学出版社.
殷国伟,2010.机载三维激光成像系统地面点提取与曲面拟合算法研究[D].青岛:中国海洋大学.
殷坤龙,晏同珍,1996.滑坡预测及相关模型[J].岩土力学与工程学报,15(1):1-8.
尹宏杰,朱建军,李志伟,等,2011.基于SBAS的矿区形变监测研究[J].测绘学报,40(1):52-58.
于军,2009.苏锡常地区地面沉降监测网络体系建设初探[J].中国地质灾害与防治学报(3):82-85.
余韵,2015.土壤水分入渗对滑坡的影响研究[D].长沙:湖南师范大学.
袁枫,2010.机载LIDAR数据处理与土地利用分类研究[D].徐州:中国矿业大学.
袁鹏,2005.重庆綦江至万盛高速公路路堑边坡处治技术研究[D].重庆:重庆大学.
曾旭平,2004.GPS滑坡高程监测的数据处理问题[J].武汉大学学报:信息科学版,29(3):201-204.
张汉坤,2013.光纤法珀传感器解调技术研究[D].成都:电子科技大学.
张航,丁文霞,程华明,2002.GPS在黄腊石滑坡大地形变测量中的应用[J].矿山测量(4):36-37+4.
张建坤,黄声享,李翅,等,2009.GPS技术在滑坡变形监测中的应用[J].地理空间信息,7(6):110-112.

张利勋,刘永智,欧中华,等,2006.滑坡崩塌岩体推力监测用分布式OTDR技术[J].光电工程(7):52-56.

张勤,丁晓光,黄观文,等,2008.GPS技术在西安市地面沉降与地裂缝监测中的应用[J].全球定位系统,33(6):41-46.

张勤,黄观文,丁晓光,等,2009.顾及板块运动、稳定性和系统偏差的高度GPS监测基准研究与实现[J].地球物理学报,52(12):3158-3165.

张勤,黄观文,王利,等,2007.GPS在西安市地面沉降与地裂缝监测中的应用研究[J].工程地质学报,15(6):828-833.

张胜利,2017.基于三频模糊度解算的精密单点定位技术研究与实现[D].西安:西安电子科技大学.

张小红,2007.机载激光雷达测量技术理论与方法[M].武汉:武汉大学出版社.

张小红,李征航,徐绍铨,2000.三峡库区崩滑地质灾害GPS监测试验(示范)的精度评定[J].铁路航测(1):41-44.

张毅,2018.基于InSAR技术的地表变形监测与滑坡早期识别研究[D].兰州:兰州大学.

赵峰,2007.机载激光雷达数据和数码相机影像林木参数提取研究[D].北京:中国林业科学研究院.

赵守生,刘明坤,周毅,2008.北京市地面沉降监测网建设[J].城市地质,3(3):40-44.

赵小华,刘春尧,2012.光纤传感技术的特点及发展状况[J].内蒙古教育(职教版)(3):77-78.

赵旭芳,2013.冷藏运输信息管理系统的设计与实现[D].成都:电子科技大学.

赵延岭,2017.基于InSAR技术的树坪滑坡识别与研究[D].西安:长安大学.

赵中华,高应俊,骆宇锋,2005.光纤压力传感器[J].传感器技术(12):49-51+54.

郑国忠,徐嘉谟,马凤山,等,1998.GPS技术在金川露天矿边坡变形监测中的应用[J].工程地质学报,6(3):282-288.

中村浩之,王恭先,1990.论水库滑坡[J].水土保持通报,10(1):53-64.

周鑫,2016.激光雷达典型目标回波信号强度分布实验研究[D].哈尔滨:哈尔滨工业大学.

朱宝龙,陈强,魏有仪,2003.TSP超前地质预报在圆梁山隧道施工中的应用[J].水文地质工程地质(1):81-83+90.

朱大勇,钱七虎,2000.严格极限平衡条法框架下的边坡临界滑动场[J].土木工程学报(5):68-74.

朱洪海,鲁成杰,孟庆明,等,2005.降水量自动采集中的干扰分析和处理[J].山东科学(5):37-40.

朱建军,李志伟,胡俊,2017.InSAR变形监测方法与研究进展[J].测绘学报,46(10):1717-1733.

自然资源部地质灾害技术指导中心,2020.全国地质灾害通报(2019)[Z].北京自然资源部.

ABDULLATIF A,JAMES B H,2002. Heuristic filtering and 3D feature extraction from LiDAR data[J]. Remote Sensing and Spatial Information Sciences,34.

ASTA Miklius,EUGENE Y Iwatsubo,ROGER Denlinger,et al,1994. GPS Measurements on the Island of Hawaii in 1992[R]. Open File report 94-288,U. S. DEPARTMENT OF THE INTERIOR,U. S. CEOLOGICAL SURVEY:1-9.

BALDI P,CASULA G,CENNI N,2009. GPS-based monitoring of land subsidence in the Po Plain (Northern Italy)[J]. Earth and Planetary Science Letters,288(1):204-212.

BALTSAVIAS E P,1999. Airborne laser scanning:basic relations and formulas[J]. ISPRS Journal of Photogrammetry and Remote Sensing,54(2):199-214.

BALTSAVIAS,E P,1999. A Comparison between photogrammetry and laser scanning[J]. ISPRS Journal of Photogrammetry and Remote Sensing,54(1):83-94.

BECHOR Noa B D,ZEBKER Howard A,2006. Measuring two-dimensional movements using a single InSAR pair[J]. Eophysical Research Letters,33:L16311.

BRUNNER F K,HARTINGER H,RICHTER B,2000. Continuous monitoring of landslides using GPS:A progress report[EB/OL]. Engineering Surveying and Metrology,Technical University Graz,http://

www.ivm.tu-graz.ac.at:1-25.

CHEN Q,PENG Gong, 2007. Filtering airborne laser scanning data with morphological methods[J]. Photogrammetric Engineering & Remote Sensing, 73(2):175-185.

DORAFEST E M, NELSON J D, OVERTON D D,2007. Case history and causes of a progressive block failure in gently dipping bedrock[C]. Proceedings of the First North American Landslide Conference, Vail, CO,USA.

DOWMAN I,2004. Integration of LiZebkerDAR and IFSAR for mapping[J]. Remote Sensing and Spatial Information Sciences,35(Part B2):90-100.

FABIO B., Giacovazzo V., Refice A., et al,2013. Multichromatic analysis of InSAR data[J]. IEEE Transactions on Geoscience and Remote Sensing, 51(9):4790-4799.

FARINA P, COLOMBO D, FUMAGALLI A, et al,2006. Permanent scatterers for landslide investigations: outcomes from the ESA-SLAM project[J]. Engineering Geology, 88(3):200-217.

FERRETTI A, FUMAGALLI A, NOVALI F,et al,2011. A new algorithm for processing interferometric data-stacks: SqueeSAR[J]. IEEE Transactions on Geoscience & Remote Sensing, 49(9):3460-3470.

FERRETTI A,PRATI C,Rocca F,2001. Permanent scatterers InSAR interferometry[J]. IEEE Transactions on Geoscience & Remote Sensing,39(1):8-20.

FERRETTI A, FUMAGALLI A, NOVALI F, et al,2001. A new algorithm for processing interferometric data-stacks: SqueeSAR. IEEE Transction on Geoscience and Remote Sensing, 49(9):3460-3470.

FLOOD M,2001. LiDAR activities and research priorities in the commercial sector[J]. International Archives of Photogrammetry and Remote Sensing, 34(3/W4):3-8.

FRUNEAU B, ACHACHE J, DELACOURTe C,1997. Observation and modelling of the Saint-étienne-de-Tinée landslide using SAR interferometry[J]. Tectonophysics, 265(3/4):181-190.

GABRIEL A K,GOLDSTEIN R M,ZEBKER H A,1989. Mapping small elevation changes over large areas: Differential radar interferometry[J]. Journal of Geophysical Research Solid Earth, 94(B7):9183-9191.

GARCIA-garcis A,GOMEZ-donoso F,GARCIA-rodriguez J,2016. A 3D convolutional neural for real-time objet class recognition[C]. 2016 IEEE Conference on Computer Vision and Pattern Recognition, Portland, OR,USA.

GILL J A,COROMINAS J,RIUS J,2000. Using global positioning system techniques in landslide monitoring [J]. Engineering Geology,55(3):167-192.

GUO T,2003. 3D Cityt modeling using high-resolution satellite image and airborne laser scanning data[D]. Tokyo: Univerisity of Tokyo.

HAALA N,BRENNER C,1999. Extraction of buildings and trees in urban environments[J]. ISPRS Journal of Photogrammetry & Remote Sensing, 54(2-3):130-137.

HASANUDDIN Z Abidin, ANDREAS H, DJAJA Rochman,et al,2008. Land subsidence characteristics of Jakarta between 1997 and 2005, as estimated using GPS surveys[J]. GPS Solutions,12:23-32.

HERRERA q,FCMAUDEZ-Merodo J A,MULAS J, et al,2009. A landslide forecasting model using ground based SAR data: The Portalet case study[J]. Engineering Geology,105(3-4):220-230.

HONG Y, ADLER R, HUFFMAN G,2007. Use of satellite remote sensing data in the mapping of global landslide susceptibility[J]. Natural Hazards, 43(2):245-256.

HOOPER A, ZEBKER H, SEGALL P, et al,2004. A new method for measuring deformation on volcanoes and other natural terrains using InSAR persistent scatterers[J]. Geophysical Research Letters,31(23):1-5.

HU X,TAO C V,HU Y,2004. Automatic road extraction from dense urban area by integrated processing of high resolution imagery and LiDAR data[J]. Remote Sensing and Spatial Information Sciences,35 (B3).

KILIAN J, HAALA N,1996. Capture and evaluation of airborne laser scanner data[J]. International Archives of Photogrammetry and Remote Sensing ,31(B3,Vienna,Austria): 383-388.

KRAUS K, PFEIFER N ,1998. Determination of terrain models in wooded areas with airborne laser scanner data[J]. ISPRS Journal of Photogrammetry and remote Sensing,53(4):193-203.

LARSEN I J, MONTGOMERY D R, KOMP O,2010. Landslide erosion controlled by hillslope material[J]. Nature Geoscience,3(4):247-251.

LI Y,BU R, SUN M, et al,2018. PointCNN: Convolution on χ-transformed points[C]. Conference and Workshop on Neural Information Processing Systems, Montreal, Canada.

LU P, CATANI F, TOFANI V, et al ,2014. Quantitative hazard and risk assessment for slow-moving landslides from Persistent Scatterer Interferometry[J]. Landslides,11(4):685-696.

MARTIN H,WOLFGANG S,STEFAN H,et al,2003. Fusion of Lidar data and aerial imagery for automatic reconstruction of building surfaces[C]. 2nd Joint Workshop on Remote Sensing and Data Fusion over Urban Areas,Berlin.

MASSONET D, ROSSI M, CARMONA C, et al,1993. The displacement field of the Landers earthquake mapped by radar interferometry[J]. Nature,364:138-142.

PEREIRA L M, JANSSEN L L,1999. Suitability of laser data for DTM generation: A case study in the context of road planning and design[J]. ISPRS Journal of Photogrammetry and Remote Sensing, 54(4):244-253.

QI C R,YI L,SU H,et al,2017. Pointnet++:Deep hierarchical feature learning on point sets in a metric space[C]. In Proceedings of the Advances in Neural Information Processing Systems,Long Beach.

RAWAT M S, VARUN Joshi, RAWAT B S,et al,2011. Landslide movement monitoring using GPS technology: A case study of Bakthang landslide, Gangtok, East Sikkim, India[J]. Journal of Development and Agricultural Economics, 3(5):194-200.

SHI J,CANNON M E,1995. Critical error effects and analysis in carrier phase-based airborne GPS positioning over large areas[J]. Bulletin Géodésique,69(4):261-273.

SITHOLE G,2001. Filtering of laser altimetry data using a slope adaptive filter[J]. International Archives of Photogrammetry and Remote Sensing,34(3/W4): 203-210.

SITHOLE G ,VOSSELMAN G,2004. Experimental comparison of filtering algorithms for bare-earth extraction from airborne laser scanning point clouds[J]. ISPRS Journal of Photogrammetry and Remote Sensing,59(1-2): 85-101.

SQUARZONI C, DELACOURT C, ALLEMAND P,2003. Nine years of spatial and temporal evolution of the La Valette landslide observed by SAR interferometry[J]. Engineering Geology,68(1):53-66.

SQUARZONI C, DELACOURT C,ALLEMAND P,2005. Differential single-frequency GPS monitoring of the La Valette landslide (French Alps) [J]. Engineering Geology,79: 215-229.

SU H,MAJI S, KALOGERAKIS E,2015. Multi-view convolutional neural networks for 3D shape recognition [C]. 2015 IEEE Conference on Computer Vision and Pattern Recognition, Boston, MA, USA.

TAKESHI Matsushima, AKIMICHI Takagi, 2000. GPS and EDM monitoring of Unzen volcano ground deformation[J]. Earth Planets Space,52:1015-1018.

TOMAS R, LI Z, LOPEZ-Sanchez J M, et al ,2016. Using wavelet tools to analyse seasonal variations from InSAR time-series data: a case study of the Huangtupo landslide[J]. Landslides,13(3):437-450.

TRAVELLETTI J, MALET J,2012. Characterization of the 3D geometry of flow-like landslides: amethodology based on the integration of heterogeneous multi-source data[J]. Engineering Geology, 128:30-48.

VIETMEIER J, WAGNER W, DIKAU R,2000. Monitoring moderate slope movements (landslides) in the southern French Alps using differential SAR interferometry[C]. International Workshop on Ers Sar Interferometry,Köln, Germany.

VOSSELMAN G,2000. Slope based filtering of laser altimetry data. International Archives of Photogrammetry[J]. Remote Sensing and Spatial Information Sciences:WG Ⅲ/3.

WEHR A, Lohr U,1999. Airborne laser scanning-an introduction and overview[J]. ISPRS Journal of Photogrammetry and Remote Sensing,54(2):68-82.

WERNER C, STROZZI T, WISEMANN A,et al,2001. Complimentary measurement of geophysical deformation using repeat-pass SAR[C]. IEEE International Geoscience and Remote Sensing Symposium,Sydney.

WU Z,SONG S,KHOSLA A,et al,2015. 3D ShapeNets: A deep representation for volumetric shapes[C]. 2015 IEEE Conference on Computer Vision and Pattern Recognition,Boston,MA,USA.

XIA Y,2009. CR-Based SAR-Interferometry for Landslide Monitoring[C]. Geoscience and Remote Sensing Symposium, Cape Town, South Africa.

XIA Y, KAUFMANN H,GUO X F,2002. Differential SAR interferometry using corner reflectors[C]. Geoscience and Remote Sensing Symposium, Toronto, Ont. , Canada.

YU C,LI Z. , PENNA N T,et al,2018. Generic atmospheric correction model for Interferometric Synthetic Aperture Radar observations[J]. Journal of Geophysical Research: Solid Earth, 123.

ZEBKER H A,GOLDSTEIN R M,1986. Topographic mapping from interferometric synthetic aperture radar observations[J]. Journal of Geophysical Research,91(B5):4993-4999.

ZHANG Chaoying ,ZHONG L,2018. Remote sensing of landslides-a review[J]. Remote Sensing,10(2):279.

ZHANG K,2003. A progressive morphological filter for removing nonground measurements from airborne LiDAR data[J]. Geoscience and Remote Sensing,41(4):872-882.

ZHAO C,KANG Y,ZHANG Q,et al ,2018. Landslide identification and monitoring along the Jinsha River catchment (Wudongde Reservoir Area), China, using the InSAR method[J]. Remote Sensing, 10(7):993.

ZHOU Y, TUZEL O,2017. Voxel Net: End-to-end learning for point cloud based 3D object detection[C]. The IEEE Conference on Computer Vision and Pattern Recognition, Honolulu, HI.

LINDENBERGER J, 1993. Laser-profilmenssungen zur topographischen gelandeaufnahme. deutsche geodätische kommission[D]. Munich: Deutsche Geodätische Kommission.

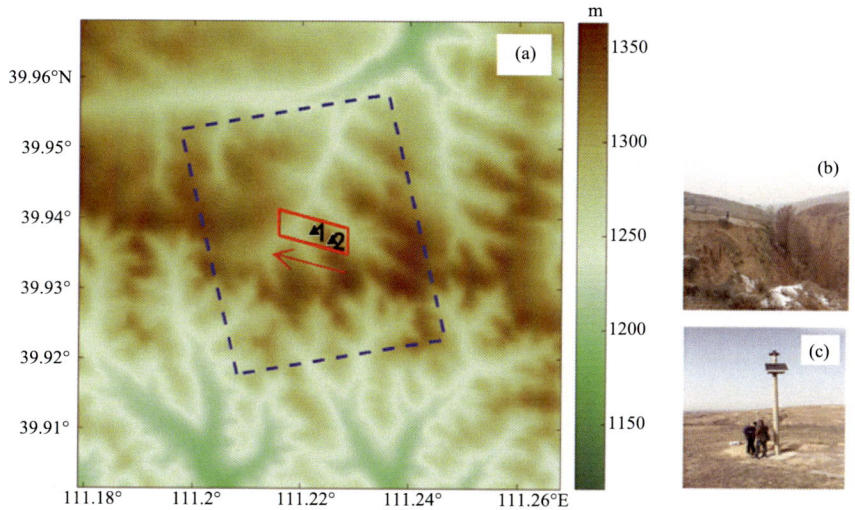

图 2.2 （a）矿面和 GPS 站，底图为 SRTM DEM，其中红色实心矩形表示矿山工作面，箭头表示采矿方向，虚线框表示 ALOS-2 图像的覆盖范围；
（b）矿区地貌；（c）1 号 GPS 站的照片

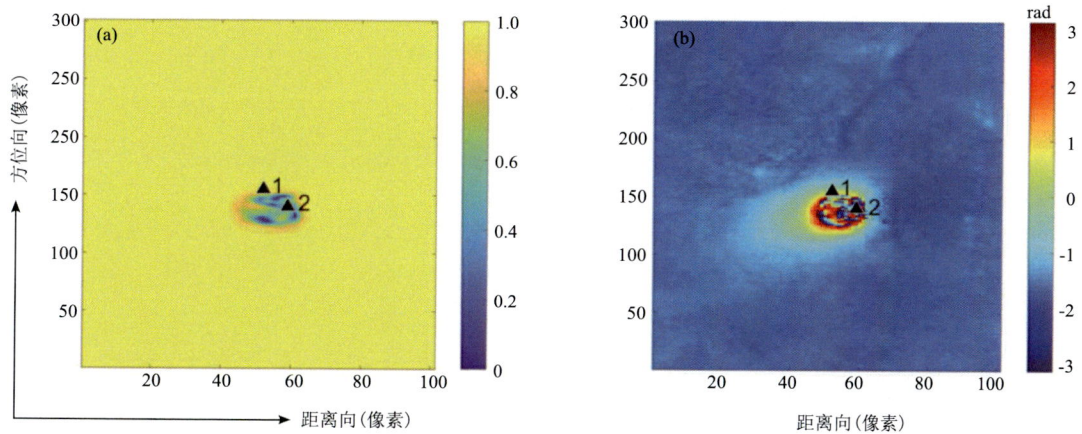

图 2.3 （a）ALOS-2 相干图，（b）ALOS-2 缠绕干涉图

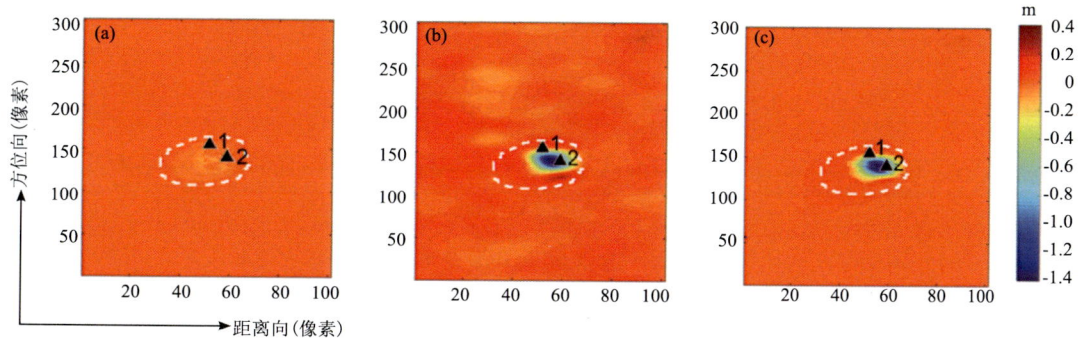

图 2.4 由常规 InSAR（a）、R-SSI（b）和 R-SSIaPU（c）处理的 LOS 向地表形变

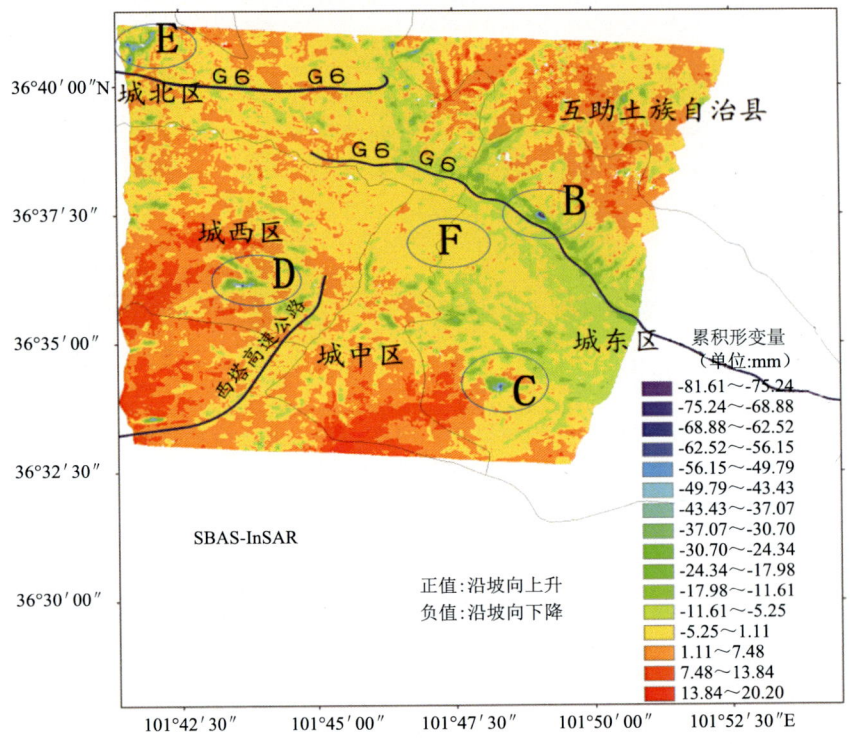

图 2.8　2018 年 1 月 7 日至 2018 年 11 月 27 日西宁市坡度向地表累积形变分布

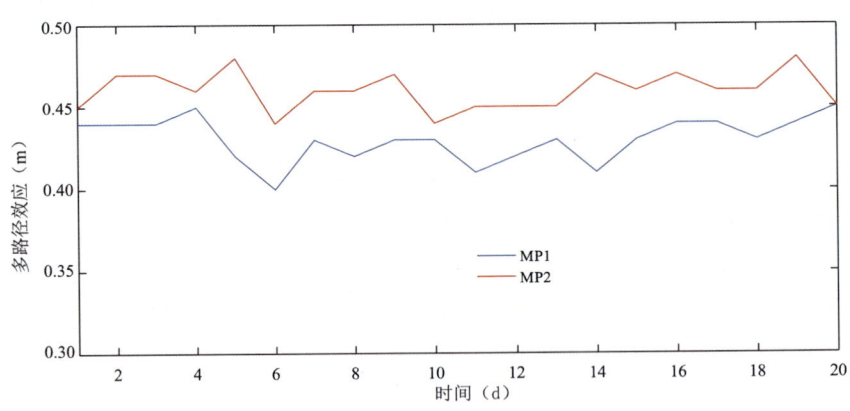

图 3.29　基准站 20 d 的多路径效应

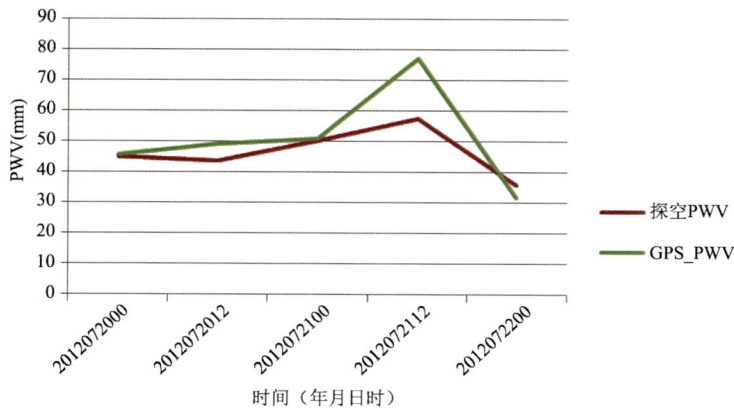

图 4.5 基于探空和 GPS 计算的 PWV 比较图(探空站号 54511)

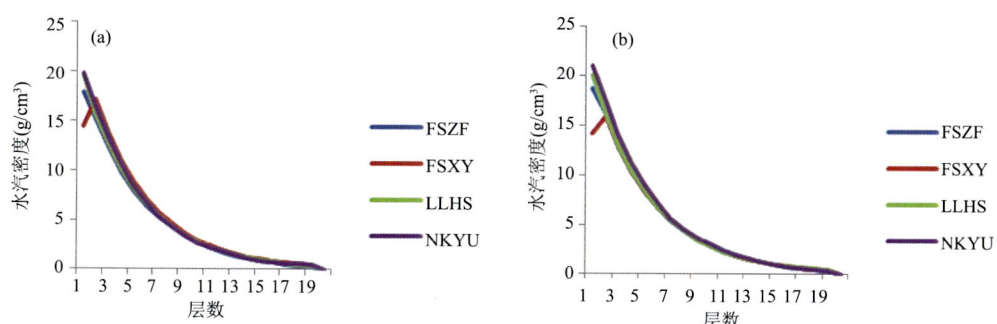

图 4.9 FSXY、FSZF、NKYU 和 LLHS 站点上空水汽分布
(a.20 日 10 时 15 分,b.20 日 20 时 15 分)

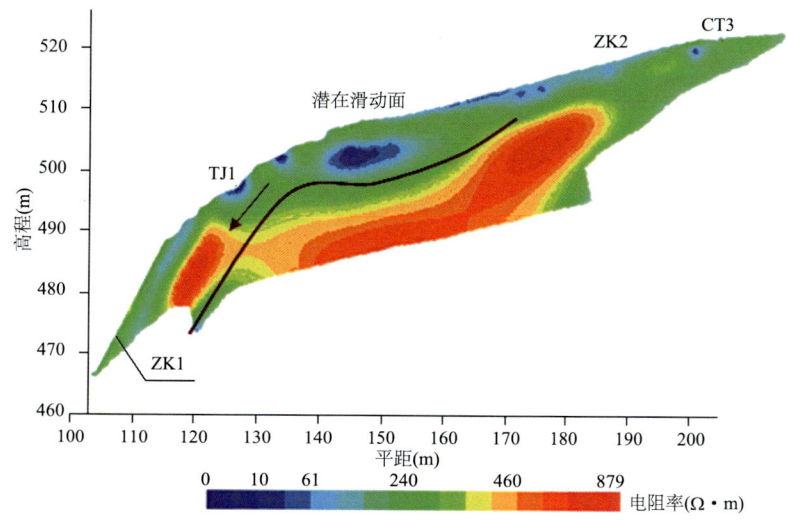

图 7.14 地形校正后的 CX1 反演剖面

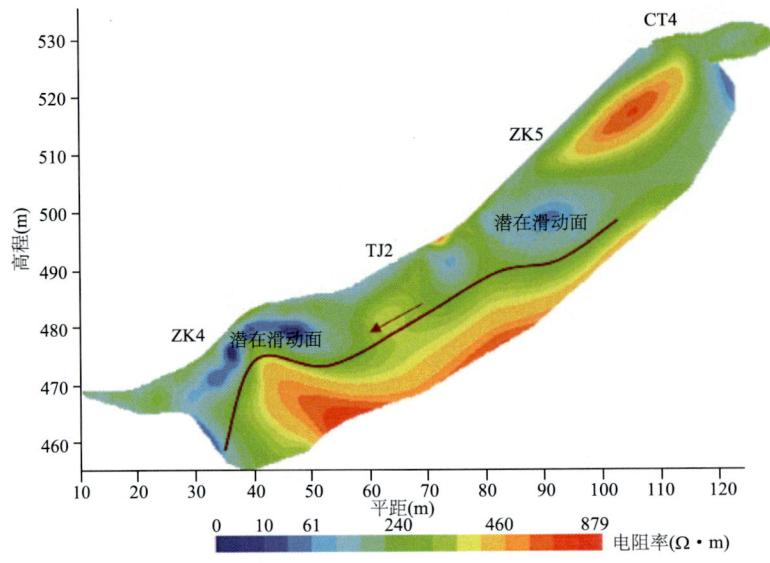

图 7.15　地形校正后的 CX3 反演剖面

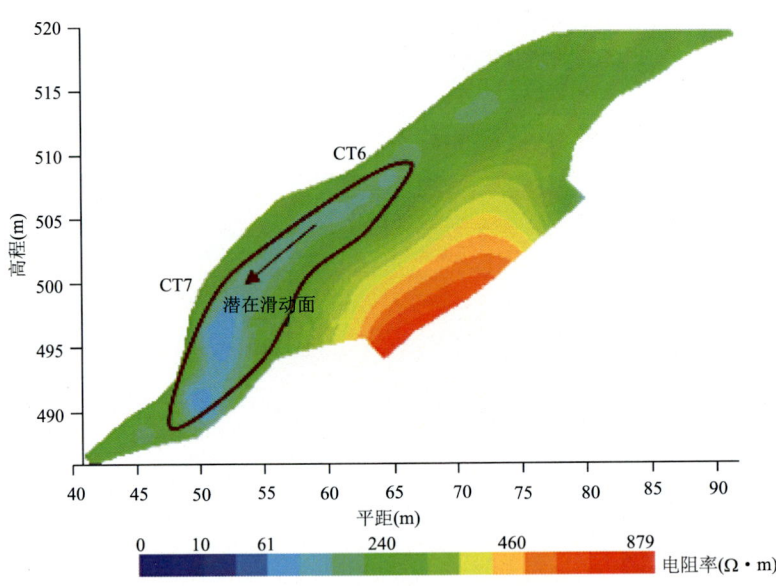

图 7.16　地形校正后的 CX4 反演剖面